LEONARDO

dreidimensional

LEONARDO
dreidimensional

Mit Computergrafik auf der Spur des genialen Erfinders

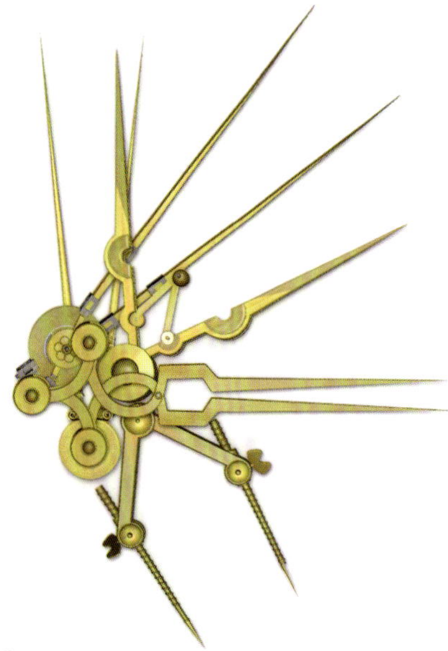

Mario Taddei Edoardo Zanon
Domenico Laurenza

BelserVerlag
Stuttgart

Umschlag
Vorderseite: Dreidimensionale Computergrafik nach Leonardos Automobil von Fol. 812r, Codex Atlanticus.
Rückseite: Einige Bauteile von Leonardos Automobil.

Frontispiz
Computergrafische Darstellung einiger Zirkel nach Zeichnungen von Fol. 696r, Codex Atlanticus.

Buchkonzept und Beschreibung der Maschinen
Mario Taddei und Edoardo Zanon

Einführungstexte
Domenico Laurenza

Übersetzung aus dem Englischen: Erwin Tivig, Böblingen
Redaktion: Dirk Zimmermann
Satz: Buchherstellung Dotzauer, Stuttgart
Druck und Binden: Polygraph Print, Pressow, Slowakei

ISBN 3-7630-2269-4

Bibliografische Information der Deutschen Bibliothek:
Die deutsche Bibliothek verzeichnet diese Publikation in der Deutschen Nationalbibliografie; detaillierte bibliografische Angaben sind im Internet über http://www.dnb.ddb.de abrufbar.

Leonardos Handschriften und Zeichnungen werden entsprechend den gängigen Bezeichnungen wie folgt zitiert:

Codex Atlanticus	Codex Atlanticus in der Biblioteca Ambrosiana, Mailand
Windsor RL	Anatomische Manuskripte und Zeichnungen in der Royal Library in Schloss Windsor
Codex Arundel	Codex Arundel 263 in der British Library, London (ehem. British Museum Library)
Codex Forster I-III	Notizbücher in der Bibliothek des Victoria and Albert Museum, London
Manuskripte Madrid I & II	Kodizes in der Biblioteca Nacional, Madrid
Manuskripte A – M	Kodizes und Notizbücher in der Bibliothek des Institut de France, Paris
Codex Hammer	Handschrift (ehem. Codex Leicester) im Besitz von Bill Gates, Seattle, Washington, USA
Codex Trivulzianus	Handschrift in der Biblioteca Trivulziana des Castello Sforzesco, Mailand
Kodex „Über den Vogelflug"	Handschrift in der Biblioteca Reale, Turin.

Da die Chronologie von Leonardos Notizen und Zeichnungen selbst innerhalb einer Handschrift schwankt, wird für jede reproduzierte Zeichnung jeweils das genaue oder das ungefähre Entstehungsdatum angegeben.

Inhalt

Zum Geleit

Im Laufe der letzten hundert Jahre rückten Leonardos außergewöhnliche Maschinenentwürfe zunehmend in den Mittelpunkt eines Interesses, das in seinen Ausmaßen mitunter geradezu obsessive Züge annahm. In jüngster Zeit wuchs auch die Anzahl der Bücher, Kataloge und Aufsätze, die vollmundig versprachen, die sensationelle Vorreiterrolle des Genies aus Vinci aufzudecken. Gleichzeitig nahm auch jene Art von Ausstellungen zu, die, von improvisierten Kuratoren willkürlich und aus dem Zusammenhang losgelöst organisiert, sich „Leonardo, dem verwirrten Erfinder" widmeten und dabei die vielschichtige, komplexe Welt da Vincis völlig außer Acht ließen, ganz zu schweigen von den immer zahlreicheren Pseudo-„Museen" über Leonardo an diversen historischen Orten.

Im Kontext dieser intensiven, aber allgemein wenig qualitätvollen Beschäftigung, die Ausdruck einer verstärkten „Leonardo-Manie" ist und durch das Erscheinen von Dan Browns Bestseller „The Da Vinci Code" über die wundersame Reise in die Welt Leonardos gefördert wurde, hebt sich der vorliegende Band von Domenico Laurenza, Mario Taddei und Eduardo Zanon in mehrfacher Hinsicht deutlich von diesem Umfeld ab.

Zunächst ist es die Übertragung der Ergebnisse von Leonardos technischen Zeichnungen in die außergewöhnlich anschauliche visuelle Sprache der Computergrafik. Wenn mit diesem Übertragungsvorgang eine unweigerliche Umwandlung des Originaldokuments einhergeht, so findet diese ihre Rechtfertigung in dem Bemühen, dem Leser die Bedeutung der von Leonardo entwickelten komplexen technischen Analysen auf eine verständliche Weise zu vermitteln. Wenn wir daher von Umgestaltung sprechen, so muss erwähnt werden, dass der „Wandel" der Originalzeichnung zu einer Neuanordnung, die auf die Mittel der modernsten grafischen Perspektive zurückgreift, als eine Metamorphose und Weiterentwicklung angesehen werden muss, die das von Leonardo verfolgte Ziel und dessen kommunikative Absicht fortsetzen.

Die fantastischen, von Taddei und Zanon realisierten grafischen Darstellungen führen dank einer nie zuvor da gewesenen Anschaulichkeit zu einem tieferen Verständnis und einzigartigen Einblick in Leonardos technische Zeichnungen. Dieselben Versuche grafischer Kommunikation, die Leonardo in seinen Handschriften unternommen hatte, um analytische Prozesse sowie die Ergebnisse eigener Denkvorgänge und Überlegungen zu Maschinen und mechanischen Vorrichtungen zu visualisieren, können nun gründlicher eingeschätzt und beurteilt werden. Im Grunde vermitteln die computergrafischen Darstellungen mechanischer Vorrichtungen, die diesen Band so einzigartig erscheinen lassen, auf herausragende Weise das Ziel Leonardos, ein umfassendes und verständliches Bild von der Struktur und Funktionsweise extrem komplexer Vorrichtungen zu bieten. Dazu behilft er sich einer Reihe von grafischen Konventionen (Grundriss, Aufriss, durchsichtige Schnittbilder, in Einzelteile aufgelöste Darstellungen, Simulationen von Bewegungsabläufen, Einsatz des Helldunkel zur Hervorhebung sich berührender Flächen, schematische Darstellung von Kräfteverhältnissen usw.), die niemand vor ihm als organisches Ganzes betrachtet hatte und die nie zuvor bewusst auf den komplexen Bereich der Technologie angewandt worden waren.

Die faszinierenden Maschinen da Vincis, die auf den Seiten dieses gehaltvollen Bandes in eine gelungene digitale Sprache umgesetzt wurden, spiegeln daher Leonardos eigene Idealvorstellung von der Natur und zugleich sein Bestreben, mechanische Vorrichtungen grafisch darzustellen. Diese auseinander genommenen und in ihre Einzelteile zerlegten Maschinen, die auf diese Weise ihre verborgene Mechanik offenbaren, konkurrieren in ihrer Faszination und ihrer Schönheit mit Leonardos meisterhaften Zeichnungen. Auch wenn ihnen der magische Charakter der Originaldokumente mit der unnachahmlichen Handschrift Leonardos fehlen mag, so übertreffen sie diese durch ihre Anschaulichkeit und vorzügliche didaktische Aufbereitung.

Bei aller willkürlichen und doch stets sorgfältigen Umsetzung der Zeichnungen Leonardos in dreidimensionale Darstellungen mit den Mitteln modernster Computergrafik erwies sich die Auswahl der in dem vorliegenden Band abgebildeten Vorrichtungen keineswegs als banal oder belanglos.

Die vielen bisher erschienenen Kataloge und Aufsätze zu Leonardos Maschinen haben eines gemeinsam: die obsessive Wiederholung einer begrenzten Anzahl von Maschinen, die in ihrer Gesamtheit das herkömmliche Bild von Leonardo als dem genialen Erfinder prägten, der seiner Zeit so weit voraus war, dass er die meisten modernen Errungenschaften vorwegnahm, darunter Flugapparate, das Unterseeboot, den Hubschrauber, Panzerfahrzeuge, das Auto und neuerdings sogar das viel diskutierte „Fahrrad".

Der vorliegende Band öffnet aber einen viel weiteren Horizont. Dank des genauen Studiums der Leonardo-Handschriften durch Taddei und Zanon, gepaart mit dem kritischen und vor allem philologischen Beitrag von Laurenza, bietet sich dem Leser eine ungleich vielfältigere Auswahl, die sich von den gängigen, heute erhältlichen Katalogen deutlich abhebt. So entdeckt der Betrachter neue Vorrichtungen, die zwar nicht alle sensationell neuartig waren, aber durch die Erörterung eines oft unerwarteten technischen Problems beeindrucken, das Leonardo lösen wollte und wozu er verblüffende Ansätze ersann, deren praktische Umsetzung sich jedoch oft als extrem schwierig erwies.

Selbst in den Fällen, in denen die berühmtesten Erfindungen Leonardos gezeigt werden, erscheinen diese im vorliegenden Band sorgfältig illustriert, in einen breiteren Kontext eingebettet und auch in technischer Hinsicht in einer Weise kommentiert, wie man sie nicht oft antrifft. Die Zeichnungen zu einigen Studien des Fluggerätes sowie der Entwurf von Leonardos so genanntem „Automobil" sind treffende Beispiele für die erwähnte Betrachtungsweise, die auf der Kombination von historischer Strenge und möglichst anschaulicher visueller Umsetzung beruht.

Was den ersten Fall betrifft, so muss die nützliche Verknüpfung betont werden zwischen Domenico Laurenzas Einführung nebst philologischer Präsentation (wobei der Verfasser die betreffende Handschrift in einen breiteren Rahmen setzt, zugleich eine zeitliche Einordnung vornimmt sowie Beziehungen zu anderen, verwandten Leonardo-Manuskripten herstellt) und der lebendigen visuellen Umsetzung von Taddei und Zanon. Die Visualisierungen erscheinen dabei als ein „Morphing", als eine schrittweise Umwandlung von Leonardos oft kryptischen Entwürfen zu verständlichen Darstellungen, die den Funktionsmechanismus hervorheben und durch den Einsatz von einzelnen Bewegungsabläufen und deren dreidimensionale perspektivische Visualisierung die Gestalt wirklicher Modelle annehmen.

Was das so genannte Automobil betrifft, muss hervorgehoben werden, wie die schwierige Aufgabe der Übertragung von Leonardos komplexer Zeichnung in eine verständliche visuelle Darstellung seiner Erfindung selbst im kleinsten Detail mit akribischer Genauigkeit den komplexen Prozess simuliert, durch den die Energie eines von einer Feder angetriebenen Motors übertragen wird. Dies ist das Ergebnis der langjährigen Forschung, die auf Carlo Pedrettis Intuition zurückgeht und die Mark Rosenheim zur ersten plausiblen Interpretation eines auf technischen Prinzipien basierenden Fahrzeugs verwandelte. Der Beitrag von Taddei und Zanon hat endgültig nicht nur die Frage der Struktur und der Funktionsweise des von Leonardo um 1478 entworfenen steuerbaren Fahrzeugs geklärt, sondern ebenfalls bestätigt, dass die kühne Vorrichtung sicherlich auch als eine Erfindung anzusehen ist, die an den rauschenden höfischen Festen der Renaissance-Fürsten für Verblüffung sorgen sollte.

Dank der Zusammenarbeit von Taddei und Zanon mit dem Istituto e Museo di Storia della Scienza aus Florenz – und der nachhaltigen Förderung durch die Banca di Credito Cooperativo di Cambiano – wurde es möglich, ein perfekt funktionierendes wirkliches sowie ein virtuelles Modell des Leonardo-Automobils zu realisieren, das auf einer wissenschaftlich fundierten, viel beachteten und weltweit gezeigten Wanderausstellung zu sehen war (vgl. http://brunelleschi.imss.fi.it/automobile). Die dem „Automobil" im vorliegenden Band gewidmeten Seiten zeigen, dass Taddei und Zanon eine herausragende grafische Visualisierung gelungen ist, die selbst einem Laien in Sachen Mechanik überzeugend vermitteln kann, was für komplexe Prozesse und raffinierte technische Lösungen sich hinter der von Leonardo entworfenen Vorrichtung verbergen.

Die Verknüpfung der sachkundigen Einführungstexte und Beschreibungen von Domenico Laurenza mit den computergrafischen digitalen Darstellungen von Taddei und Zanon vermittelt ein ebenso überzeugendes wie anschauliches Bild aller in diesem Band gezeigten mechanischen Erfindungen von Leonardo. Das Bildprogramm beschränkt sich jedoch nicht auf die Schaffung einer dreidimensionalen Darstellung; es bietet zugleich eine sorgfältige und akribisch genaue Zerlegung der Vorrichtungen in ihre Einzelteile, die ihrerseits jeweils komplett wiedergegeben werden. Die eingesetzten grafischen Hilfsmittel helfen dabei dem Leser, sich die Vorrichtungen in ihrer Räumlichkeit und inneren Struktur zu vergegenwärtigen.

Zusätzlich zu dieser ästhetischen Faszination und der außerordentlichen Anschaulichkeit dieser Methode muss betont werden, dass unser Präsentationsansatz den Vorstellungen Leonardos entspricht. Er betrachtete die Zeichnung einer mechanischen Vorrichtung als ein Instrument zur Analyse all ihrer Teile, von den komplexen bis zu den kleinsten Einheiten, wobei er sie akribisch „sezierte", um eine Darstellung zu schaffen, die sowohl analytisch als auch synthetisch war. Mit derselben Präzision und Klarheit strebte Leonardo danach, seine Vorrichtungen nicht wie starre, statuenähnliche Gebilde wirken zu lassen; vielmehr ging es ihm darum, die Dynamik ihrer Funktionsweise zu vermitteln, indem er mithilfe statischer Bilder die einzelnen Teile in ihrer Bewegung simulierte.

Bemerkenswert ist, dass Leonardos Zeichnungen von mechanischen Vorrichtungen eine geradezu revolutionäre Neuerung eigen ist: Der Künstler konzipierte sie als „gleichsam dynamische" Bilder, die damit die Vorläufer jener Zeichenmethoden sind, die in der Animation und besonders in den computergrafischen Darstellungen von Bewegungsabläufen verwendet werden. Die Umsetzung von Leonardos Zeichnungen mithilfe der neuen Medien zu digitalen Darstellungen vollendet dessen eigene Vorstellungen. Als Erster erkannte er die Notwendigkeit eines neuen Ansatzes in der Wiedergabe technischer Abläufe: Er verstand die technische Zeichnung als einen Wissenskomplex, der in der Lage ist, drei Aspekte visuell umzusetzen: das äußere Aussehen von Maschinen und Vorrichtungen, die mechanischen Prinzipien, nach denen sie funktionieren, und die analytische Bauweise ihrer Einzelteile.

Angesichts dieser neuen Rolle der Zeichnung muss eine weitere bahnbrechende Vision Leonardos erkannt werden, die konkreter und verblüffender ist als alle ihm zugeschriebenen kühnen Erfindungen: Er war der Erste, der zeichnerische Entwürfe von Maschinen als ein wesentliches und bestens geeignetes Werkzeug und Hilfsmittel für die Forschung und Analyse erkannte, da sie zum Einsatz kamen, noch bevor sie der Visualisierung zu rein demonstrativen Zwecken dienten.

Paolo Galluzzi
Direktor des Istituto e Museo di Storia della Scienza, Florenz

Einführung

Von Leonardos Maschinen blieben lediglich seine Zeichnungen erhalten. Selbst wenn einer seiner Entwürfe zu mechanischen Vorrichtungen schließlich realisiert worden wäre, hat keiner von ihnen die Zeit überdauert. Auch besitzen wir nicht ein einziges seiner dreidimensionale Modelle, die er sicherlich in der Übergangsphase vom zeichnerischen Entwurf zur realen Maschine angefertigt hat. Dies gilt auch für einige seiner Gemälde wie *Die Schlacht bei Anghiari:* Wir besitzen davon etliche Studien und Entwürfe, es fehlt aber das ausgeführte Kunstwerk.

Doch selbst wenn statt der Zeichnungen eine seiner Maschinen die Zeit überdauert hätte, so wäre unser Verlust ungleich größer. Mechanische Entwürfe waren für Leonardo Teil eines geistigen Prozesses, der durch die Zeichnung seinen idealen und (fast) vollendeten Ausdruck fand. Das Verständnis dessen, was eine technische Zeichnung darstellt und das Erkennen des Zweckes, den eine Maschine erfüllen sollte, der geplanten Funktionsweise sowie der komplexen Beziehungen zwischen den Einzelteilen untereinander mag vielen Erfindern der Vergangenheit genügt haben. Im Fall Leonardos ist dies aber nur einer von zwei Aspekten und dabei nicht mal der entscheidende. Worum es ihm wirklich ging, das war die Erkenntnis dessen, was sich hinter den gezeichneten Formen verbarg: die theoretischen Überlegungen, die einem mechanischen Entwurf zugrunde liegen, und die grafischen Mittel, mit deren Hilfe die Theorien Gestalt annehmen. Viele von Leonardos Maschinen – und vor allem die berühmtesten unter ihnen – sind lediglich die visuelle oder materielle Form seiner wissenschaftlichen Experimente, d. h. Theorien, die nicht in Worte, sondern in Bildern zusammengefasst sind. So etwa ist das so genannte fliegende Schiff auf einem der Blätter des Manuskripts B (fol. 80r, aus derselben Gruppe von Zeichnungen zu Fluggeräten) der Höhepunkt einer Reihe von Skizzen, die Leonardo dem dynamischen Potenzial des menschlichen Körpers widmete, d. h., dessen Fähigkeit, Kraft zu erzeugen. Bevor die Zeichnung den Entwurf zu einem Fluggerät darstellt, ist sie eigentlich die Skizze für eine Vorrichtung, die es einem in der Mitte einer Kapsel eingeschlossenen Menschen gestattet, durch Bewegung aller seiner Körperteile Kraft zu erzeugen. Diese Sicht erlaubt es, einige der ausgefallenen und fantasievollen Vorrichtungen Leonardos zumindest teilweise zu verstehen. Im Grunde stehen Leonardos Maschinen nicht sosehr in einem realem Raum als vielmehr in einem gezeichneten Raum – eben dem Bild und seiner virtuellen Dimension.

Die Zeichnung genoss im Quattrocento einen hohen Stellenwert. Roberto Valturio (1405–1475) rekonstruierte in seinem Werk *De re militari* Kriegsgeräte der Antike und griff dazu weitgehend auf bildliche Darstellungen zurück, sodass der Einsatz von Bildern zu einem gängigen philologischen Werkzeug der Humanisten wurde. Für Francesco di Giorgio

Martini (1439–1501) waren die technischen Zeichnungen ein geistiges Ausdrucksmittel und eine Möglichkeit zur Hervorhebung der beruflichen Emanzipation von Militärbaumeistern und Architekten, die bis dahin den Handwerkern zugeordnet waren. Er betonte aber auch die Schlüsselrolle des dreidimensionalen Modells in der Entwurfsphase einer Vorrichtung: „Es ist schwer, jedes Teil zeichnerisch darzustellen, denn viele Einzelteile überlagern sich und sie darzustellen ist unmöglich und darum ist es notwendig, für praktisch jedes Ding ein Modell anzufertigen." *(Traktat über Architektur)*

Diese Einschränkung hat Leonardo sicherlich überwunden. Obwohl er sich als Forscher in vielen Bereichen (Maschinen, Malerei, Anatomie) räumlicher Modelle bediente, scheint er der Zeichnung den Vorrang gegenüber den Modellen gegeben zu haben, da er den Erkenntniswert der Ersteren erkannte.

Ein berühmter Abschnitt in den *Lebensbeschreibungen* von Giorgio Vasari widmet sich dem Wesen der Zeichnung und zitiert eine altgriechische Weisheit: Ein fähiger Zeichner, der nur ein einzelnes Teil eines Ganzen beobachtet, kann sehr wohl Form und Dimension des Ganzen rekonstruieren; der Anblick des Bruchstücks einer Skulptur, das zum Beispiel eine Löwentatze zeigt, genügt, um den ganzen Löwen perfekt zu rekonstruieren. Nach Vasari ist dies der Ausdruck und der Nachweis für die geistige Fähigkeit jener, die dem Zeichnen nachgehen. Vasari will nämlich betonen, dass das Zeichnen, obwohl vordergründig eine handwerkliche Tätigkeit, dennoch eine vor allem intellektuelle Handlung ist. Er schreibt: „Aus dieser Kenntnis heraus erschafft der Verstand eine bestimmte Anschauung und ein Urteil über einen Gegenstand und das, was danach mithilfe der Hände ausgedrückt wird, nennen wir Zeichnung." Vasari bestätigt Mitte des 16. Jahrhunderts die Eigenständigkeit des Begriffs der grafischen Künste und der damit verbundenen Tätigkeit – eine Tätigkeit, die Leonardos oberste Ausdrucksform war, schon allein aufgrund der zahlreichen Bereiche, in denen er sie anwandte, und zwar nicht nur in der Kunst, sondern auch in Naturwissenschaft und Technik.

Um den intellektuellen Wert in Leonardos Zeichenkunst zu verstehen, ist die Gegenüberstellung seiner Anschauungen über die Zeichenkunst und die Malerei besonders aufschlussreich. Es ist bekannt, dass Leonardo in der Malerei als Erfinder der Sfumato-Technik gilt, der es ablehnte, die gemalten Figuren durch scharfe Konturen und Linien abzugrenzen. Gestützt auf optische Überlegungen – im Grunde sieht das Auge niemals scharf getrennte Linien – sowie auf philosophische Erwägungen, glaubt Leonardo, dass es unmöglich sei, die Oberfläche oder die Umrisse eines Körpers als real zu definieren. Er schreibt: „Die äußeren Begrenzungen eines Gegenstandes sind keinesfalls Teil des Gegenstandes selbst, denn das Ende eines Gegenstandes ist der Beginn des anderen [...] und daher nehmen diese Enden keinen Raum ein." Ein Körper endet dort, wo die ihn umgebende Luft beginnt: Aus theoretischer Sicht gibt es daher gewissermaßen keine äußere Abgrenzung eines Körpers an und für sich. Wenn es keine äußeren Grenzen der Dinge gibt, so bedeutet dies, dass Leonardo beim Zeichnen sich sehr wohl der Tatsache bewusst ist, dass er die Wirklichkeit mehr als „fotografisch" genau abbildet: Er studiert die Realität oder erfindet sie neu; er erschafft eine Abstraktion. Eine nach der Realität gemalte Figur weist keines der Merkmale einer Zeichnung auf; eine gezeichnete mechanische Vorrichtung gehört einer mentalen, abstrakten Dimension an, und nach dem „Realismus" seiner Entwürfe zu urteilen, verdient dies durchaus Beachtung.

Während seines Aufenthalts in Rom (etwa 1513–16) als Gast des florentinischen Papstes Leo X. wurde Leonardos Alltag vom Konflikt mit einem Gesellen geprägt, den Giuliano de' Medici, der Bruder Leos X. und Leonardos Auftraggeber, herbeigerufen hatte. Es handelt sich um Giorgio Tedesco (Georg der Deutsche), der von Leonardo einen höheren Lohn als ursprünglich vereinbart forderte. Anstatt in der Werkstatt des Meisters zu arbeiten, streunte er durch die Stadt und, was besonders schlimm war, verriet anderen die Geheimnisse und Erfindungen seines Meisters. In einem scharfen Brief an Giuliano de' Medici nahm Leonardo dazu Stellung und ließ dabei eine überaus interessante Bemerkung fallen: „Diese Person verlangte dann von mir *Holzmodelle*, um sie in Eisen nachzumachen und sie in seine Heimat mitzunehmen. Ich lehnte dies ab und sagte ihm, ich würde ihm die *Zeichnung* mit den Angaben zu Breite, Länge, Größe und Aussehen dessen, was er machen musste, geben; so gingen wir in Streit auseinander" (Codex Atlanticus, fol. 671r, Hervorhebung d. Autors). Diese Bemerkung ist äußerst aufschlussreich und kann, richtig gedeutet, einige interessante Anhaltspunkte liefern. Tedesco fordert von Leonardo dreidimensionale Holzmodelle von einigen seiner mechanischen Vorrichtungen, die dann in Eisen hergestellt werden sollen. Leonardo weigert sich aber, die Holzmodelle zu geben, und bietet ihm stattdessen Zeichnungen mit „Angaben von Breite, Länge, Größe und Aussehen" der Maschinen an. Dabei handelte es sich vermutlich um Perspektivdarstellungen und/oder Zeichnungen in verschiedenen Ansichten, aus denen vermutlich hervorging, wie die Vorrichtung zu bauen sei. Leonardos Misstrauen gegenüber Tedesco und seine Bereitschaft, diesem Zeichnungen anstatt dreidimensionale Modelle zur Verfügung zu stellen, könnte auf einen weiteren Aspekt hinweisen. Giorgio Tedesco hatte dreidimensionale Holzmodelle gefordert, da er fähig war, diese zu kopieren und aus Metall zu bauen. Erheblich schwieriger muss es für ihn gewesen sein, maßstabsgetreue Zeichnungen zu interpretieren. Um sie zu verstehen, benötigte er die Hilfe des Meisters. Indem Leonardo bereit war, Tedesco Zeichnungen zu überlassen, war er sicher, nicht zu viel von seinen Erfindungen preiszugeben. Damit haben wir einen weiteren Anhaltspunkt für den Wert, den Leonardo der Zeichnung beimaß: Die Zeichnung ist mehr als ein einfaches räumliches Modell; um sie zu verstehen, bedarf es eines theoretischen Hintergrundwissens (z. B. der Proportionslehre zu den Beziehungen zwischen den Einzelteilen). Der Gebrauch von Zeichnungen anstelle von Holzmodellen markiert auch den Unterschied zwischen einer anspruchsvollen technischen Werkstatt, in der der „Ingenieur" sich nicht nur auf seine manuellen Fertigkeiten, sondern auch auf seinen Verstand, auf sein Wissen stützte, und einem herkömmlichen Handwerkerbetrieb.

Die von Leonardo entworfenen Maschinen und Vorrichtungen können als dreidimensionale Rekonstruktionen bestaunt und untersucht werden, und in einigen Museen und Ausstellungen finden sie sich sogar als interaktive Modelle. Diese Rekonstruktionen knüpfen an das innere Wesen der Maschine, an ihren praktischen Aspekt an. Wissenschaftliche Untersuchungen haben sich bisher vor allem dem Verständnis der praktischen Seite von Leonardos Erfindungen gewidmet. Vernachlässigt wurde dabei der geistige, theoretische Aspekt von Leonardos Zeichnungen, der, wie bereits erwähnt, jedoch wesentlich ist. Die Frage ist: Lassen sich Leonardos mechanische Entwürfe so darstellen und rekonstruieren, dass auch der grafische Aspekt gebührend hervorgehoben wird? Mario Taddei und Edoardo Zanon schufen in diesem Buch Rekonstruktionen von Leonardos Maschinen, die zwar virtuelle dreidimensionale Modelle sind (und dadurch die technische, mechanische Bedeutung des gezeigten Objekts betonen), gleichzeitig aber ein breites Spektrum an visuellen Mitteln verwenden (wie z. B. Aufrisse, Seitenansichten, Explosionszeichnungen, Richtungspfeile u. a.), die den zeichnerischen, grafischen Aspekt in Leonardos Skizzen unterstreichen. In dieselbe Richtung weisen auch die knappen Einführungen zu den einzelnen Projekten – sie stammen vom Verfasser dieses Vorworts –, die den formalen Aspekten der Zeichnungen gewidmet sind.

Bezüglich der Präsentation von Leonardos Erfindungen in Museen (und gleichermaßen in Ausstellungen, Büchern usw.) sprach Paolo Galluzzi jüngst von einer wünschenswerten „kopernikanischen Revolution", die darin besteht, Leonardos Zeichnungen als zentrale Achse zu präsentieren, von der die Modelle als untergeordnete Elemente ausgehen. Ohne die technisch-mechanische Bedeutung eines jeden Entwurfs zu vernachlässigen, verfolgt der vorliegende Band das ehrgeizige Ziel, die Umsetzung einer solchen Revolution zu wagen.

Domenico Laurenza

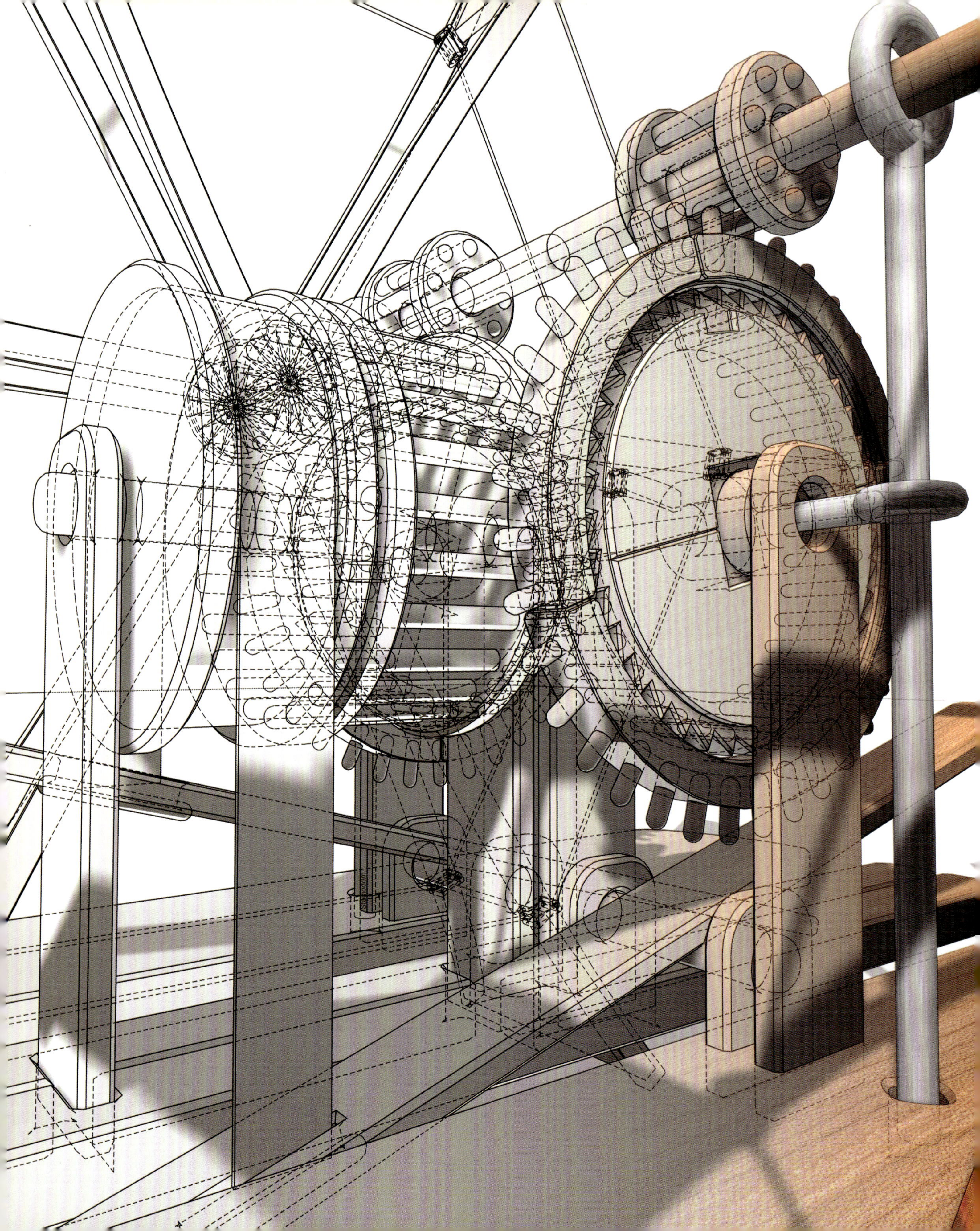

Einführung

Links
Technisches Detail des Schaufelradbootes mit Tretmechanismus (vgl. S. 141).

Noch ein Buch über Leonardos Maschinen und Vorrichtungen? Braucht der zweifellos vielseitigste Forscher und Erfinder aller Zeiten tatsächlich ein weiteres Buch, das seine Entwürfe präsentiert? Eines von jener Sorte von Büchern mit den allzu bekannten Maschinen und Vorrichtungen? Leonardos wissenschaftliches und technisches Erbe ist eine schier endlose Quelle für neue Ideen und Ansätze und es fällt schwer sich vorzustellen, dass das gesamte Œuvre dieses Forschers je komplett erfasst werden könnte. Selbst seine allbekannten Maschinen und die auf Ausstellungen gezeigten sorgfältigst rekonstruierten Modelle bergen noch zu lüftende Geheimnisse. Auch heute noch verblüffen diese Projekte aus der Zeit der Renaissance all jene, die sie studieren und untersuchen. Wer wie wir beginnt, Leonardo zu entdecken, neigt verstärkt dazu zu zweifeln, dass er ein Leonardo-Projekt jemals wirklich zu Ende führen könnte.

Während der Vorarbeiten zu diesem Buch passierte es oft, dass man sich vor der richtigen Lösung bzw. Interpretation eines Details eines Mechanismus oder eines ganzen Projektes wähnte, aber plötzlich ein weiterer Strich oder Schnörkel auf dem betreffenden Blatt oder in einer ähnlichen Zeichnung einer anderen Handschrift neue Lösungsansätze nahe legte, zusätzliche Klärungen erforderte oder überraschende Wendungen offenbarte. Auch konnte es passieren, dass eine insgesamt überzeugende und schlüssige Idee oder eine bestimmte Funktion in einer Maschine durch ein einzelnes, im letzten Augenblick zufällig entdecktes Detail in Frage gestellt wurde, sodass die Neuinterpretation der mechanischen Vorrichtung in eine völlig neue Richtung ging. Diese Art von Entdeckung kam während der Studien zu Leonardos so genanntem „Automobil" vor, die wir in Zusammenarbeit mit dem Istituto e Museo di Storia della Scienza in Florenz durchführten und deren Ergebnisse im vorliegenden Band veröffentlicht werden.

Abb. 1
Fol. 812r aus Codex Atlanticus

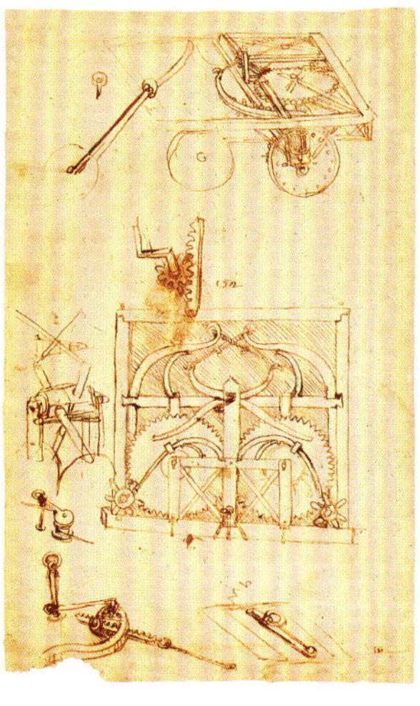

Die Fragen zur Interpretation dieser Vorrichtung wurden nunmehr geklärt, nach fast hundert Jahre dauernden Bemühungen zahlreicher Leonardo-Experten, darunter Semenza und Canestrini, um nur einige zu nennen. Als wir zusammen mit dem Museum mit der Interpretation dieser mechanischen Vorrichtung begannen, waren wir unweigerlich verblüfft und fasziniert von der Tatsache, dass, sofern man Leonardos Skizzen und Linien getreu folgte, in der Zeichnung jedes noch so kleine Detail genauestens an den angegebenen Platz passte, eine Leistung, die in früher entwickelten Lösungen wohl nicht vorgekommen war. Man darf nicht vergessen, dass vor dem Jahr 2004 angefertigte und in diversen Museen ausgestellte Modelle nicht Leonardos wirkliche Vorstellungen widerspiegelten – und sie auch nicht funktionierten. Unser Ausgangspunkt war eine solide Basis: die korrekte Interpretation durch Mark Rosheim einerseits und die wertvollen Ratschläge von Paolo Galluzzi und Carlo Pedretti andererseits. Sie ermöglichten es uns, erste Studienmodelle für den Prototyp und die Konstruktion der endgültigen Modelle aufs Sorgfältigste vorzubereiten. Diese waren vom Ästhetischen her wohl keine Meisterleistung, waren dafür aber von Anbeginn voll funktionsfähig.

Als die Arbeit fast abgeschlossen war und sich das funktionierende Ausstellungsstück in der Produktionsphase in den Ateliers der Laboratori Fiorentini befand, entdeckten wir zufällig, während wir uns eine Randzeichnung auf dem Blatt der Handschrift ansahen, dass diese eine Bremse darstellte. (Welch ein denkwürdiger Augenblick!) Eine flüchtige Skizze im unteren Teil des Blattes verbarg diesen kleinen Hinweis. Dies zeigte, wie wichtig selbst einige wenige Striche von Leonardo sein konnten, denn in diesem Fall kam zu unserem Projekt ein Detail hinzu, das die Richtigkeit der späteren Interpretation belegte. Es handelte sich nämlich nicht um ein „Automobil" im heutigen Sinn zur Beförderung von Personen oder Gütern, sondern um eine für die Bühne eines Theaters gedachte Maschine. Es war vermutlich ein noch ehrgeizigeres und komplexeres Projekt: eine programmierbare Maschine, die für Spezialeffekte auf der Bühne eingesetzt werden konnte. Jenes winzige Detail zeigte auch, wie der Mensch sie bedienen musste. Die mit der Bedienung der Maschine beauftragte Person konnte durch Anziehen eines Seils die in den Flügeln versteckte winzige Bremse lösen, sodass sich die Maschine von selbst auf die Zuschauer hin bewegte.

Das in diesem Buch aufgenommene Material setzte über fünfzig Interpretationen voraus, die allesamt derselben strengen, kritischen Prüfung wie im eben genannten Beispiel unterzogen wurden. Und stets mussten wir auf überraschende Details gefasst sein, die die vorgeschlagene Lösung bestätigen konnten oder die Suche nach neuen Deutungen erforderlich machten. Oft bemerkten wir, dass bestimmte Maschinen, und zwar selbst die „berühmtesten" unter ihnen, nicht völlig verstanden worden waren. Die mechanischen Vorrichtungen und Entwürfe dieses Buches stellen nur eine detailreiche Synthese des Materials dar, das gegenwärtig untersucht wird. Wir brauchten mehr als ein Jahr, um die einzelnen Themen herauszusuchen, zu verstehen, zu rekonstruieren und abzubilden. Die Computergrafik und allgemeiner die Computertechnologie sind in der Welt der Technik sicherlich nichts Neues, doch glauben wir, dass diese Ausdrucksform sich auch bestens dazu eignet, um auf originelle Weise die Gedanken und Ideen dieses genialen Meisters sichtbar zu machen. Die Werkzeuge, mit deren Hilfe die visuelle Umsetzung erfolgte, sind ähnlich – und mitunter identisch – mit jenen, die in der Produktion von Videospielen, von Spezialeffekten in Filmen und den neuen Zeichentrickfilmen verwendet werden. Das Neue dieses Bandes besteht darin, dass die genannten Techniken eingesetzt wurden, um eine neue visuelle Sprache zu schaffen. Sie löst keine paradigmatische Revolution aus, sondern stellt einen Übergang dar: Sie verbindet die institutionelle Kulturwelt – die Welt der da-Vinci-Schriften,

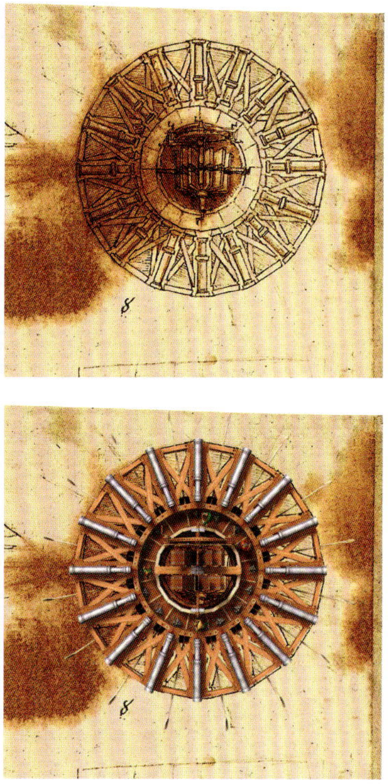

Abb. 2 und 3
Fol. CA 1r mit der Zeichnung von Leonardo (ganz oben) und das 3-D-Modell der Sperrfeuerkanone, das über die Originalzeichnung gelegt wurde (oben).

der historischen Abhandlungen über Leonardo und der neuesten Ausstellungen – mit dem Universum der jungen Menschen von heute, die sich stundenlang Computerspielen oder ihrer Playstation widmen.

Man kann sich fragen, was wohl Leonardo mithilfe der modernen Multimedia-Welt und den neuesten computergrafischen Werkzeugen hätte schaffen können. Und vermutlich ist die Distanz zwischen Leonardo und der Welt der Videospiele weitaus geringer, als man meinen mag. Betrachtet man einige seiner Projekte, wie z. B. den Baggerkran, die Feilenhaumaschine, die Drehbrücke und viele andere, so verblüffen die Unmittelbarkeit und Lebendigkeit der Zeichnung sowie Leonardos einfacher, direkter Weg zu kommunizieren, den er bewusst auf jeder Seite zum Ausdruck bringt. „O, Dichter, welche Buchstaben willst du zum Schreiben verwenden, welche ebenso vollendet sind wie eine Zeichnung, um die ganze Figur zu beschreiben?", ruft der Meister in der Handschrift Windsor 19701r, RL, aus.

Sobald wir ein Modell abgeschlossen haben, legen wir es über die Originalzeichnung und bemerken dabei oft eine überraschende Übereinstimmung in den einzelnen Teilen. Dieser Vorgang ist von besonderer Wichtigkeit für jene von uns, die nicht mit dem Bleistift zeichnen, sondern sich abstrakter Instrumente bedienen. Es ist eben dieser Augenblick, wenn wir erkennen, dass wir uns auf dem richtigen Weg befinden, dass wir die richtigen Instrumente verwenden, um die Arbeitsweise einer Maschine zu veranschaulichen. Diese Vorgehensweise hätte auch Leonardo sicherlich mit uns geteilt. Mithilfe des Computers und der digitalen Technologie nähern wir uns seiner Art zu zeichnen; denn während Leonardo zeichnete, so hatte er sicherlich stets die dritte Dimension vor Augen. Nicht zufällig heißt die ihm gewidmete Internetseite www.leonardo3.net.

Der vorliegende Band „erzählt" in Bildern von mehr als dreißig von Leonardo entworfenen Maschinen und Vorrichtungen, von denen einige bisher noch nie veröffentlicht wurden. Tatsächlich wurden für dieses Buch weit mehr Handschriften herangezogen als die Zahl der hier gezeigten Maschinen. Dies erklärt sich dadurch, dass zum richtigen Verständnis des Aufbaus und der Funktionsweise einer Maschine eine gründliche Dokumentation und die Hinzuziehung weiterer Werke von Leonardo erforderlich sind.

Besonderer Dank gebührt Sergio Giunti, Paolo Galluzzi, Carlo Pedretti und Claudio Pescio, die an dieses Buch glaubten, sowie Felice Mancino, Gabriele Perni, Giacomo Giannella, Cristina Caramori und Michela Baldessari, die mit uns zusammengearbeitet und am Projekt mitgewirkt haben.

Mario Taddei
Edoardo Zanon

Verzeichnis der Entwürfe

001 Flugmaschinen

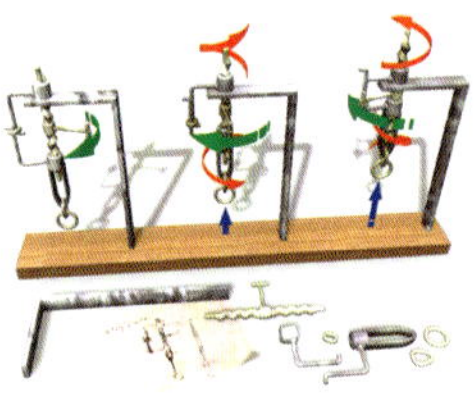

Vorrichtungen für mechanische Flügel

Codex Atlanticus, f. 1051v
1480–1485

Vorrichtungen zur Umwandlung der Kolben- oder kreisförmigen Bewegung in eine mechanische Bewegung der verschiedenen Flügelteile. Etliche dieser Vorrichtungen sind auf diesem Folio des Codex Atlanticus beschrieben: Sie und andere Zeichnungen bilden die Grundlage für das Verständnis der komplexen Funktionsweise von Leonardos Entwürfen zu Fluggeräten.

- | Seite 30 | -

Libelle

Ashburnham I, f.10v
um 1487

Ursprünglich war dieses Blatt das erste Folio von Manuskript B, einer Handschrift, in der sich Leonardo vor allem mit dem Studium möglicher Fluggeräte beschäftigte. Man vermutet, dass diese Untersuchungen auf Beobachtungen der Natur wie etwa Insekten und anderer fliegender Lebewesen zurückgehen. In diesem Fall handelt es sich um eine Libelle.

- | Seite 34 | -

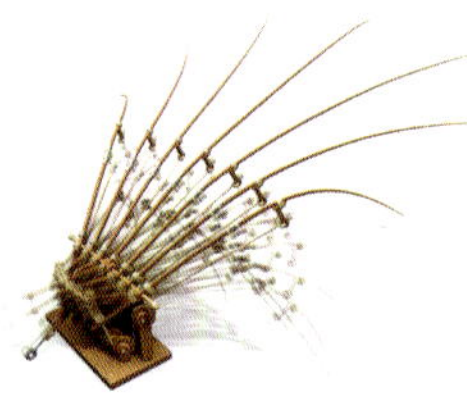

Flügeltester

Manuskript B, f. 88v
1487–1489

Eine experimentelle Maschine, mit der überprüft werden sollte,ob die menschliche Kraft ausreicht, den Flügel zum Schwingen zu bringen. Gemäß einer anderen Interpretation könnte diese Maschine benutzt worden sein, um das Verhalten des Flügels während des Schwingens und die dabei auf ihn einwirkenden Kräfte zu beobachten.

- | Seite 38 | -

Luftschraube (Hubschrauber)

Manuskript B, f.83v
um 1489

Dieser Entwurf, der allgemein als Vorläufer des modernen Hubschraubers angesehen wird, ist interessant nicht sosehr wegen der angewandten technischen Lösungen, sondern wegen der Ähnlichkeit, die er mit dem Wasser aufstellte. Leonardo betrachtete die Luft als ein weniger dichtes dynamisches Fluidum, durch das sich die Maschine „hindurchschrauben" oder winden könne; daher ist dieses Projekt eher unter dem korrekteren Begriff der „Luftschraube" als dem eines Hubschraubers" zu fassen.

- | Seite 46 | -

002 Kriegsgeräte

Fluggerät

Manuskript B, f. 74v
1488–1489

Es handelt sich um eine komplette Studie für ein Fluggerät: Nach der Beschäftigung mit verschiedenen Vorrichtungen nimmt Leonardo mehrere Projekte für Fluggeräte in Angriff. Diese Zeichnung zeigt die genaue Position des Piloten (Lenkers) sowie die Handgriffe, die ausgeführt werden müssen, um das Fluggerät zu steuern und in der Luft zu halten.

– | Seite 54 | –

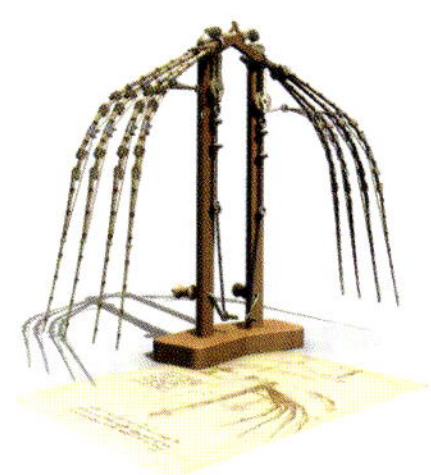

Mechanische Flügel

Codex Atlanticus, f. 844r
1493–1495

Ein kleines Modell zum Studium der Bewegung der Flügel. Die Maschine selbst ist recht komplex aufgrund der diversen mechanischen Vorrichtungen zur Umwandlung der Drehbewegung einer Kurbel in eine lineare Auf- und Abwärtsbewegung der schwingenden Flügel. Diese mechanischen Flügel simulierten sehr wirklichkeitsgetreu diesen bei einem natürlichen Flügel mitwirkenden Gelenke und die Bewegungsdynamik, denn in der Natur führen die Flügelspitzen eine andere Bewegung aus als am Flügelansatz.

– | Seite 62 | –

Balliste

Codex Atlanticus, f. 32r
um 1482

Unter den zahlreichen Entwürfen für militärische Projekte widmen sich etliche dem Studium und der Entwicklung von Kanonen und anderen Geschützen. Diese Wurfmaschinen erlaubten es dem Artilleristen, das Kanonenrohr vor dem Schießen in die gewünschte Position zu bringen, ohne das gesamte Gestell zu bewegen. Das Kanonenrohr konnte nach Belieben gedreht und auf- und abwärts geneigt werden, um in jede gewünschte Richtung zu feuern. Vorgesehen war auch eine hölzerne Schutzwand, die das Gerät bedeckte.

– | Seite 74 | –

Mehrläufiges Geschütz (Orgel)

Codex Atlanticus, f. 157r
um 1482

Dieses mehrläufige Geschütz besaß eine erhebliche Schusskraft. Sobald alle Rohre geladen waren, entfaltete das Geschütz dank der aufgefächerten Rohre eine große Streubreite des Feuers. Da das Fahrgestell leicht zu handhaben war, konnte das Geschütz je nach Bedarf auf unterschiedliche Ziele gerichtet werden. Mittels eines von Hand betätigten Hebegriffs am rückwärtigen Teil des Gestells konnte die Neigung der Rohre und damit die Flugbahn der Geschosse gesenkt oder steiler gemacht werden.

– | Seite 80 | –

Verteidigung der Mauern

Codex Atlanticus, f. 139r
1482–1485

Leonardo entwarf nicht nur Geschütze für den Angriff, sondern auch raffinierte und komplexe Vorrichtungen für die Verteidigung von Festungsmauern. Wenn, wie in vorliegendem Beispiel, die Mauer belagert wird, konnten die hinter den Zinnen versteckten Soldaten den feindlichen Angriff mit einer einzigen Bewegung eines Hebelsystems schnell und mühelos abwehren und ihren Gegenangriff planen.

Seite 84

Sichelwagen

Turin, Bibl. Reale, f. 15583r
um 1485

Diese Handschrift zählt zu den schönsten unter Leonardos Manuskripten und sollte vermutlich Ludovico il Moro beeindrucken. Die Entwürfe zeigen Sichelwagen, die im Angriffskampf eingesetzt wurden. Das Kampfgefährt wurde von einem Zweiergespann galoppierender Rösser gezogen und richtete in einem Schlachtgetümmel dank seiner messerscharfen, kreisförmig angeordneten Sicheln unter den Gegnern verheerende Schäden an.

Seite 88

Zerlegbare Kanone

Codex Atlanticus, f. 154br
1478–1485

Kanonenrohre waren außerordentlich schwer und die Radlafetten, die sie befördern sollten, sehr unhandlich. Leonardo entwarf eine Struktur, die man mühelos auseinander nehmen und leicht befördern konnte, sodass die Kanone leicht an verschiedenen Orten einsetzbar war.

Seite 94

Panzerwagen

London, British Museum, Popham no. 1030
um 1485

Er ist einer von Leonardos bekanntesten Erfindungen. Die Idee eines Panzerwagens, der durch einen übergroßen Schild geschützt ist, dabei über erhebliche Feuerkraft verfügt und auf dem Schlachtfeld wendig ist, stellte auch für den genialen Leonardo eine besondere Herausforderung dar.
Selbst im verbesserten Entwurf gab es noch einige ungelöste Probleme. Angesichts der sich abzeichnenden unüberwindbaren Schwierigkeiten gab Leonardo dieses Projekt schließlich auf.

Seite 98

Katapult

Codex Atlanticus,
f. 140ar und 140br
1485–1490

Es gibt zahlreiche Pläne Leonardos zu Katapulten. Der hier gezeigte Entwurf enthält eine doppelte Blattfeder, mit deren Hilfe eine extrem hohe Energie erzeugt wird, die nötig ist, um das steinerne Wurfgeschoss oder brennbare Materialien über große Entfernungen zu schleudern. Das Anspannen der zwei großen Blattfedern erfolgte über eine von Hand betätigte Kurbel an der Seite des Gestells.

Seite 102

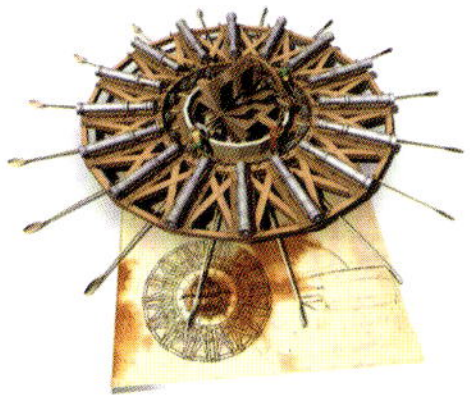

Sperrfeuerkanone

Codex Atlanticus, f. 1ar
1503–1505

Diese Zeichnung befindet sich auf dem ersten Blatt des Codex Atlanticus und besticht durch ihre exakte Ausführung wie durch ihre Konzeption: Sie enthält den Entwurf einer Bombarde mit sechzehn radial angeordneten Geschützrohren. Den interessantesten Aspekt bildet das Kernstück der Bombarde, in dem ein Paar mechanischer Schaufelräder und Zahnräder untergebracht sind, die zumindest teilweise einen Eindruck von den Möglichkeiten dieser komplexen Struktur vermitteln. In diesem Fall ist mehr als eine Interpretation möglich.

Seite 108

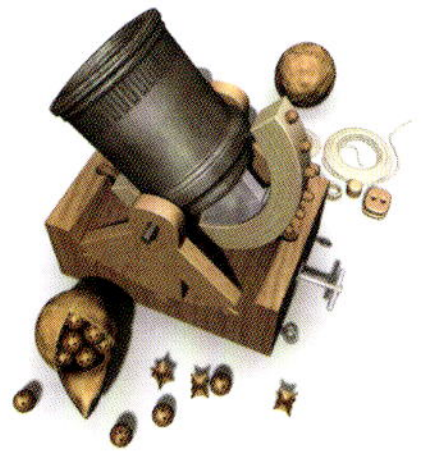

Feuernde Mörser

Codex Atlanticus, f. 33r
um 1504

Die vorliegende Zeichnung besticht durch ihre Schönheit und ungewöhnliche Klarheit. Das Blatt zeigt zwei Mörser in dem Augenblick, in dem sie ihre Geschosse abfeuern. Zusätzlich zum Plan für den Mörser, eine Waffe, die in jener Zeit bereits bekannt war, skizziert Leonardo auch die riesigen Geschosse. Unmittelbar nach ihrem Abschuss explodiert die große Außenkugel und verstreut die anderen, in ihr enthaltenen Kugeln mit noch größerer Wucht als die eigentliche Kanonenkugel selbst.

Seite 118

Festungsbau

Codex Atlanticus, f. 117r
1507–1510

Leonardo schuf diesen Entwurf einer äußerst kompakten Festung ausgehend von der Überlegung, die Anlage vor einem Angriff möglichst gut zu schützen. Ihre wohldurchdachte Form ist für jene Zeit neuartig und dürfte sich gegen einen Angriff der damals aufgekommenen tödlichen Artilleriegeschosse bewährt haben.

Seite 126

003 Hydraulische Vorrichtungen

Mechanische Säge

Codex Atlanticus, f. 1078ar
um 1478

Die Maschine dient dem Zersägen dicker Baumstämme. Die für den Antrieb der Sägeblätter notwendige Energie wurde durch ein großes Schaufelrad geliefert, das durch Wasserkraft in Gang gesetzt wurde. Das so angetriebene Schaufelrad setzte auch mehrere Flaschenzüge in Bewegung, die den schweren Baumstamm, der auf einer beweglichen Unterlage lag, in die richtige Position zum Schneiden brachten.

- | Seite 134 | -

Schaufelradboot

Codex Atlanticus, f. 945r
1487–1489

Leonardo schuf den Entwurf eines Boots, dessen Antrieb bequemer als mithilfe von Rudern erfolgte: Zur Betätigung der Ruder ist nämlich eine sich wiederholende Aktion nötig, die eine diskontinuierliche Energie erzeugt. Die Einsatz der großen, seitlich angebrachten Schaufelräder hingegen, die von einer Person durch Treten mit den Füßen – in anderen Modellen auch durch Armbewegungen – in Gang gebracht werden, ermöglicht eine kontinuierliche Fortbewegung des Bootes.

- | Seite 140 | -

Drehbrücke

Codex Atlanticus, f. 855r
1487–1489

Der Entwurf dieser Brücke ist überaus gelungen. An einem Ufer erhebt sich ein mächtiger Pylon als drehbarer Schwenkarm, an dem die gesamte Konstruktion aus fachwerkartig miteinander verstrebten Bogenträgern abgehängt ist. Durch die Drehung des Pylons, der durch eine oder mehrere am Ufer befindliche Personen mittels Winden in Bewegung gesetzt wurde, konnte die Brücke zur Überquerung des Wasserlaufs dienen oder gab den Weg für die Flussschifffahrt frei.

- | Seite 146 | -

Schwimmbagger

Manuskript E, f. 75v
1513–1514

Der Schwimmbagger wurde eingesetzt, um ein Flussbett zu reinigen und zu verbreitern. Ideen für eine solche Arbeitsmaschine gab es schon zuvor, aber Leonardo führte wesentliche technische Verbesserungen ein. So etwa verlieh er dem Flussbagger eine größere Stabilität, indem er zwei Boote statt wie bislang nur ein Boot verwendete.

- | Seite 156 | -

004 Arbeitsmaschinen

Maschine für Pendelbewegung

Codex Atlanticus, f. 30v
1478–1480

Das Projekt dient dem Studium der Umwandlung der Hin- und Herbewegung in eine kontinuierliche Bewegung. Die in der Maschine erzeugte Kraft wird zum Heben schwerer Lasten eingesetzt. Indem eine Person einen Hebel vor und zurück bewegt, wird ein Mechanismus in Gang gesetzt, sodass sich durch die Rotationsbewegung einer Welle ein Seil auf- und abrollt und dadurch die Last hebt oder senkt.

– | Seite 164 | –

Feilenhaumaschine

Codex Atlanticus, f. 24r
um 1480

Die Maschine dient dem automatischen Hauen der Feilenzähne. Ein an einem Seil herabhängendes Gewicht erzeugt dank seines Eigengewichts und der Schwerkraft die Kraft, die die Maschine in Gang setzt. Durch die Aktivierung etlicher Mechanismen rückt der Block, auf dem das herzustellende Werkzeug befestigt ist, weiter, während ein langstieliger Hammer mit jedem Hieb auf den Feilenkörper einen Feilenzahn haut.

– | Seite 168 | –

Schleifmaschine für Hohlspiegel

Codex Atlanticus, f. 87r
um 1480

Durch Betätigung eines Einhandhebels wird die Kreisbewegung simultan auf zwei Steinscheiben übertragen, die an verschiedenen Achsen befestigt sind. Durch die entsprechenden unterschiedlichen Kreisbewegungen der Scheiben wurde der auf einer horizontalen Scheibe liegende Spiegel ausgehöhlt und geschliffen.

– | Seite 172 | –

Kanalbaumaschine

Codex Atlanticus, f. 4r
1503–1504

Mit diesem Projekt wollte Leonardo das Ausschachten von Kanälen beschleunigen, die notwendig waren, um einen Flusslauf zu verlegen. Dabei sollte der von ihm entworfene Baggerkran für eine höhere Effizienz sorgen als die damals gebräuchlichen Maschinen. Je nachdem, wie die Aushubarbeiten vorangingen, war die gesamte Konstruktion des Baggerkrans in der Lage, sich langsam vorwärts zu bewegen, und erleichterte das Wegschaffen des Erdreichs aus dem zu verbreitenden Kanal.

– | Seite 176 | –

005 Bühnentechnik

006 Musikinstrumente

Wagen mit Eigenantrieb (Automobil)

Codex Atlanticus, f. 812r
1478–1480

Bei diesem Entwurf handelt es sich nicht um ein Fahrzeug zur Beförderung von Menschen, sondern um ein weitaus ehrgeizigeres Projekt. Leonardo konzipierte eine fürs Theater bestimmte Vorrichtung, die gesteuert, „programmiert" werden konnte und in der Lage war, sich selbst fortzubewegen – und zwar nicht nur geradeaus, sondern auch nach links oder rechts. Dieses Projekt zählt zu den verblüffendsten Leistungen Leonardos, denn eine Maschine, die vor den Augen der Zuschauer von selbst auf der Bühne fährt, ohne gesteuert oder gezogen zu werden, das war in der Tat einzigartig.

– | Seite 188 | –

Bühneninszinierung für Orpheus

Codex Arundel, f. 231v
um 1507

Leonardo schuf eine Reihe von Zeichnungen für Vorrichtungen, die bei Theateraufführungen zum Einsatz kamen. Das vorliegende Projekt enthält einen einfallsreichen Entwurf zur Bühnengestaltung, der in diesem Fall bei der Aufführung des *Orpheus* verwendet wurde.

– | Seite 196 | –

Leier in Form eines Tierkopfes

Ashburnham I, f. Cr
1485–1487

Dieser Entwurf einer Leier war sicherlich eher zum Einsatz auf der Bühne gedacht und nicht sosehr als Instrument. Die Idee, Teile eines Tierkörpers als Klangkörper zur Erzeugung von Lauten zu verwenden, ist uralt und geht auf vorgeschichtliche Zeiten zurück.

– | Seite 206 | –

Mechanische Trommel

Codex Atlanticus, f. 837r
1503–1505

Die mechanische Trommel wurde höchstwahrscheinlich für den Einsatz bei Paraden und festlichen Straßenumzügen entworfen. Denkbar ist auch ihr Einsatz bei Militärparaden oder sogar im Krieg, um die Soldaten im Kampf anzufeuern oder die Feinde in Schrecken zu versetzen. Leonardo fertigte für seinen Entwurf einige Varianten an, denn der Trommelwagen konnte von einer Person oder einem Tier gezogen werden. Er wurde mit einem einzigen Handgriff an einem Hebel in Betrieb gesetzt.

– | Seite 210 | –

007 Sonstige Erfindungen

Viola organista

Codex Atlanticus, f. 93r
1493–1495

Es handelt sich um ein überaus komplexes Projekt eines Instruments, das sich nur schwer einordnen lässt. Man konnte es mithilfe eines breiten Gurts tragen und spielte auf einer Klaviatur. Im Inneren des Instruments berührte ein sich ständig bewegender Bogen aus Rosshaar die Saiten, die durch das Drücken der Tasten in Bewegung gesetzt wurden. Die Streichbewegung des sich drehenden Bogens auf den Saiten ließ einen Ton entstehen, der eher dem einer Violine als einem Harfenton ähnelte.

– | Seite 216 | –

Druckerpresse

Codex Atlanticus, f. 995r
1478–1482

Ein automatisch gleitendes Bett, das mit einem Drucksystem in Verbindung stand, ermöglichte es dem Drucker, das Blatt zu bedrucken und es durch einen einzigen Vorgang vorwärts zu bewegen, indem ein großer Hebel an der Vorderseite der Maschine betätigt wurde.

– | Seite 226 | –

Wegmesser

Codex Atlanticus, f. 1br
um 1504

Diese seltsame Konstruktion wurde von einer Person entlang einer Strecke gezogen, deren Länge man bestimmen wollte. Dank eines komplexen Mechanismus fiel jeweils eine Metall- oder Holzkugel in einen Kasten, sobald eine bestimmte Entfernung zurückgelegt wurde. Nachdem die zu messende Strecke abgegangen wurde, genügte es, die Anzahl der Kugeln im Kasten zu zählen, um auf diese Weise die zurückgelegte Strecke zu messen.

– | Seite 230 | –

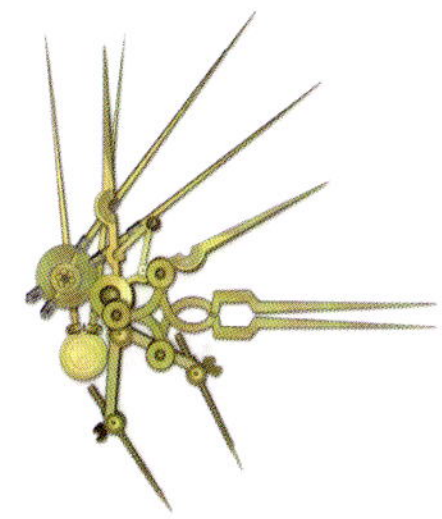

Greifzirkel und Stechzirkel

Codex Atlanticus, f. 696r
1514–1515

Dies ist eine kleine Auswahl von Zeichengeräten, zu denen u. a. verschiedene Greif- und Stechzirkel gehören. Einer der faszinierendsten Aspekte im Schaffen Leonardos ist die Verschmelzung des Ästhetischen mit dem Funktionellen in vielen der von ihm entworfenen Vorrichtungen. Ein überaus treffendes Beispiel hierfür sind die hier gezeigten Greif- und Stechzirkel.

– | Seite 234 | –

001 Flugmaschinen

Vorrichtungen für mechanische Flügel
Libelle
Flügeltester
Luftschraube
Fluggerät
Mechanische Flügel

Die vermutlich älteste Gruppe von Skizzen einer Flugmaschine findet sich auf einem Blatt in den Uffizien (447E). Höchstwahrscheinlich waren sie zusammen mit anderen ähnlichen aus derselben Zeit Teil seiner Entwürfe zu den so genannten *ingegni*, also Theatermaschinen, die in Florentiner Werkstätten entstanden waren. Künstler wie Brunelleschi und Verrocchio hatten im Florenz jener Zeit großen Erfolg mit derartigen Entwürfen. Leonardo war diesem Erbe verpflichtet, aber ebenso entschlossen, diese Tradition zu überwinden. Davon zeugt eine winzige, aber unübersehbare Spur: Auf dem Verso des Folios skizzierte Leonardo die Flugbahn, die ein ins Wasser tauchender Vogel im Sturzflug beschreibt, und fügte einige Bemerkungen an. Seine Beschäftigung entfernt sich somit von der empirischen und mechanischen Dimension und erhebt sich auf eine theoretischere und die Zoologie betreffende Ebene.

Als sich Leonardo entschloss, nach Mailand aufzubrechen, um dort Herzog Ludovico Sforza (genannt il Moro) seine Dienste als Ingenieur anzubieten, erwähnt er in seinem Empfehlungsschreiben mit keinem Wort die Fluggeräte. Daraus könnten wir schließen, dass das Projekt einer Flugmaschine zumindest in seinen Überlegungen Teil der für die Bühne gedachten Maschinen war. Mit anderen Worten: Eine Flugmaschine wäre damals sicherlich noch als etwas Nutzloses, als ein Hirngespinst betrachtet worden. Fest steht aber, dass der Traum des Menschen zu fliegen bereits die Konstrukteure früherer Jahrhunderte beschäftigt hatte. Es gibt Berichte von mehr oder minder empirischen Flugversuchen, die aus wissenschaftlicher Sicht wenig aussagefähig sind. So etwa war im 13. Jahrhundert der berühmte Naturphilosoph Roger Bacon der Ansicht, dass der Mensch mithilfe mechanischer Flügel fliegen könnte. Im 14. Jahrhundert illustrieren die Reliefs auf dem Sockel von Giottos Glockenturm neben verschiedenen Fertigungstätigkeiten auch die Sage von Dädalus: eine menschliche Figur mit angeschnallten Flügeln. Natürlich war es nur eine mythische Gestalt. Dennoch lebte die Idee von der Fähigkeit des Menschen zu fliegen, so utopisch sie auch war, im schöpferischen Umfeld fort, in dem die Florentiner Konstrukteure wirkten. Und es war Leonardo, der diesen Gedanken ernsthaft wieder aufgriff und wissenschaftlich fortführte. Diese Entwicklung findet jedoch erst nach seinem Umzug nach Mailand statt.

Entgegen unseren Vermutungen ist Leonardos wichtigster Forschungsbereich in Bezug auf Flugmaschinen in den 1480er- und 1490er-Jahren nicht die Welt der Tiere. In diesen Jahren vernachlässigt er die Tierstudien und widmet sich ihnen erst wieder nach 1500. Ende des 15. Jahrhunderts beginnt Leonardo mit den Skizzen für sein „bemanntes" Fluggerät. Die Wurzeln dazu liegen in seiner Beschäftigung mit zwei Bereichen: der Anatomie und der Mechanik (dem Studium der Gewichte und der Bewegung). Leonardo untersucht einerseits in seinen anatomischen Studien den menschlichen Körper und dessen Proportionen. Andererseits erforscht er das Verhalten der Gewichte sowie die dynamischen und kinematischen Aspekte der Bewegung. Letztere blickte im Rahmen der Lehre über die Gewichte *(de ponderibus)* auf eine illustre, wenn auch abstrakte und nur selten praktisch angewandte Tradition zurück. Bereits in den 1480er-Jahren studiert und misst Leonardo die dynamischen Potenziale des menschlichen Körpers. Er füllt unzählige Seiten mit Zeichnungen, die den menschlichen Körper in den unterschiedlichsten Haltungen zeigen, wobei die Skizzen allesamt ein Ziel verfolgen:

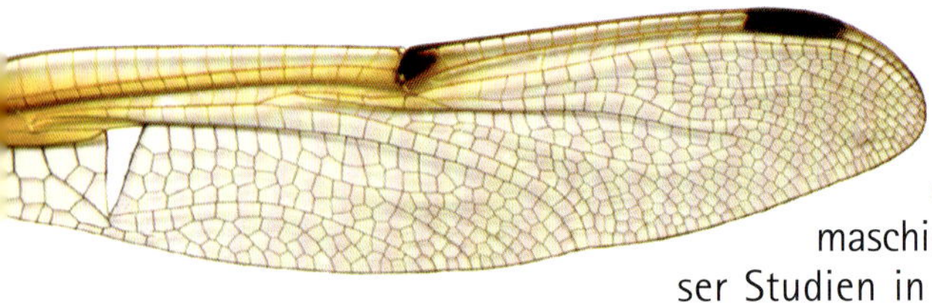

Sie sollen die Fähigkeit des Körpers veranschaulichen, Kraft zu erzeugen. Etliche jetzt entstandene Projekte zu Flugmaschinen sind eine Umsetzung dieser Studien in Bezug auf das dynamische Potenzial des menschlichen Körpers. So etwa hat der berühmte Entwurf zu einem „Ornithopter" kaum Gemeinsamkeiten mit der Tierwelt (Manuskript B, Fol. 80r). Das Schwingen der Flügel ähnelte sicherlich einigen Insekten, doch schon aufgrund des Äußeren dieser Maschine (eine motorisierte Vorrichtung mit einem Piloten und Flügeln, die an einem halbkreisförmigen Rumpf befestigt sind) ist offensichtlich, dass sie wenig mit der Tierwelt gemeinsam hatte. Wichtig ist zu verstehen, wie die Maschine funktionierte. Leonardo setzt ein komplexes mechanisches System ein, welches das vom Körper des Piloten erzeugte dynamische Potenzial maximieren soll, wobei der Pilot Kraft nicht nur mit den Armen, sondern auch mit den Füßen und dem Kopf erzeugen musste. Wir finden keine Spur eines Lenkungssystems. Der Mensch wird zu einem „automatischen" Piloten, dessen einzige Aufgabe es ist, genügend Kraft zu erzeugen, damit sich die Flügel bewegen und er vom Boden abheben kann. Das Problem der Steuerung des Fluggerätes wird in anderen Entwürfen behandelt; sie zeigen den Piloten in waagrechter Position (so etwa im Codex Atlanticus, Fol. 824v, und im Manuskript B, Fol. 79r). Darin wird dem natürlichen Flug größere Aufmerksamkeit geschenkt, doch muss betont werden, dass abgesehen von einigen wenigen Zeichnungen – z. B. im Codex Atlanticus, Fol. 70br und 846v – Leonardo nur selten eine Synthese zwischen Projekten zur Erzeugung der für einen Flug nötigen Kraft und Projekten zu Fragen der Manövrierbarkeit der Fluggeräte anstrebt.

Während seiner Florentiner Zeit in den frühen 1500er-Jahren geht Leonardo das Problem des Flugs des Menschen systematischer an. Die Zoologie, die Studien zum natürlichen Vogelflug gewinnen jetzt einen höheren Stellenwert als bis dahin. Leonardo verbringt viele Stunden mit der Beobachtung der Flugtechnik der Vögel. Einige der Handschriften dieser Jahre sind im Grunde taschengroße Notizbücher, in denen Leonardo die in freier Natur gemachten Beobachtungen unmittelbar in Wort und Zeichnung festhält. Die Manuskripte L und K1 sind Beispiele solcher kleinen Handschriften. Es überrascht daher nicht, dass einige Notizen aus Manuskript K1 doppelt vorkommen: zunächst als hastig ausgeführte Skizzen, dann als in der Werkstatt vertiefte Studien. Die Handschrift *Über den Vogelflug* (in einem leicht größeren Format als die übrigen Manuskripte) stammt aus dieser Zeit und ist das seltene Beispiel einer Leonardo-Handschrift, die (fast) ausschließlich einem Thema gewidmet ist: dem Flug, und zwar in seiner natürlichen Form sowie als Nachahmung mittels Fluggeräten.

Mehr denn je wird nun das Projekt eines Fluggeräts zu einem Versuch, die Natur und den Vogel in all seinen Formen und Bewegungen genauestens nachzuahmen. Dies kann man unschwer in der Handschrift *Über den Vogelflug* feststellen, die aus zwei klaren Teilen besteht: einem ersten Abschnitt, in dem es vor allem um den aktiven Flug geht (bei dem der Antrieb durch den Flügelschlag erzielt wird), und einem zweiten Abschnitt, in dem es um die Balance während der Flugmanöver bei unterschiedlichen Windverhältnissen geht. Es ist interessant, dass jeder Abschnitt zwei Arten von Studien enthält: Naturstudien über Flugtechniken der Vögel, denen die Gesetze der Anatomie und Aerodynamik zugrunde liegen, und mechanische Studien, in denen er den Bau einer Flugmaschine abstrebt, die imstande ist, das in der Natur Gesehene nachzuahmen. Man muss einmal mehr Leonardos tiefe Überzeugung betonen, wonach der Mensch den Flug der Vögel kopieren könne. Dieser Glaube entsprang seiner allgemeinen Anschauung über die Natur, die ihn in diesen Jahren so entscheidend prägte. Er war davon überzeugt, dass es in der Natur eine grundlegende Gemeinsamkeit zwischen allen Lebewesen gebe. In seinen Studien zur vergleichenden Anatomie will er nachweisen, dass es zwischen dem Menschen und den anderen Lebewesen, z. B. den Vierbeinern, eine Reihe von Ähnlichkeiten gibt. So stellt Leonardo fest, dass der Mensch in seinen ersten Lebensjahren ähnlich den Tieren noch auf allen Vieren krabbelt. Mit seinem Heranwachsen verändert sich auch das dynamische Verhältnis zwischen der Haltung der oberen und der unteren Extremitäten, die denen zwischen Vorder- und Hinterläufen bei den Vierbeinern entspricht. Leonardos Überzeugung, dass der Mensch fliegen könne, geht auf eben diese Analogie zwischen Mensch und Tieren zurück.

Auch im Alter glaubt Leonardo noch, dass der Mensch mittels seiner durch die Muskelkraft erzeugten Energie ein Fluggerät antreiben könne. Er widmet sich einerseits verstärkt dem aerostatischen Fliegen (vgl. dazu auch die berühmte Studie über das Abheben eines an einem Brett befestigten Menschen in Manuskript G, Fol. 74r), andererseits werden mechanische Entwürfe durch rein theoretische Studien verdrängt (von denen viele in Manuskript E enthalten sind). Selbst die Vogelflugstudien dieser Jahre dienen weniger der Entwicklung eines Fluggeräts als der Untersuchung der Gesetze, denen die Luftströmungen folgen. Dennoch fehlen auch in dieser Lebensphase nicht gänzlich die Hinweise auf den künstlichen Flug. Die herkömmlichen Quellen (Vasari, Lomazzo) berichten von unterschiedlichen Ergebnissen. So etwa beschäftigte sich Leonardo mit der Konstruktion künstlicher Vögel und anderer fliegender Objekte, die automatische Vorrichtungen oder aufblasbare elastische Materialien verwenden – ein Zeitvertreib am Ende des Lebens, der auf Leonardos Forschungen im Bereich der Mechanik hinweist.

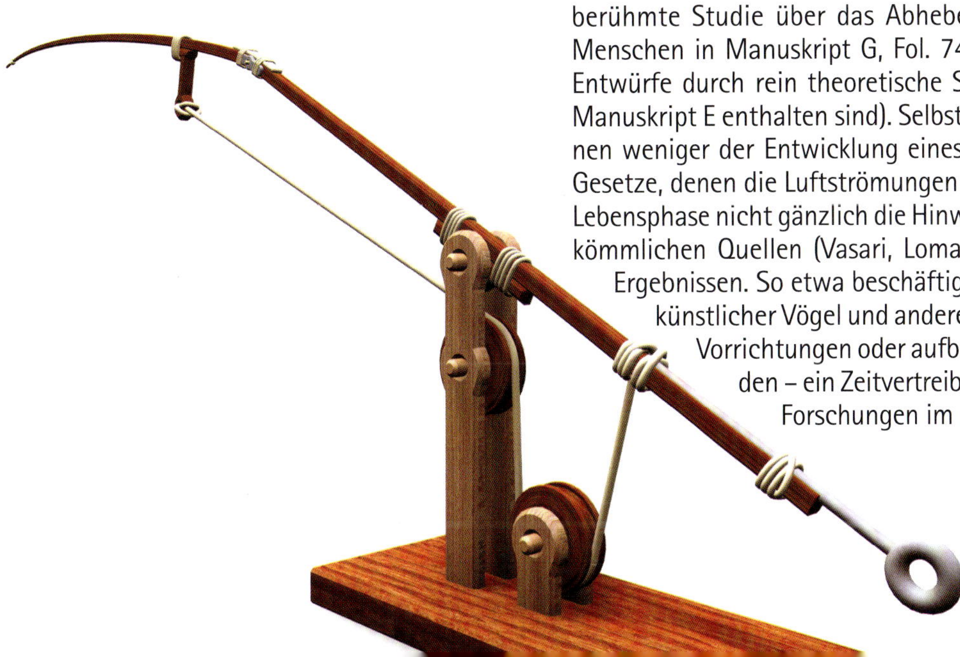

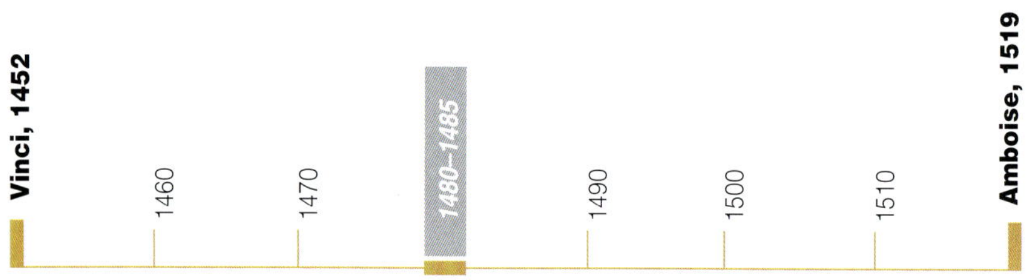

Codex Atlanticus, Fol. 1051v

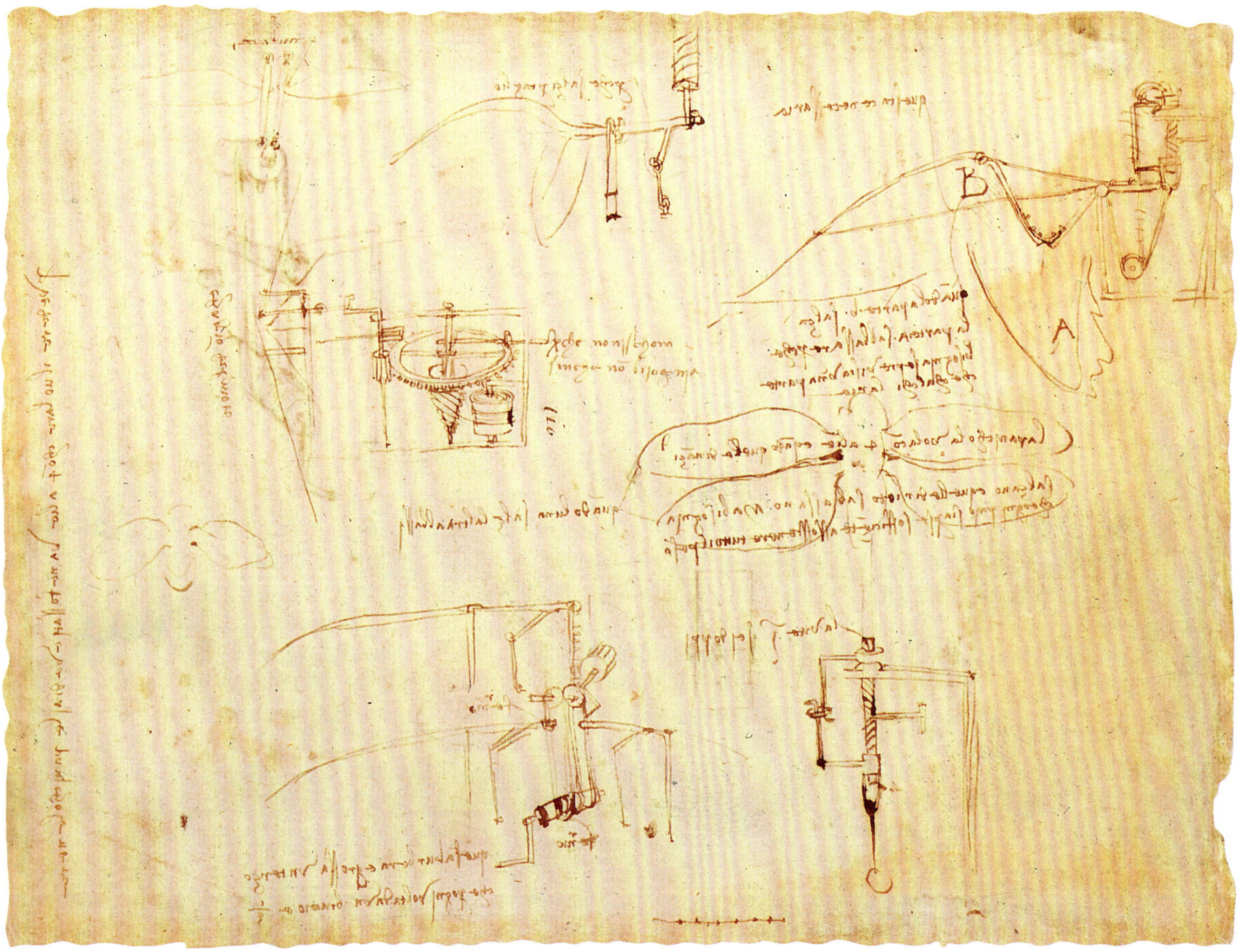

1

Vorrichtungen für mechanische Flügel

Leonardo arbeitete an diesem Blatt aus dem Codex Atlanticus, als er etwa 30 Jahre alt war und noch in Florenz weilte oder kurz nach seiner Ankunft in Mailand im Jahre 1482. Es ist in zweifacher Hinsicht interessant: Zum einen ist es ein typisches Arbeitsblatt und zweitens ist es eines der ältesten Beispiele, das den Zusammenhang zwischen einer Flugmaschine und Studien zum natürlichen Flug belegt. Es stellt einen der originellsten und vielleicht auch faszinierendsten Aspekte in diesem Bereich dar.

Leonardos Schriften sind wertvolle autobiografische Zeugnisse. Sie ähneln einem persönlichen Tagebuch, das zwar nicht tägliche Begebenheiten festhält, sondern Ereignisse mit Bezug auf sein Schaffen und seine wissenschaftlichen oder künstlerischen Forschungen. Er benutzt seine Aufzeichnungen und vor allem seine Skizzen, um systematisch jeden seiner Gedanken über ein Thema festzuhalten. So lässt sich durch das Studium des Blattes mit seinen Skizzen und Texten die konkrete Entwicklung seiner Forschungen, Beobachtungen, Zweifel, Projekte usw. präzise rekonstruieren.

Wir können die genaue zeitliche Abfolge der Anmerkungen und Gedanken dieses Blattes nicht bestimmen. Vermutlich waren die Libelle (rechts auf dem Blatt) und das andere Insekt (links) unter den ersten Zeichnungen. Beide sind nicht mehr als flüchtige Skizzen. Leonardo wollte diese Insekten sicherlich nicht detailgenau wiedergeben, sondern nur einen Eindruck, einen Gedanken festhalten, auf den der Text oberhalb der Zeichnung Bezug nimmt. Aus der Beobachtung des Flugs dieser Insekten leitete Leonardo ab, dass, wenn sich das vordere Flügelpaar hebt (und für die Abwärtsbewegung vorbereitet), das hintere Flügelpaar nach unten gerichtet ist und so für genügend Stabilität in der Luft sorgt. Wir haben damit eine erste Gruppe von Texthinweisen und Zeichnungen zum Studium des natürlichen Fluges.

Andererseits gibt es eine zweite Gruppe von Zeichnungen und Texten zum mechanischen Flug. Vor allem die Skizze links oben auf dem Blatt stellt einen mechanischen Flügel bestehend aus zwei Teilen dar: aus einem inneren Teil (A) und einem äußeren (B). Während des Flügelschlags, wenn sich der äußere Abschnitt hebt, bleibt der innere Abschnitt nach unten gerichtet und hält dadurch die Flugmaschine in der Luft. Der Mechanismus dieses künstlichen Flügels ist somit das Ergebnis der Nachahmung einer in der Natur gemachten Beobachtung.

Eine lange, senkrechte Bemerkung am linken Blattrand zeugt von einer anderen Forschungsphase. Wie so oft auf Leonardos Blättern, geht es dabei um ein Arbeitsprojekt: „Um einen Flug mit vier Flügeln zu sehen, gehe rund um den Wassergraben und du wirst die schwarzen Netzflügel sehen." Wir wissen nicht, ob damit Leonardo meinte, er müsse die auf diesem Blatt bereits gemachten Beobachtungen aus der Tierwelt vertiefen, oder ob sie das Ergebnis einer geplanten Beobachtung sind.

Abb. 1
In der Mitte des Blattes befindet sich die unscharfe Zeichnung einer Libelle. Um sie herum fertigte Leonardo Skizzen von mechanischen Vorrichtungen an, die die natürlichen Flugbewegungen künstlich nachahmen sollen.

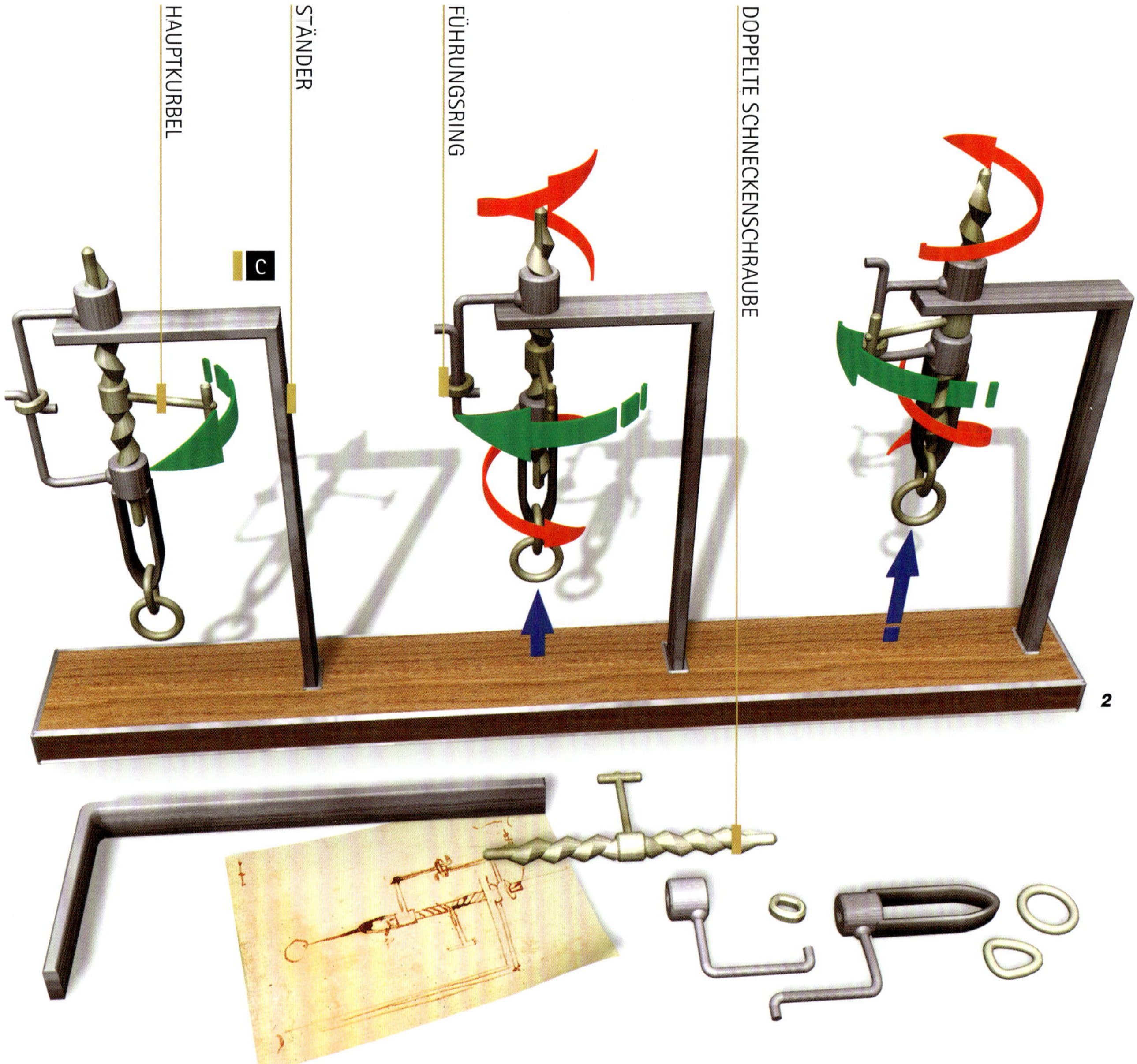

A B Leonardo erläutert die Funktionsweise der Vorrichtung und benutzt dabei die Buchstaben A und B; sie markieren die Punkte, an denen sich der mechanische Flügel zusammenziehen muss. Die Flügelfunktion auf dieser Maschine lässt einen mechanischen Flügel zusammenklappen. Durch Starten der Antriebsvorrichtung senkt sich Punkt A, während Punkt B sich in die entgegengesetzte Richtung hin bewegt. Die Summe dieser Bewegungen ergibt einen Flügelschlag, ähnlich dem der Vögel.

C Das Kernstück des Modells für den mechanischen Flügel ist der komplexe Antriebsmechanismus, den Leonardo noch während des Entwurfs abändert. Dies erkennt man an der Skizze rechts oben (Abb. 1), wo er eine technische Lösung durchstreicht, die er für falsch hält. Die Endausführung der Vorrichtung besitzt eine doppelte Schneckenschraube, die über eine kleine Kurbel die gesamte Maschine in Bewegung setzt.

D Durch die Dauerbewegung der Kurbel ahmt der mechanische Flügel in seiner Bewegung die Natur nach: Er verhält sich wie der natürliche Flügelschlag eines Vogels, wo die Flügelspitzen eine andere, längere Bewegung beschreiben als der in Körpernähe befindliche Flügelteil.

Abb. 2
Elemente des Antriebsmotors.

Abb. 3
Automatisches System zum Zusammenziehen der Flügel. Eine Person bedient die Hauptkurbel und setzt damit die mechanischen Teile in Bewegung; diese wiederum erzeugen die Bewegung und Rotation der Flügelhalter.

Abb. 4
Dynamische Darstellung des Bewegungsablaufs.

STUDIENMODELL FÜR DEN MECHANISCHEN FLÜGEL

LIBELLE, GENUTZT ZUM VERGLEICH

ANTRIEBSMECHANISMUS

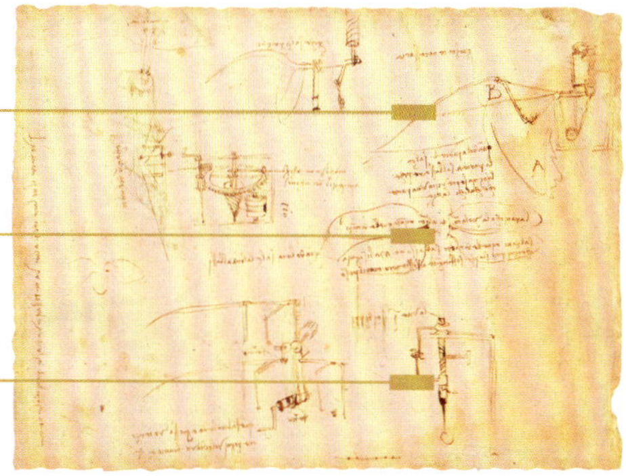

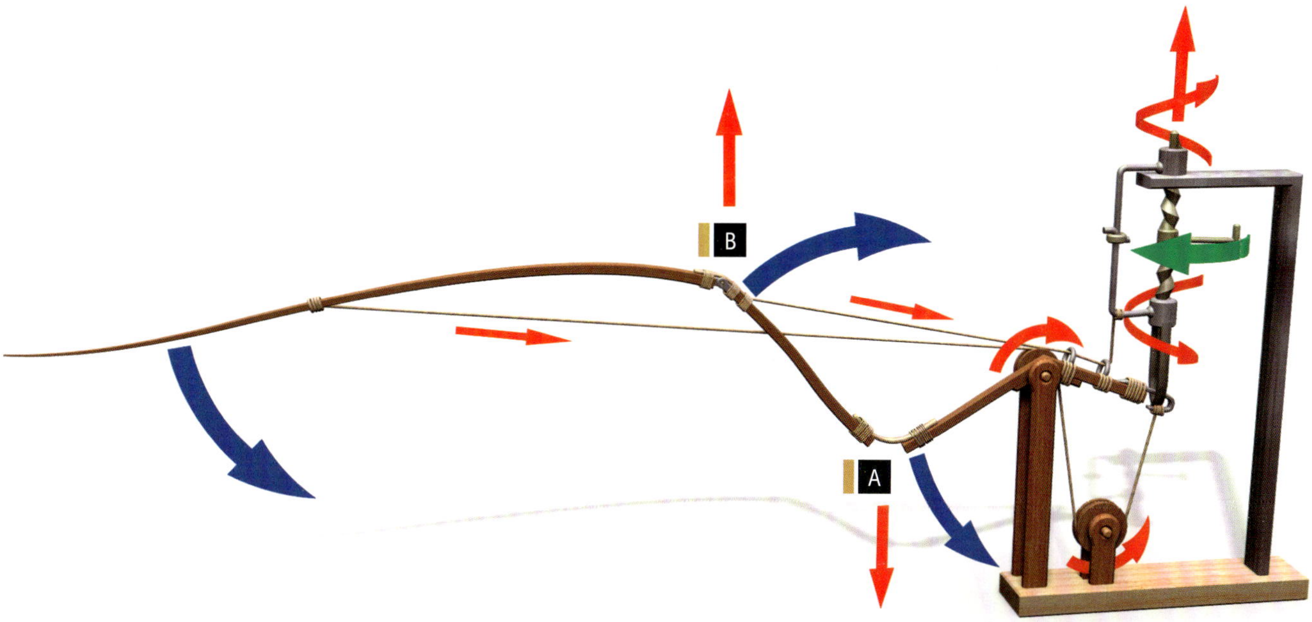

3

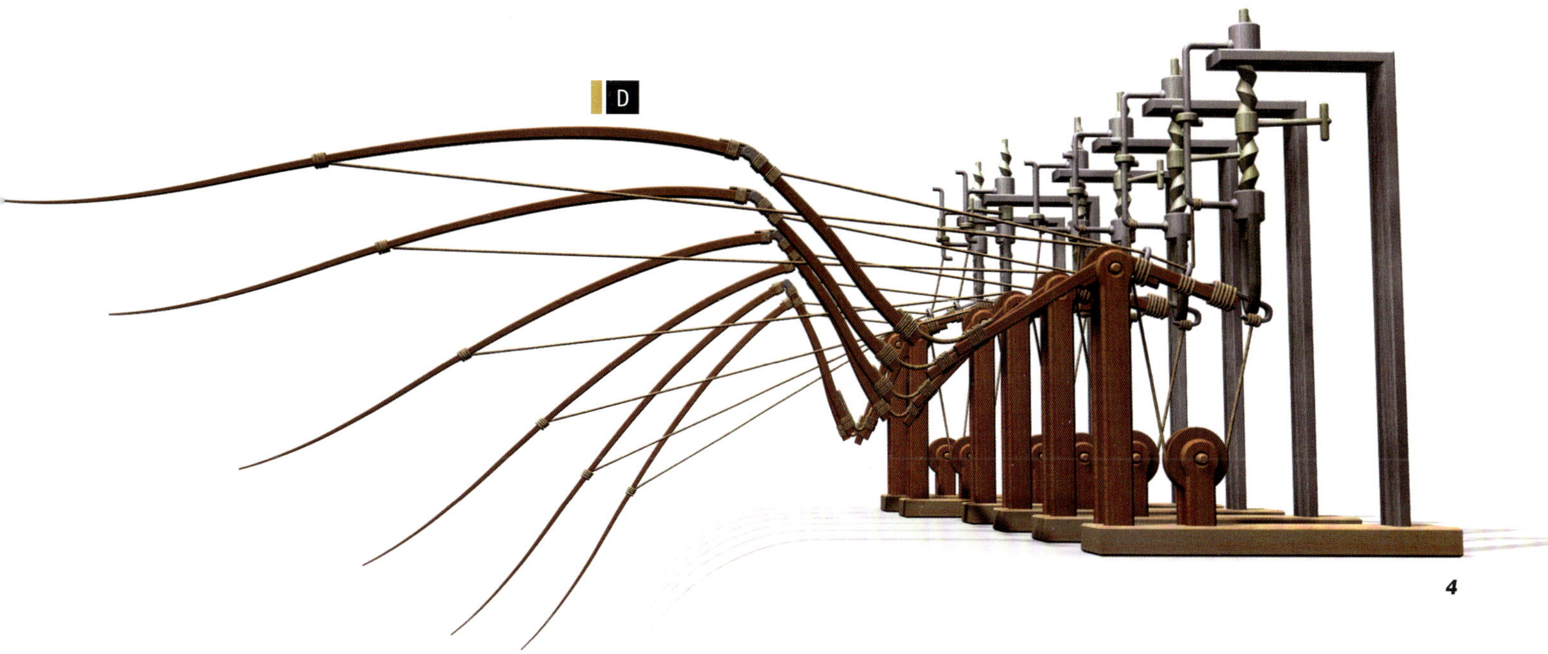

4

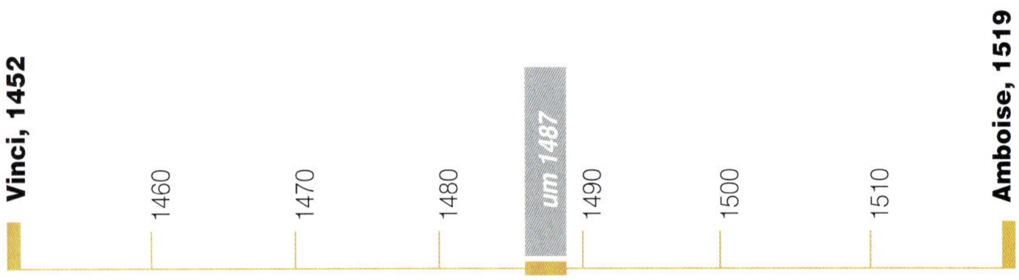

Ashburnham, Fol. 10v

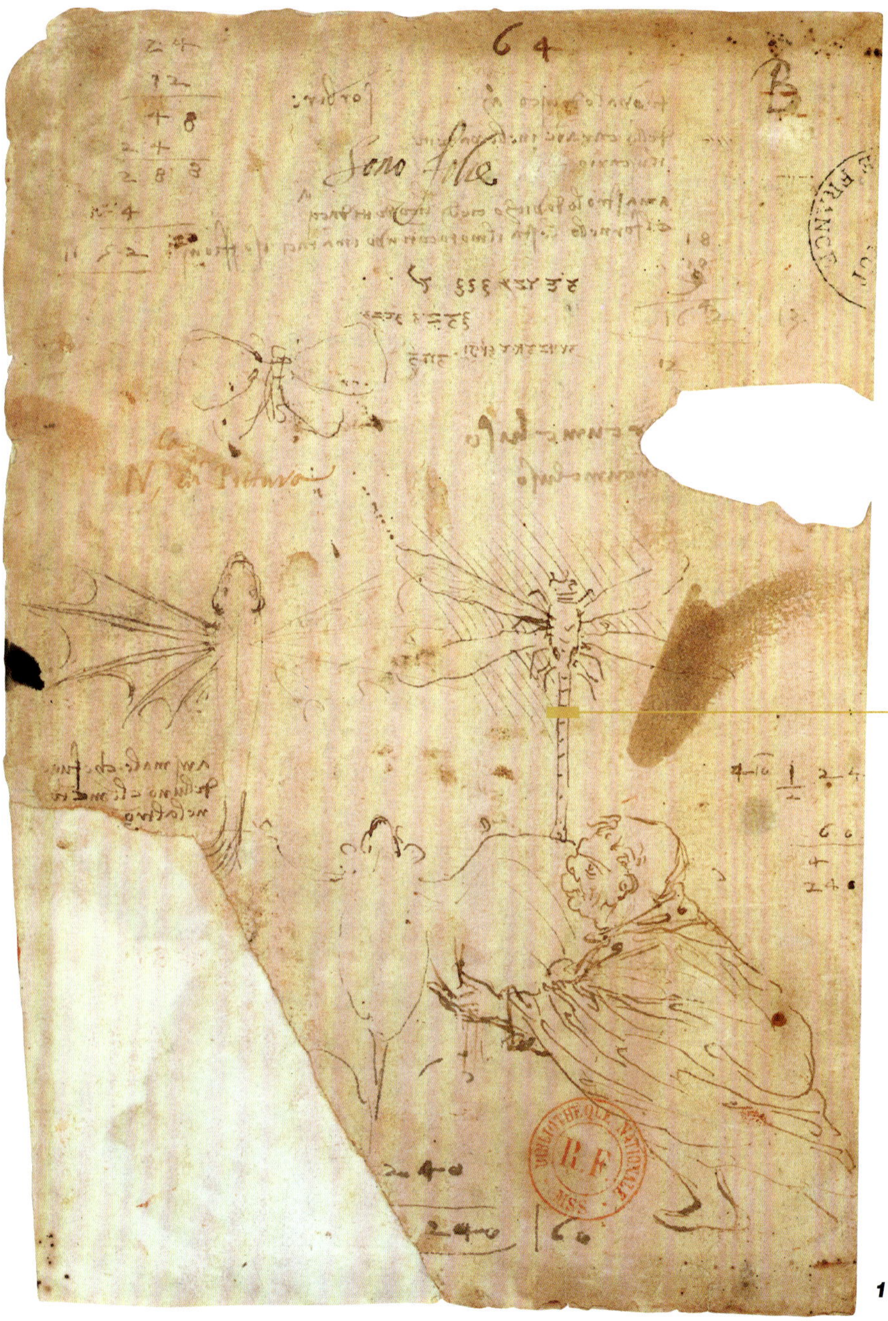

1

Libelle

Das heute als Ashburnham I bekannte Manuskript gehörte ursprünglich zum Manuskript B. Im 19. Jh. wurde es aus diesem herausgetrennt und gestohlen, später aber wieder aufgefunden. Somit stammen die Anmerkungen und die Skizzen dieses Blattes aus der Entstehungszeit von Manuskript B, also etwa 1485–1490, als Leonardo in Mailand weilte.
In jenen Jahren studierte Leonardo vor allem zwei Aspekte in Bezug auf den Flug des Menschen: die Grundgesetze des natürlichen Flugs und dessen Nachahmung sowie das dynamische Potenzial des menschlichen Körpers und die Entwicklung von Mechanismen, die dieses Potenzial optimal nutzen. Dieser letztgenannte Aspekt schien vorzuherrschen, doch überdeckte er nicht Leonardos Grundgedanken: die Nachahmung der mit Flügeln versehenen Lebewesen. Dazu zeichnet Leonardo diverse Kreaturen der Lüfte: einen fliegenden Fisch, eine Fledermaus, eine Libelle (einer anderen Deutung nach ein Ameisenlöwe, ein der Libelle ähnelndes Insekt) und ein weiteres Insekt. In einer Hinsicht ist es eine Tierstudie, im Besonderen jedoch eine vergleichende Untersuchung der Morphologie diverser Lebewesen, betrachtet vom Standpunkt der aristotelischen Biologie her, der Leonardo zeit seines Lebens treu bleibt. Leonardo vergleicht vierflügelige Insekten mit Kreaturen mit Membranflügeln. Ihn interessieren die Unterschiede, vor allem aber die Gemeinsamkeiten. Er beweist dies, indem er den fliegenden Fisch genau untersuchtund dabei feststellt, dass dieser sich in der Luft ebenso wie im Wasser durch Flügelschlag fortbewegt. Diese Analogie veranlasst ihn zum Studium des Wassers, seiner Strömungen und Strudel, um die Gesetzmäßigkeiten zu entdecken, die das Verhalten eines unsichtbaren Elements – eben der Luft – erklären. Der fliegende Fisch verkörperte auf ideale Weise diese grundlegende Analogie zwischen den Tieren, einschließlich den Menschen, in den verschiedenen Elementen. Leonardo zufolge bildet diese Analogie den Ausgangspunkt für die Möglichkeit des Menschen zu fliegen.

Die vergleichenden Tierstudien stehen somit in Verbindung mit dem Problem des künstlichen Flugs. Die mechanischen Flügel, die Leonardo in diesen Jahren entwarf und von denen sich viele im Manuskript B befinden, sind eigentlich Doppelflügel (wie sie in den Skizzen zweier auf dem Blatt gezeichneten Insekten vorkommen) oder Membranflügel, die die Flügel der Fledermaus oder des fliegenden Fisches nachahmen.

Abb. 1
Das Blatt aus dem Codex Ashburnham I, das ursprünglich Teil des Manuskripts B war.

Abb. 2
Dreidimensionale Rekonstruktion einer Libelle nach einer Skizze Leonardos, die sich in der Mitte des Blattes befindet.

Folgende Doppelseite, Abb. 3
Hypothetische Rekonstruktion eines Blattes aus Manuskript B, einem 100 Seiten umfassenden Notizbuch, als Leonardo es mit seinen Einträgen und Zeichnungen zu füllen begann. Das Folio wurde später aus der Originalhandschrift herausgetrennt. Ein Teil der Zeichnungen von Manuskript B ist dem mechanischen Flug gewidmet und geht ebenfalls auf die Skizze dieser ersten Libelle zurück.

Vinci, 1452 | 1460 | 1470 | 1480 | 1487–1489 | 1490 | 1500 | 1510 | Amboise, 1519

Manuskript B, Fol. 88v

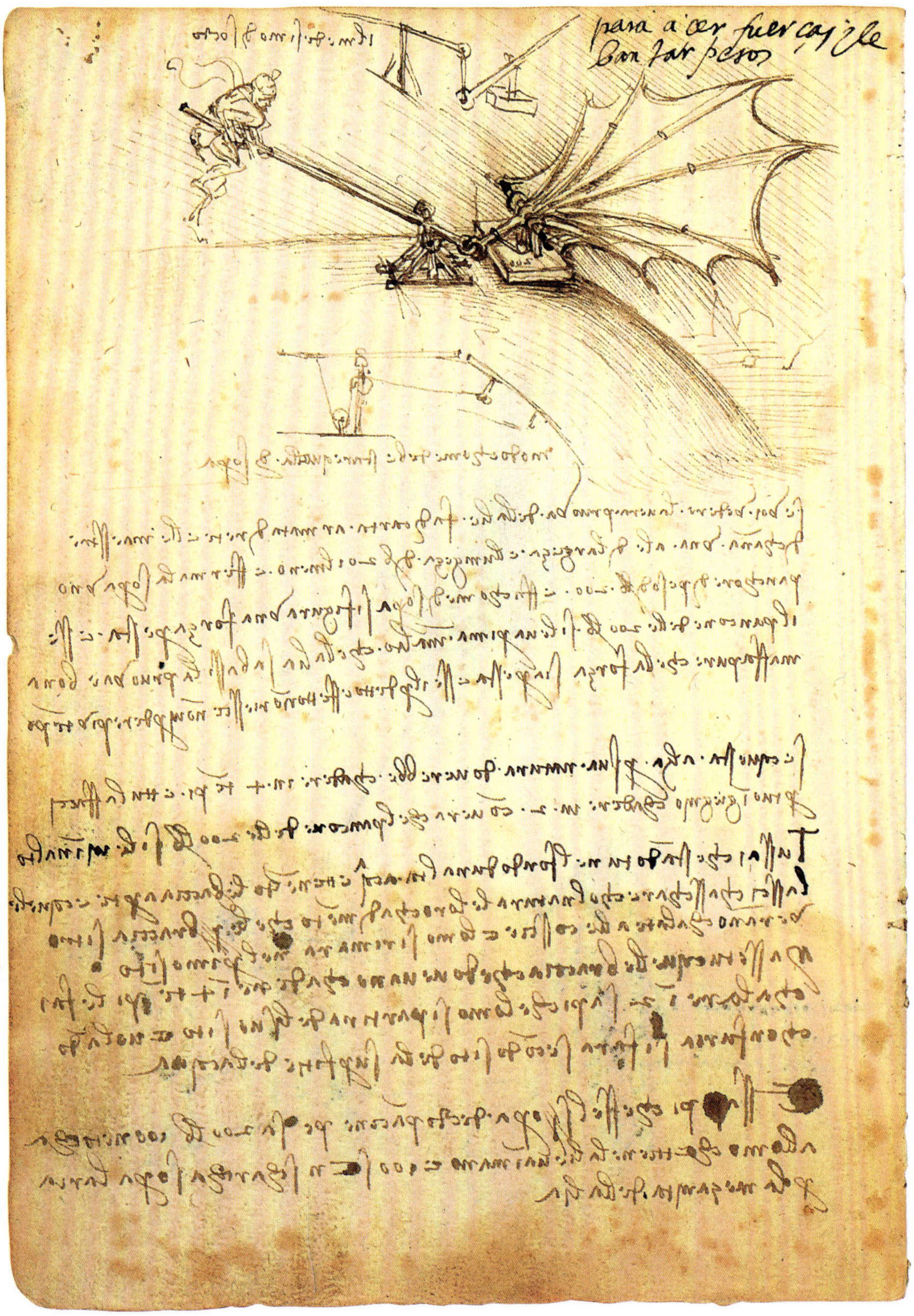

1

Flügeltester

Leonardo betrachtet die Flugmaschine vor allem in einer ersten Phase als eine Frage der Dynamik, mit der sich der Mensch der Natur entgegenstellt. Er glaubt, man könne die Luft, anders als das Wasser, komprimieren. Der Mensch müsste schweben können mithilfe des künstlichen Flügels des Fluggeräts, indem er die Luft komprimiert, so als würde er sich in einem Boot im Wasser fortbewegen. Das Hauptproblem bestand darin, den Flügel so zu bewegen, dass verhindert wird, dass die komprimierte Luft in die Umgebung entweicht. Die Geschwindigkeit war eine Frage der Dynamik, der Erzeugung von ausreichender Energie durch die Muskelkraft des Menschen. Der Entwurf auf diesem Folio aus Manuskript B soll die Fähigkeit des Menschen und die eines Flügels bestimmter Spannweite testen, eine Platte von 200 florentinischen *libbre* (Pfund, etwa 68 kg) zu heben. Es ist der Entwurf für einen späteren Versuch, der auf einer Anhöhe stattfinden muss und den Leonardo durchaus hätte ausführen können. Er setzt die empirische Dimension dieser Studie in einer detaillierten Zeichnung um, die etliche Hinweise nicht nur auf die Funktionsweise der Vorrichtung enthält, sondern auch auf die Landschaft, in welcher der Versuch durchzuführen ist. Seine Arbeitsinstrumente sind die aller Bauzeichner jener Zeit: Notizblock und Feder. Die Feder dient jedoch nicht nur der Aufzeichnung von Gedanken oder ersten Skizzen, sondern auch der komplexen visuellen Darstellung in Form eines Bildes. Zunächst entstand die Zeichnung; der Begleittext kam später hinzu als zusätzliche Erläuterung. Die Zeichnung veranschaulicht neben dem Bau der geplanten Vorrichtung auch ihre Dynamik: Der vom Menschen betätigte Hebel befindet sich in erhobener Position. Die Schraffur rund um die äußeren Konturen des Flügels suggeriert plastisch das unterschiedlich gekrümmte Profil des Flügels und die vom Flügel komprimierte Luft. Auch wenn es hier nicht zutrifft, so sind Leonardos Zeichnungen mitunter so anschaulich und einprägsam, dass sie die praktische Ausführung eines Experiments überflüssig machen oder dieses gar ersetzen. Auf der Platte sehen wir die Ziffer 200 – sie steht für die zu hebenden 200 Pfund. Rechts sind ein Hang und dahinter einige Landschaftselemente angedeutet: ein Berg und ein Abhang als Zeichen des gegenüber liegenden Tals sowie in der Ferne ein Gebäude. Vielleicht dachte Leonardo an eine bestimmte Landschaft. Ober- und unterhalb der Hauptzeichnung befinden sich damit verwandte Skizzen. Die Inschrift in der rechten, oberen Ecke stammt nicht von Leonardo und wurde später hinzugefügt.

Abb. 1
Entwurf für einen Flügeltester auf Fol. 88v aus Manuskript B. Das Blatt enthält neben der Hauptzeichnung und einer Reihe von Anmerkungen zum Entwurf auch zwei weitere wichtige Überlegungen für eventuelle Veränderungen.

Abb. 2
Seitenansicht des Projekts für eine mit Gelenken versehene Variante des Flügels.

2

Abb. 3
Leonardo entwickelte vermutlich mehrere Versionen des Flügeltesters. Dieses Bild zeigt einen mit Tuch überspannten Flügel, der zur Versteifung eine starre innere Struktur besitzt.

Abb. 4
Hier handelt es sich um eine Version der Vorrichtung aus Abb. 3; sie stellt eine Weiterentwicklung des Entwurfs der Hauptzeichnung und der darunter befindlichen Skizze dar. In dieser Version ist der Flügel nicht starr, sondern kann bewegt werden. Sobald der Mensch den Flügel betätigt, krümmen sich die bogenförmig verlaufenden Flügelspitzen aufgrund der verstärkten Zugkraft, die durch den Einsatz der Flaschenzüge erzielt wird. Leonardo ist bestrebt, die Gelenke der Vogelschwingen zu simulieren, um mehr Luft „einzufangen".

STARRER FLÜGEL

3

4

FLÜGEL MIT GELENKSTRUKTUR

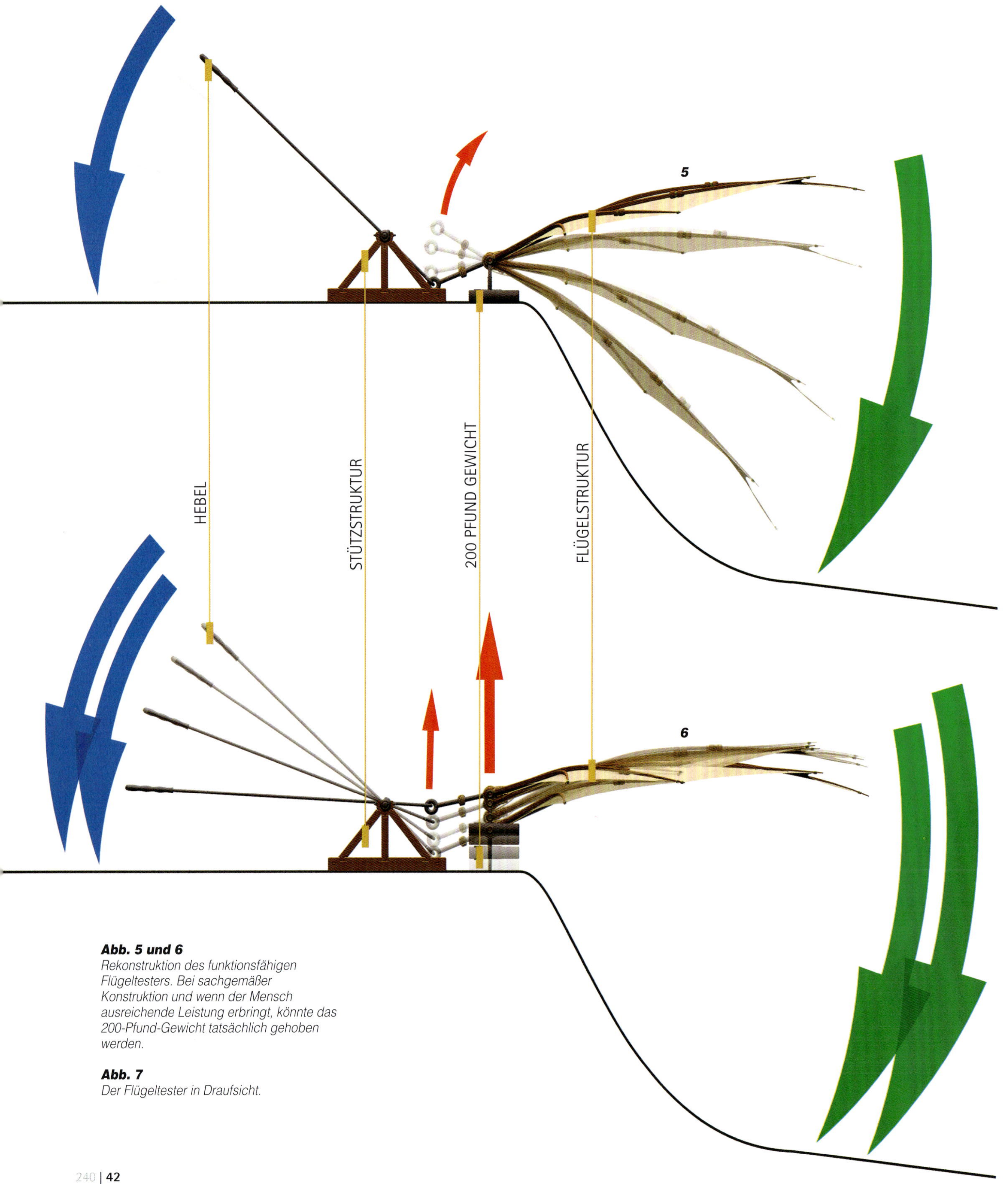

Abb. 5 und 6
Rekonstruktion des funktionsfähigen Flügeltesters. Bei sachgemäßer Konstruktion und wenn der Mensch ausreichende Leistung erbringt, könnte das 200-Pfund-Gewicht tatsächlich gehoben werden.

Abb. 7
Der Flügeltester in Draufsicht.

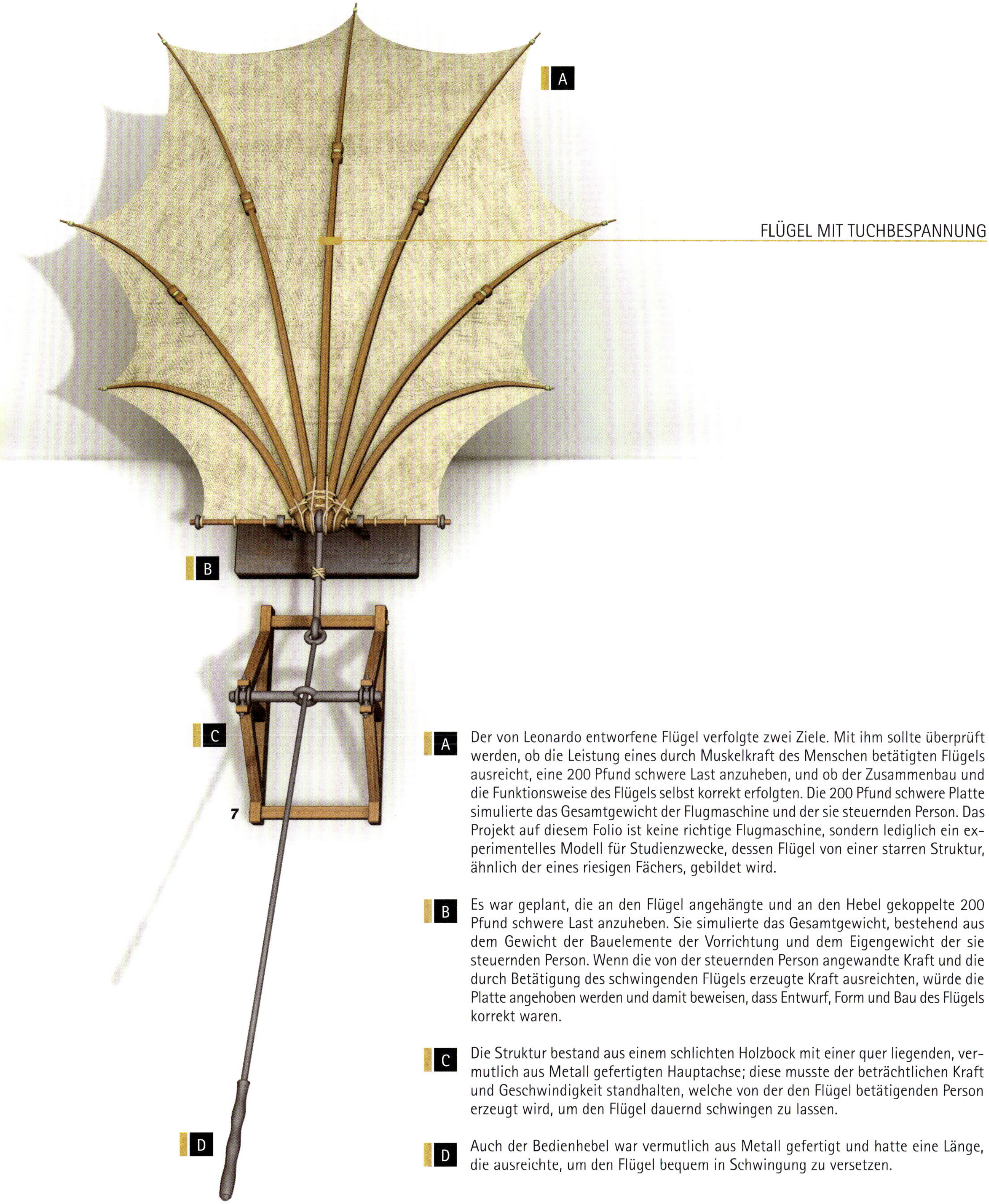

A Der von Leonardo entworfene Flügel verfolgte zwei Ziele. Mit ihm sollte überprüft werden, ob die Leistung eines durch Muskelkraft des Menschen betätigten Flügels ausreicht, eine 200 Pfund schwere Last anzuheben, und ob der Zusammenbau und die Funktionsweise des Flügels selbst korrekt erfolgten. Die 200 Pfund schwere Platte simulierte das Gesamtgewicht der Flugmaschine und der sie steuernden Person. Das Projekt auf diesem Folio ist keine richtige Flugmaschine, sondern lediglich ein experimentelles Modell für Studienzwecke, dessen Flügel von einer starren Struktur, ähnlich der eines riesigen Fächers, gebildet wird.

B Es war geplant, die an den Flügel angehängte und an den Hebel gekoppelte 200 Pfund schwere Last anzuheben. Sie simulierte das Gesamtgewicht, bestehend aus dem Gewicht der Bauelemente der Vorrichtung und dem Eigengewicht der sie steuernden Person. Wenn die von der steuernden Person angewandte Kraft und die durch Betätigung des schwingenden Flügels erzeugte Kraft ausreichten, würde die Platte angehoben werden und damit beweisen, dass Entwurf, Form und Bau des Flügels korrekt waren.

C Die Struktur bestand aus einem schlichten Holzbock mit einer quer liegenden, vermutlich aus Metall gefertigten Hauptachse; diese musste der beträchtlichen Kraft und Geschwindigkeit standhalten, welche von der den Flügel betätigenden Person erzeugt wird, um den Flügel dauernd schwingen zu lassen.

D Auch der Bedienhebel war vermutlich aus Metall gefertigt und hatte eine Länge, die ausreichte, um den Flügel bequem in Schwingung zu versetzen.

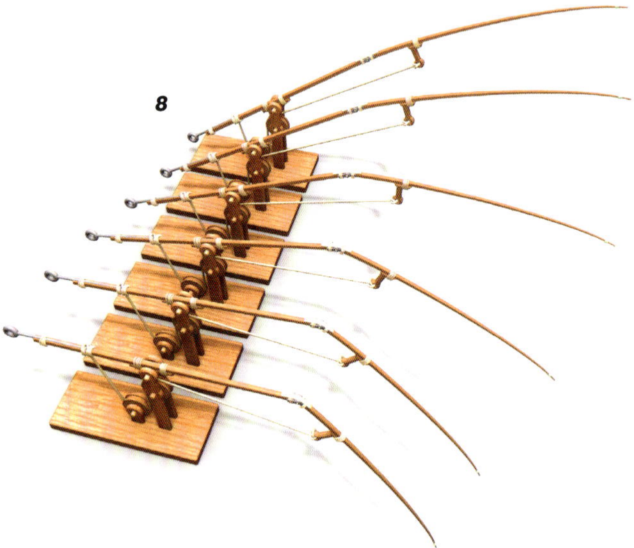

8

9

Abb. 8
Hauptmechanismus für eine Gelenkstruktur. Das dynamische Verhalten kann anhand einer Aneinanderreihung von sechs Modellen in verschiedenen Bewegungsphasen illustriert werden.

Abb. 9
Die Simulation der Flügelbewegung zeigt die Komplexität der Struktur und ihre Funktionsweise während eines Flügelschlags.

Abb. 10
Der Flügeltester mit Gelenkstruktur in Draufsicht.

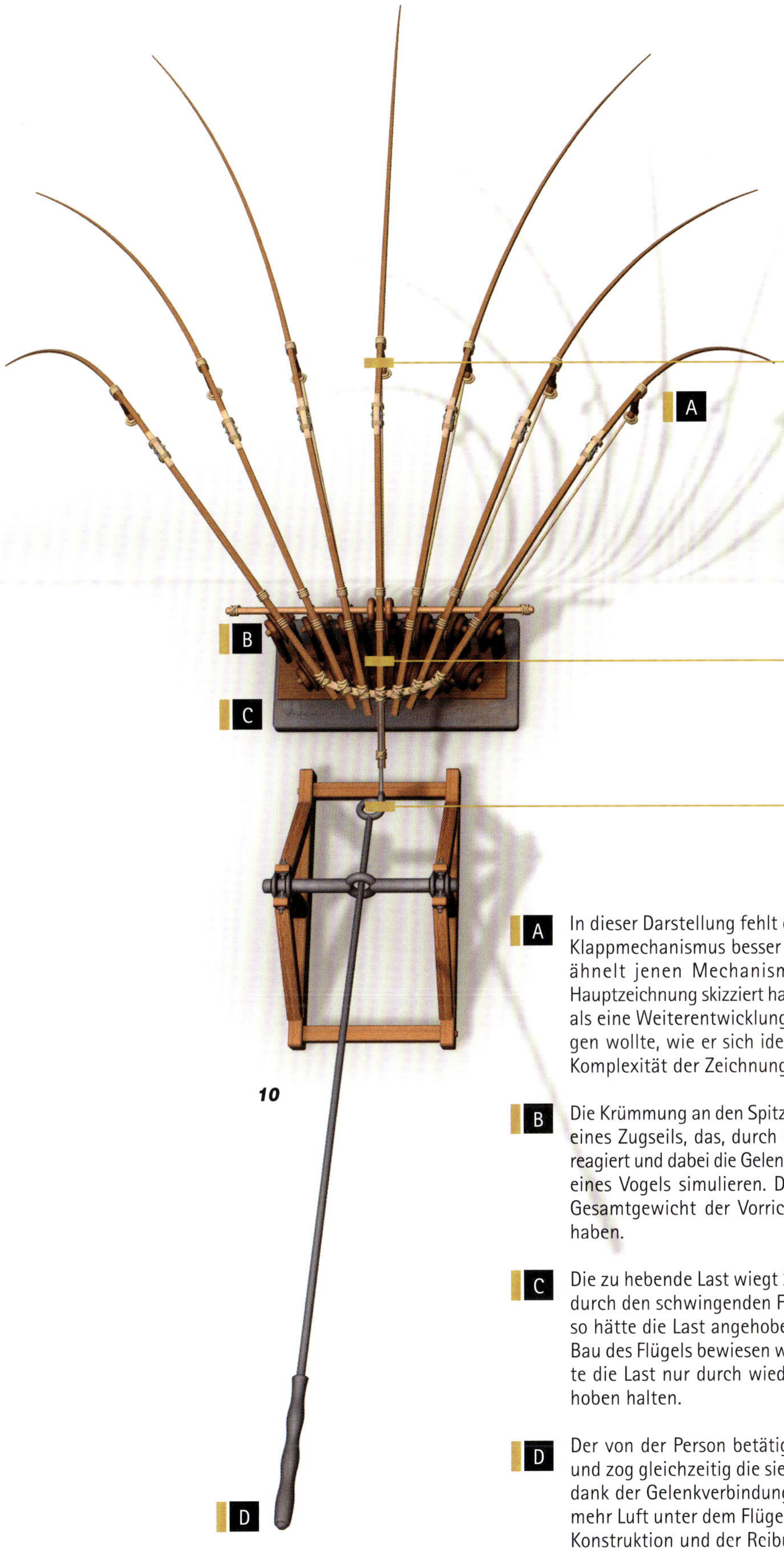

10

A In dieser Darstellung fehlt die Bespannung des Flügels, sodass die Struktur und der Klappmechanismus besser sichtbar sind. Letzterer wird siebenmal wiederholt und ähnelt jenen Mechanismen, die Leonardo auf seinem Folio unterhalb der Hauptzeichnung skizziert hat (Abb. 1). Wir wissen nicht, ob Leonardo diese Vorrichtung als eine Weiterentwicklung des Flügels aufgefasst hat oder ob er damit genau zeigen wollte, wie er sich idealerweise den Hauptflügel vorstellte, den er wegen der Komplexität der Zeichnung vereinfachte (Abb. 7).

B Die Krümmung an den Spitzen der Flügeladern wird verursacht durch die Zugwirkung eines Zugseils, das, durch eine Rolle geführt, auf die Bewegung der Hauptstange reagiert und dabei die Gelenke aktiviert, welche die Gelenkverbindungen in den Flügeln eines Vogels simulieren. Die siebenfache Anordnung dieser Elemente würde das Gesamtgewicht der Vorrichtung gesteigert und seinen Bau komplexer gestaltet haben.

C Die zu hebende Last wiegt 200 Pfund. Wenn die Muskelkraft des Menschen und die durch den schwingenden Flügel erzeugte Kraft einen bestimmten Wert erreichten, so hätte die Last angehoben werden können, womit die Richtigkeit von Form und Bau des Flügels bewiesen worden wären. Die Person, die den Flügel betätigte, konnte die Last nur durch wiederholten, kraftvollen und schnellen Flügelschlag angehoben halten.

D Der von der Person betätigte lange Hebel setzte die ganze Konstruktion in Gang und zog gleichzeitig die sieben Zugseile an, sodass sich die Spitzen der Flügeladern dank der Gelenkverbindungen krümmten. Dieses System hätte zwar schneller und mehr Luft unter dem Flügel „angesaugt", doch wären auch das Gesamtgewicht der Konstruktion und der Reibungswiderstand aller Bauteile angestiegen.

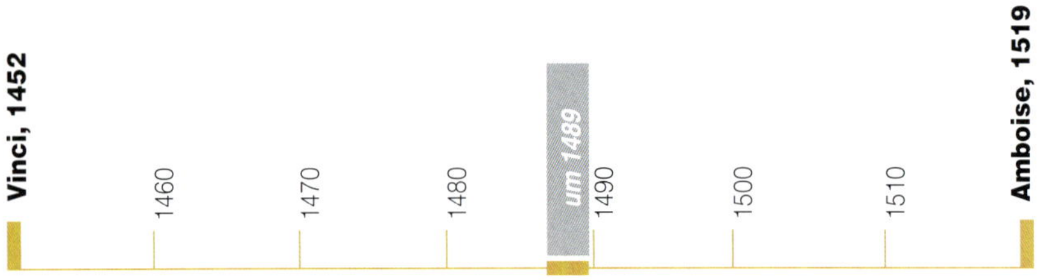

Manuskript B, Fol. 83v

1

Luftschraube

Diese Studie einer Luftschraube findet sich auf einem Blatt von Manuskript B und zeigt den Entwurf einer Vorrichtung, die durch Rotationsbewegung vermutlich vom Boden hätte abheben sollen. Wie andere Skizzen aus dem Kodex ist auch sie in Feder und Tusche ausgeführt, was ein schnelles, exaktes Zeichnen erlaubte. Leonardo, den die Idee vom Flug des Menschen faszinierte, widmete sich dem Potenzial des menschlichen Körpers als Antriebskraft einer Flugmaschine sowie einem weiteren, damit verbundenen Aspekt: der Luft, in der ein Flug abläuft. In diesen Kontext gehört auch die Idee einer Luftschraube, die einen wichtigen Schritt in Leonardos Forschung markiert. Wenn wir zunächst die theoretische und wissenschaftliche Dimension des Projekts beiseite lassen, so erscheint es nur als utopische Vorwegnahme moderner Erfindungen. Leonardo kommt zum Schluss, dass die Luft – anders als das Wasser – komprimiert werden kann, sofern hinreichend Druck ausgeübt wird. Eine der bekanntesten Studien des Manuskripts B (Fol. 88v) sollte diese Hypothese beweisen. Die von ihm konzipierte Luftschraube setzt diese Überlegungen fort. Die schraffierten Flächen rund um die Außenbegrenzung der Vorrichtung illustrieren – ähnlich wie auf Fol. 88v – anschaulich die fast greifbare, obwohl unsichtbare Luft und ihre Wirkung. Wenn Luft komprimierbar sei, so müsse sie körperliche Dichte besitzen, so Leonardo. Auf diese Erkenntnis gestützt, glaubt er, dass eine schraubenförmige, schnell rotierende Vorrichtung ausreichend Hub erzeugt, um vom Boden abheben zu können. Sie würde sich in die Luft „hineinbohren" ähnlich einer Schraube, die in ein Material eindringt. Die Voraussetzung dafür war natürlich eine hinreichend große Drehgeschwindigkeit, ein Problem, das mit einem anderen von Leonardo ebenfalls eingehend studierten Bereich zusammenhing: der Erzielung der dafür notwendigen Kraft.

Wie so oft in Leonardos Forschungen, wurde dieser Aspekt des Problems nicht bis ins Letzte verfolgt. So ist nicht klar, ob die Rotationsbewegung der Schraube durch die Muskelkraft des Menschen erzielt würde oder durch rasches Aufrollen eines Seils, ähnlich wie bei einem Kreisel. Leonardo beschäftigt sich mit der Frage der Krafterzeugung nur bei seiner erstaunlichen Studie eines fliegenden Schiffes (Fol. 80r in Manuskript B).

Wie gewöhnlich gewinnen wir den Eindruck, dass Leonardo bei seinem Entwurf einer flugfähigen Maschine nicht systematisch vorging, sondern mehrere theoretische Ansätze untersuchte, wie etwa das dynamische Potenzial des Menschen, die physikalischen Eigenschaften der Luft usw. Innerhalb eines jeden Bereichs skizziert er eine Vorrichtung, gewissermaßen als Visualisierung seiner theoretischen Schlussfolgerungen. Die Spiralform wurde schon lange und vielfach verwendet – man denke nur an die archimedische Schraube oder den Schraubenbohrer –, aber Leonardo war der Erste, der sie für das Durchdringen der Luft und den Flug einsetzen wollte.

Abb. 1

Das Mittelfeld von Folio 83v aus Manuskript B zeigt den Entwurf einer Luftschraube nebst Anmerkungen zu ihrer praktischen Ausführung.

2

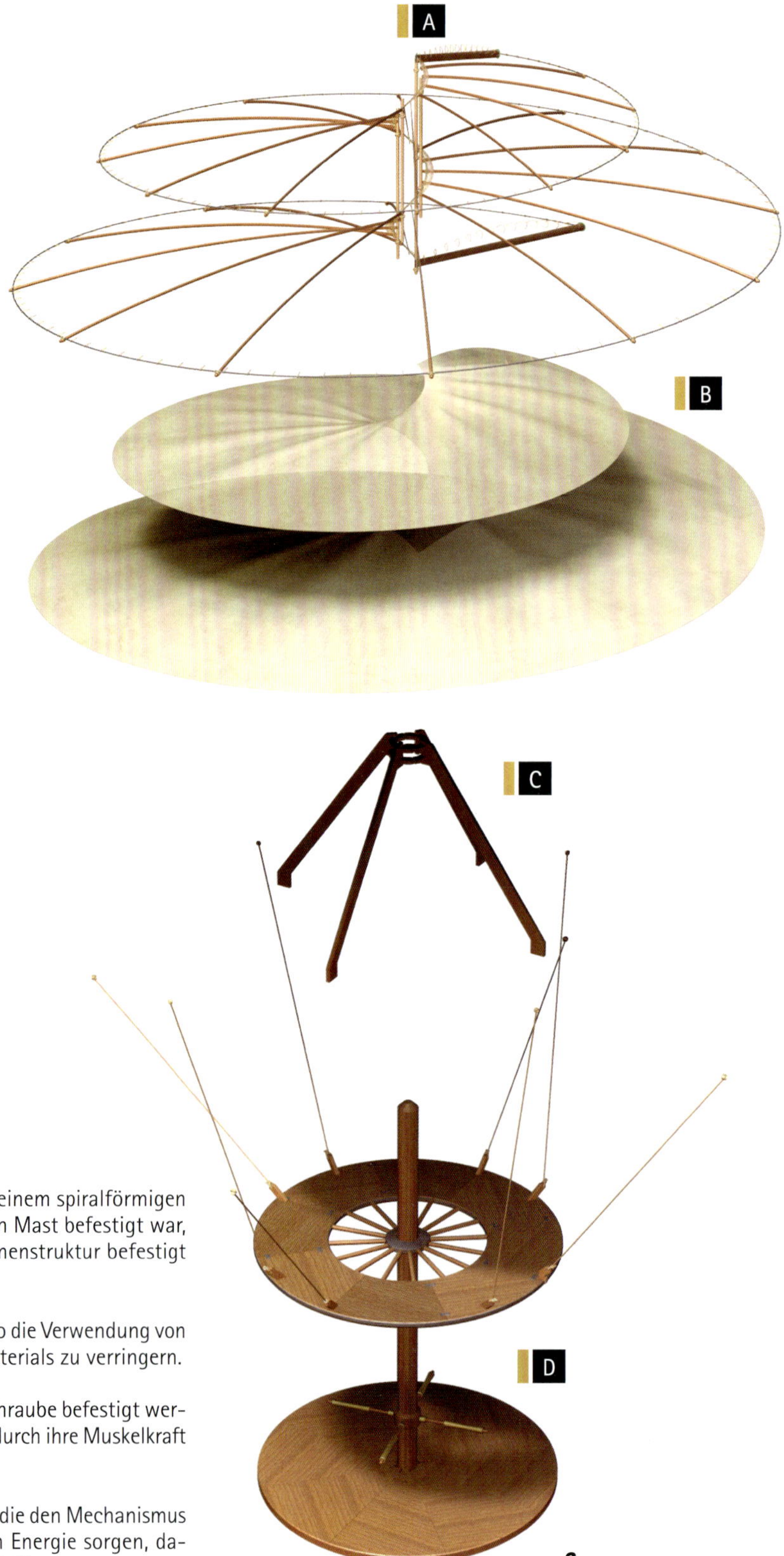

3

Abb. 2
Das zwangsläufige Ergebnis von Leonardos Hubschrauber. Gemeinhin wird der Entwurf für die Entwicklung der Luftschraube als Leonardos Hubschrauber bezeichnet. In Wirklichkeit hätte sie angesichts ihrer Struktur und ihrer baulichen Eigenschaften weder wie geplant funktionieren können, noch lagen ihr die dynamischen Funktionsprinzipien moderner Hubschrauber zugrunde. Es genügt, im Manuskript B drei Folios zurückzublättern, um eine technisch ähnliche Vorrichtung zu entdecken, die ähnlich einem Helikopter hätte fliegen können.

Abb. 3
In Einzelteile zerlegte Darstellung der Luftschraube mit ihren baulichen Elementen.

A Das für die Luftschraube entworfene Fluggerüst bestand aus einem spiralförmigen Eisenrahmen, der mittels hölzernen Rippen an einen zentralen Mast befestigt war, sodass die „Tragfläche" mit Leinen bespannt und an der Rahmenstruktur befestigt werden konnte .

B Zur Bespannung der spiralförmigen Struktur empfiehlt Leonardo die Verwendung von mit Stärkemehl behandeltem Leinen, um die Porosität des Materials zu verringern.

C Ein aus Holz gefertigtes Gestell kann am Hauptmast der Luftschraube befestigt werden und verleiht der Plattform Stabilität, auf der die Menschen durch ihre Muskelkraft den Rotationsmechanismus in Bewegung setzen.

D Auf der kreisrunden hölzernen Plattform arbeiten die Personen, die den Mechanismus in Bewegung setzen und für die Erzeugung der notwendigen Energie sorgen, damit sich die Schraube durch die Luft aufwärts „schraubt" und fliegt.

Abb. 4 und 5
Die Bilder zeigen die Luftschraube auf dem Blatt der Handschrift ruhend, als wäre sie ein von Leonardo entworfenes Modell aus Holz und Papier. Der spiralförmige Rahmen ohne Leinenbespannung (Abb. 4) und eine Version mit Bespannung (Abb. 5).

4

5

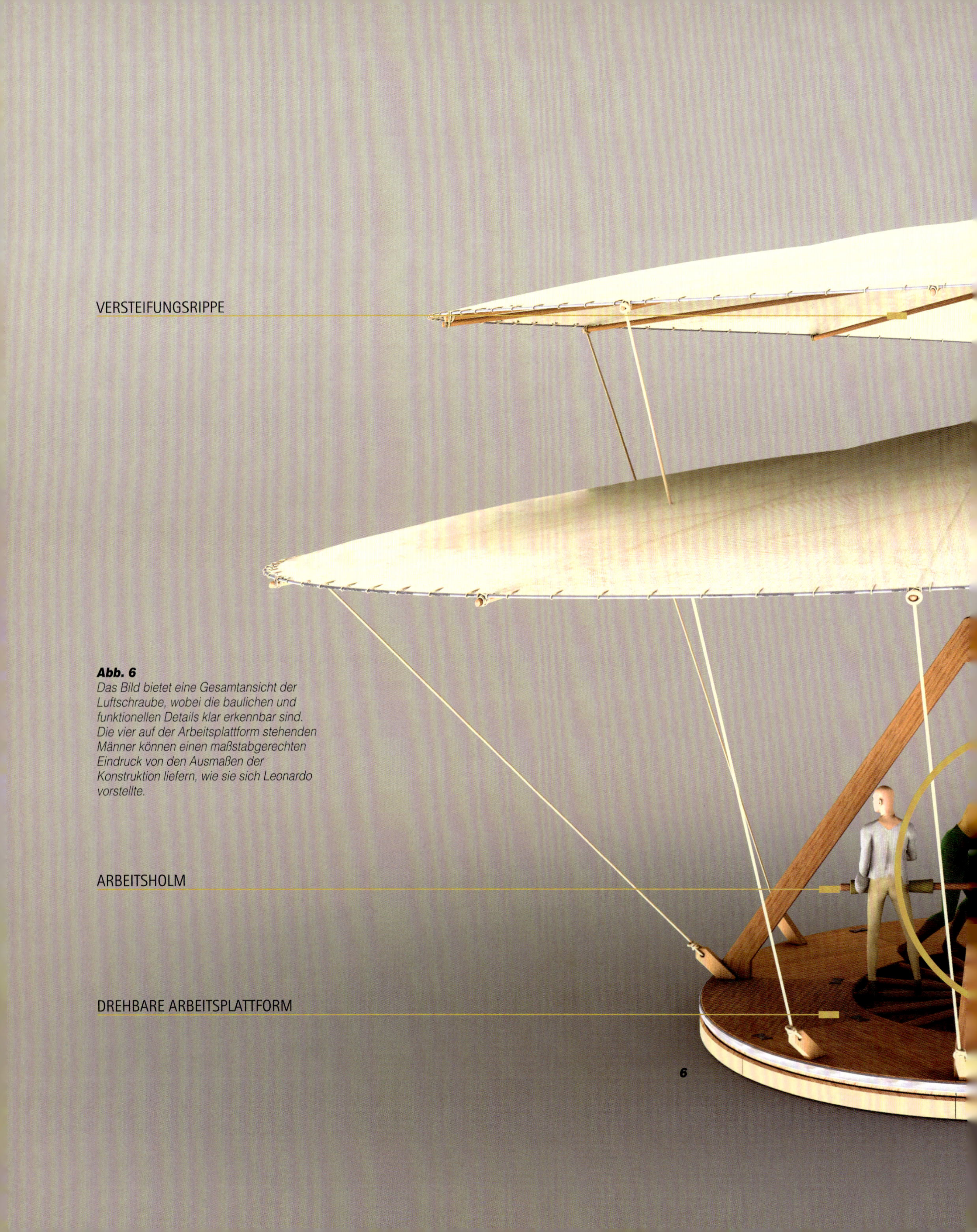

Abb. 6
Das Bild bietet eine Gesamtansicht der Luftschraube, wobei die baulichen und funktionellen Details klar erkennbar sind. Die vier auf der Arbeitsplattform stehenden Männer können einen maßstabgerechten Eindruck von den Ausmaßen der Konstruktion liefern, wie sie sich Leonardo vorstellte.

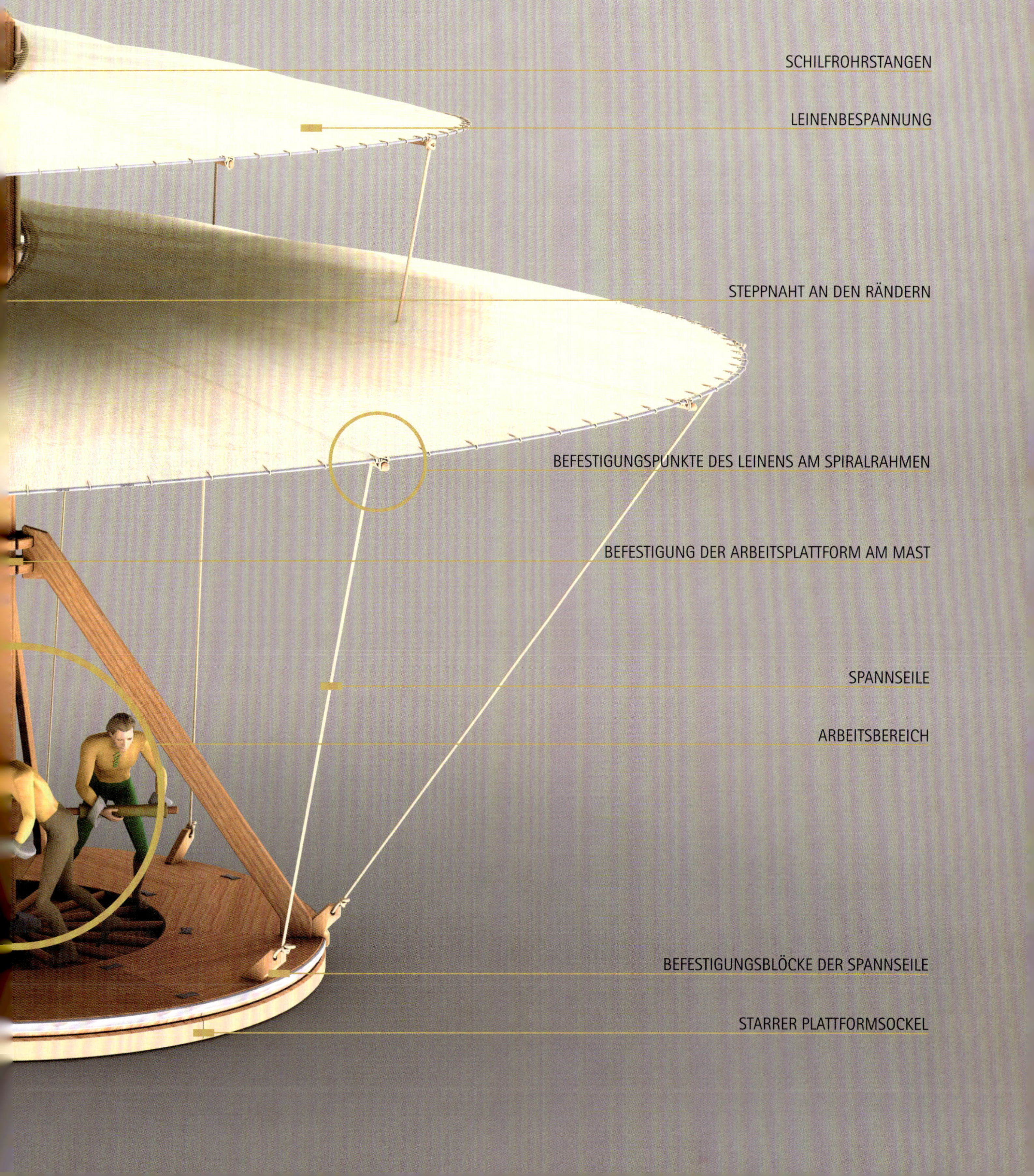
SCHILFROHRSTANGEN
LEINENBESPANNUNG
STEPPNAHT AN DEN RÄNDERN
BEFESTIGUNGSPUNKTE DES LEINENS AM SPIRALRAHMEN
BEFESTIGUNG DER ARBEITSPLATTFORM AM MAST
SPANNSEILE
ARBEITSBEREICH
BEFESTIGUNGSBLÖCKE DER SPANNSEILE
STARRER PLATTFORMSOCKEL

E In einer eigenständigen Notiz schlägt Leonardo vor, die Spiralstruktur aus dickem Eisendraht anzufertigen und dass der Durchmesser 8 braccia (1 braccio = rund 58 cm) betragen sollte.

F Leonardos Notizen auf diesem Blatt enthalten den Hinweis, dass die Bespannung der Rahmenkonstruktion aus Leinen angefertigt sein muss und dass sie mit Stärkemehl zu präparieren sei, damit sich die Poren schließen und der Stoff verstärkt werde. Um das Gesamtgewicht der Konstruktion möglichst stark zu reduzieren, empfiehlt Leonardo die Verwendung langer, stabiler Verstrebungen aus Schilfrohr. Schließlich notiert er (vielleicht nur für sich selbst), dass nach dem Entwurf ein kleines Papiermodell herzustellen sei, um die funktionalen Aspekte besser studieren zu können.

7

Abb. 7
Das Blatt mit den zwei Anmerkungen: oben jene zu den seitlichen Ausmaßen (E) und darunter die Notizen zu den baulichen Dimensionen (F).

Abb. 8
Die technische Darstellung der Luftschraube lässt die bauliche Komplexität und die Eleganz des Entwurfs deutlich erkennen.

8

G Vier Männer packen die Arbeitsholme. Sie bleiben auf ihrem Platz, während sie mit den Füßen kraftvoll gegen die Struktur drücken (roter Pfeil), die mit der Luftschraube fest verbunden ist. Die Schraube beginnt sich zu bewegen, und sobald sie sich in die Luft „gebohrt" hat, hebt die Hauptstruktur mit der drehbaren Plattform ab und lässt die vier Männer samt der zentralen Verankerung zurück, die am Boden als Starter zur Richtungslenkung der Bewegung gedient hatte.

H In einer zweiten Variante sind die Strukturen anders angeordnet. Die vier Männer sind Teil des „Flugapparats" und durch Drücken mit den Füßen beginnen sie sich am Boden wie ein Karussell zu drehen (roter Pfeil). Sobald sich die Schraube schnell genug dreht, um sich (im Uhrzeigersinn) in die Luft zu „bohren", müsste die Struktur – theoretisch – zu schweben beginnen. Der Sockel, gegen den die Männer stoßen, würde sich in die entgegengesetzte Richtung zu drehen beginnen. Selbst wenn die Struktur zunächst aufwärts gedrückt würde, wäre sie flugunfähig, denn es gäbe nichts, gegen das die Füße drücken könnten, und die zwei gegenläufigen Bewegungen würden zusammenprallen.

In beiden Fällen würde das Endergebnis wie in Abb. 2 aussehen. Moderne einrotorige Hubschrauber lösen das Problem der Rotationsstabilität mithilfe eines kleinen Heckrotors. Dieser gleicht das freie Drehmoment des Hauptrotors aus, das den Rumpf um die Hochachse zu drehen versucht. Außerdem basiert das Flugprinzip auf dem aerodynamischen Auftrieb und nicht auf Leonardos „Sich-in-die-Luft-Bohren".

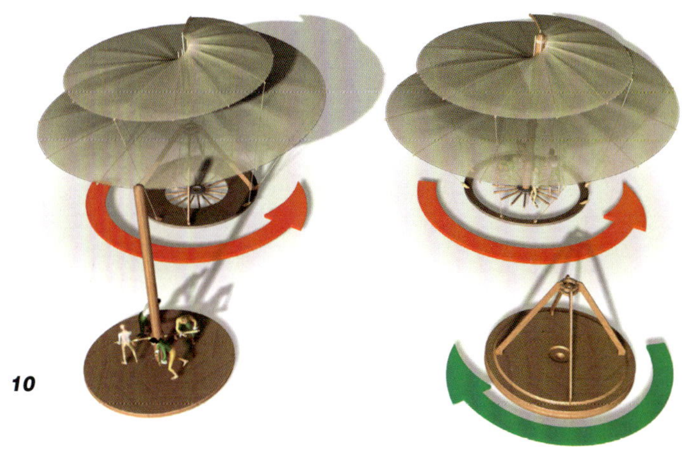

Abb. 9 und 10
Die beiden Abbildungen zeigen zwei Hypothesen betreffend die Funktionsweise der Luftschraube. In beiden Fällen dreht sich der spiralförmige Rahmen mit der Bespannung (von oben betrachtet) im Uhrzeigersinn nach oben, sodass er sich, genau wie Leonardo es beschreibt, in die Luft schraubt. Die Rotationsbewegung könnte auf zwei Arten erzeugt werden.

Vinci, 1452
1460
1470
1480
1488–1489
1490
1500
1510
Amboise, 1519

Manuskript B, Fol. 74v

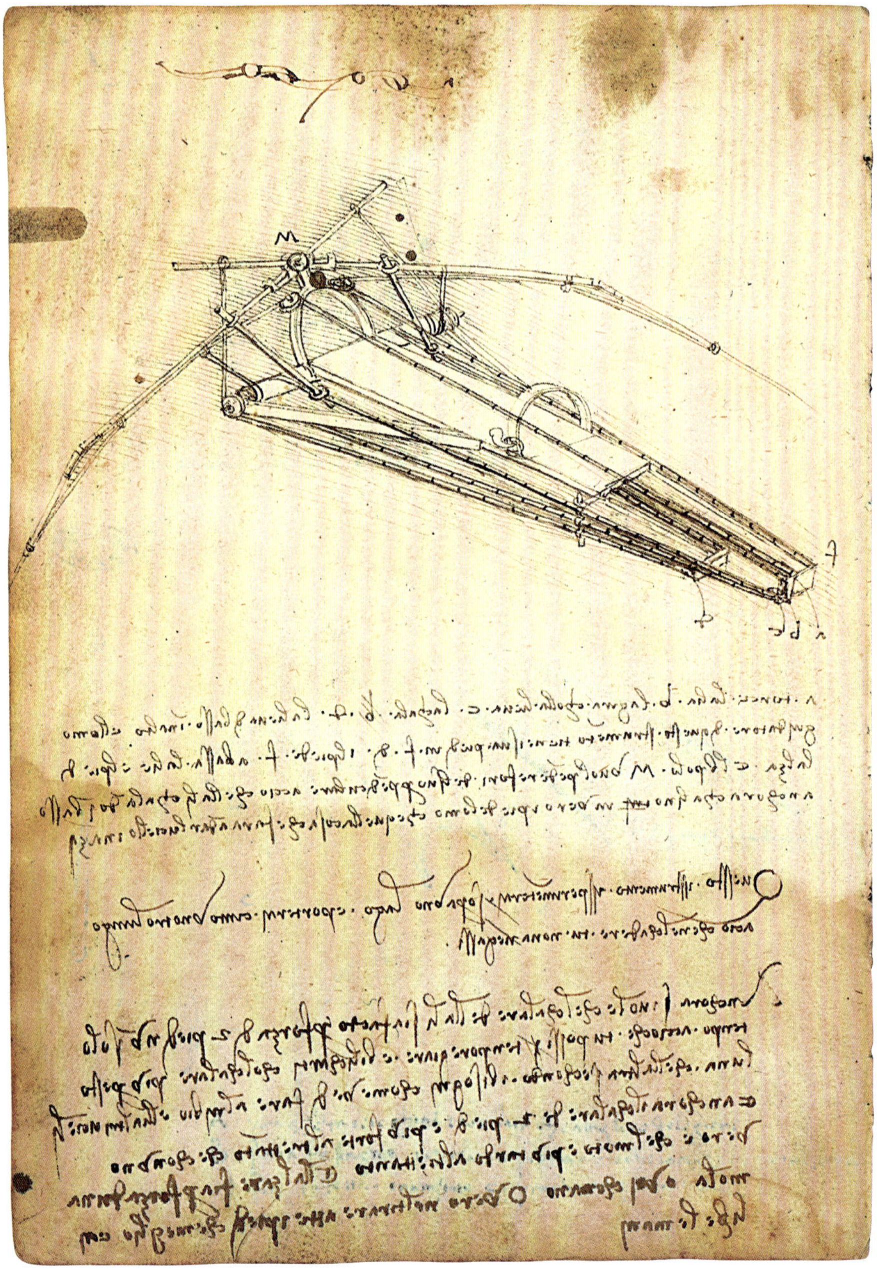

1

Fluggerät

2

Die Zeichnung auf diesem Blatt aus Manuskript B bildet mit den drei darunter befindlichen handschriftlichen Anmerkungen Leonardos eine überaus komplexe Einheit. Im Grunde beziehen sie sich alle auf den gezeichneten Entwurf des Fluggeräts. Der Eindruck eines organischen Ganzen wird verstärkt durch den Stil der Zeichnung und die unmittelbar darunter geschriebene Notiz. Die Zeichnung wirkt weitgehend abgeschlossen und besticht durch die klaren, präzisen Linien, während die Notiz ebenfalls in einem sehr sauberen, regelmäßigen Schriftzug verfasst ist. Dies sind Merkmale, wie sie für die 1490er-Jahren typisch sind, als Leonardo zu einer deutlichen geistigen Ausgeglichenheit gefunden hatte, die sich in gewissem Sinn auch in seinem grafischen Stil wiederfindet. Es muss betont werden, dass dies nicht ganz ohne Mühe geschieht. Selbst wenn das Folio einen wohldurchdachten Eindruck vermittelt, so bleibt es eigentlich doch ein Arbeitsblatt, dessen Anmerkungen nur für Leonardo bestimmt waren. Dafür sprechen auch die unterschiedlichen Schreibstile der Notizen. Ursprünglich hatte Leonardo als Erstes die Zeichnung angefertigt und die vier Zeilen darunter verfasst. In einer späteren Phase widmete er sich erneut diesem Blatt und fügte die zwei anderen Anmerkungen hinzu. Dieser Art zu arbeiten begegnen wir bei Leonardo immer wieder. Für ihn gleicht das Blatt einem Gemälde: Er fügt immer neue „Pinselstriche" hinzu, manchmal in Form von Anmerkungen, andere Male in Form von flüchtigen Skizzen, solange noch ein freier Raum auf der „Leinwand" vorhanden ist.

Ähnlich wie in anderen Projekten, die er in diesen Jahren in Angriff nahm, ist Leonardo bestrebt, das dynamische Potenzial des menschlichen Körpers auf möglichst effiziente Weise zu kombinieren. Diese Art der Forschung ist ein grundlegendes Merkmal Leonardos in dieser Zeit und führte zum Entstehen einer Reihe von Entwürfen zu Flugmaschinen, in denen die steuernde Person aufrecht stand. Gleichzeitig vernachlässigt er jedoch nicht den Bereich der Nachahmung des natürlichen Vogelflugs; dies zeigt sich vor allem in jenen Projekten, in denen der Steuermann des Fluggeräts eine waagrechte Position einnimmt. Seine Entwürfe spiegeln eindeutig dieses nachahmende Konzept wieder: Leonardo erwähnt den Falken und andere Vögel als nachahmenswerte Modelle, und an einer Stelle spricht er sogar von seinem Fluggerät als einem „Vogel". Natur und Technologie überlappen sich in seinem Denken. Dies tritt in einer späteren Phase noch deutlicher hervor, als Leonardo an seinem Kodex *Über den Vogelflug* arbeitete.

Eine der drei Notizen bezieht sich auf ein Experiment, das mithilfe eines Fluggeräts auszuführen sei. Leonardo plant, das Fluggerät zu einem Testflug über einem See einzusetzen, um im Fall eines Absturzes das Risiko, dabei umzukommen, zu reduzieren.

Abb. 1
Auf dem Folio 74v des Manuskripts B nimmt die Zeichnung des Fluggeräts eine zentrale Stellung ein.

Abb. 2
Das Modell des Fluggeräts liegt auf einer Rekonstruktion von Manuskript B, das bei Folio 74v aufgeschlagen ist.

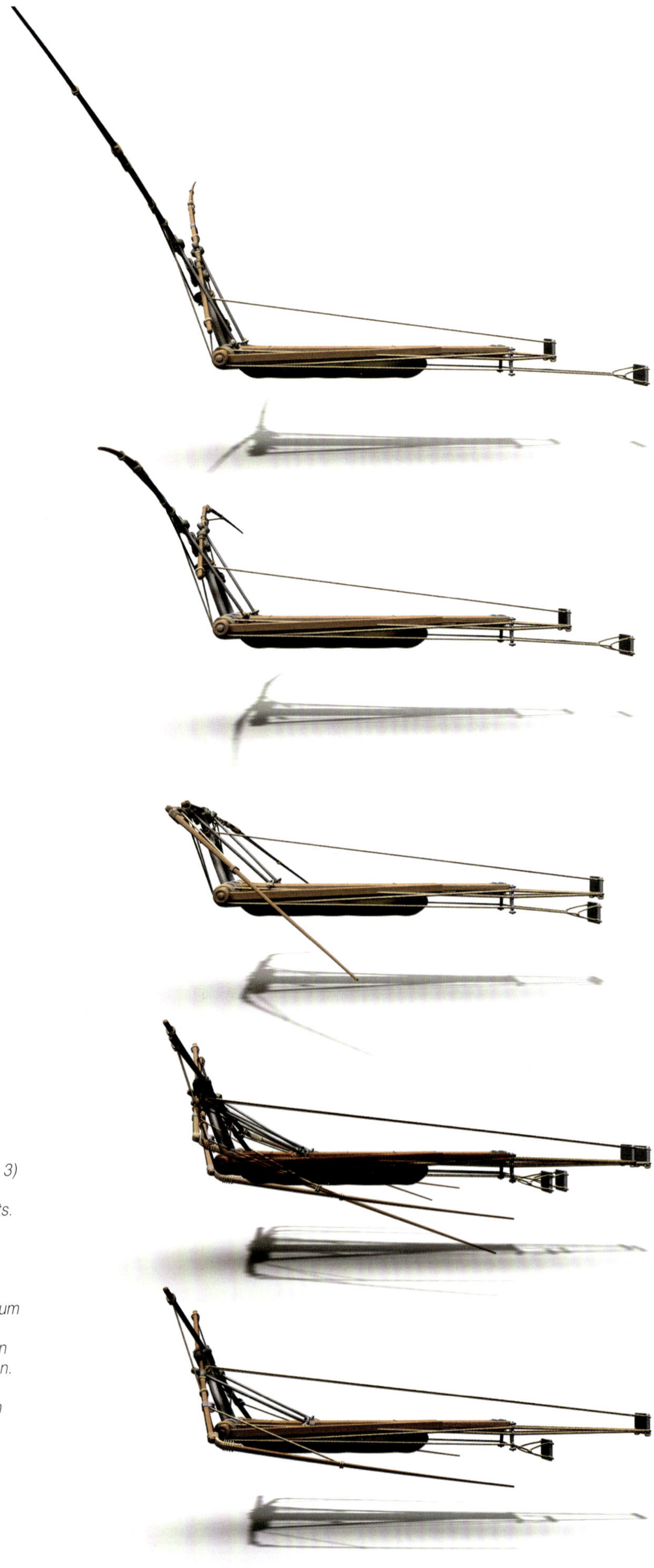

3

Abb. 3 und 4
Die Bewegungsabläufe in Seitenansicht (Abb. 3) und Vorderansicht (Abb. 4) illustrieren anschaulich die Funktionsweise des Fluggeräts. Die Abfolge zeigt – von oben nach unten betrachtet – das Zusammenfalten des Flügels bzw. – von unten nach oben – das Öffnen des Flügels.
Jede einzelne Sequenz der Bilderfolge trägt zum Verständnis der von dem Fluggerät erzeugten Bewegungsart bei und hilft auch, die einzelnen Phasen des Flügelschlags besser zu verstehen. Die Abbildungen belegen eindrucksvoll die komplexe Funktionsweise dieses Entwurfs von Leonardo.

4

5

Abb. 5
Die Abbildung zeigt – von unten gesehen – die wichtigsten Bauelemente des Fluggeräts.

Abb. 6
Auf diesem Bild sind durch digitale Einblendung die sechs Bewegungsabläufe erkennbar, die die Dynamik eines Flügelschlags bilden. Erwähnenswert ist, dass zusätzlich zur Ausführung der Rotationsbewegung sich die Flügel, wenn sie sich zusammenfalten, auch nach innen, zum Rumpf hin, zusammenziehen.

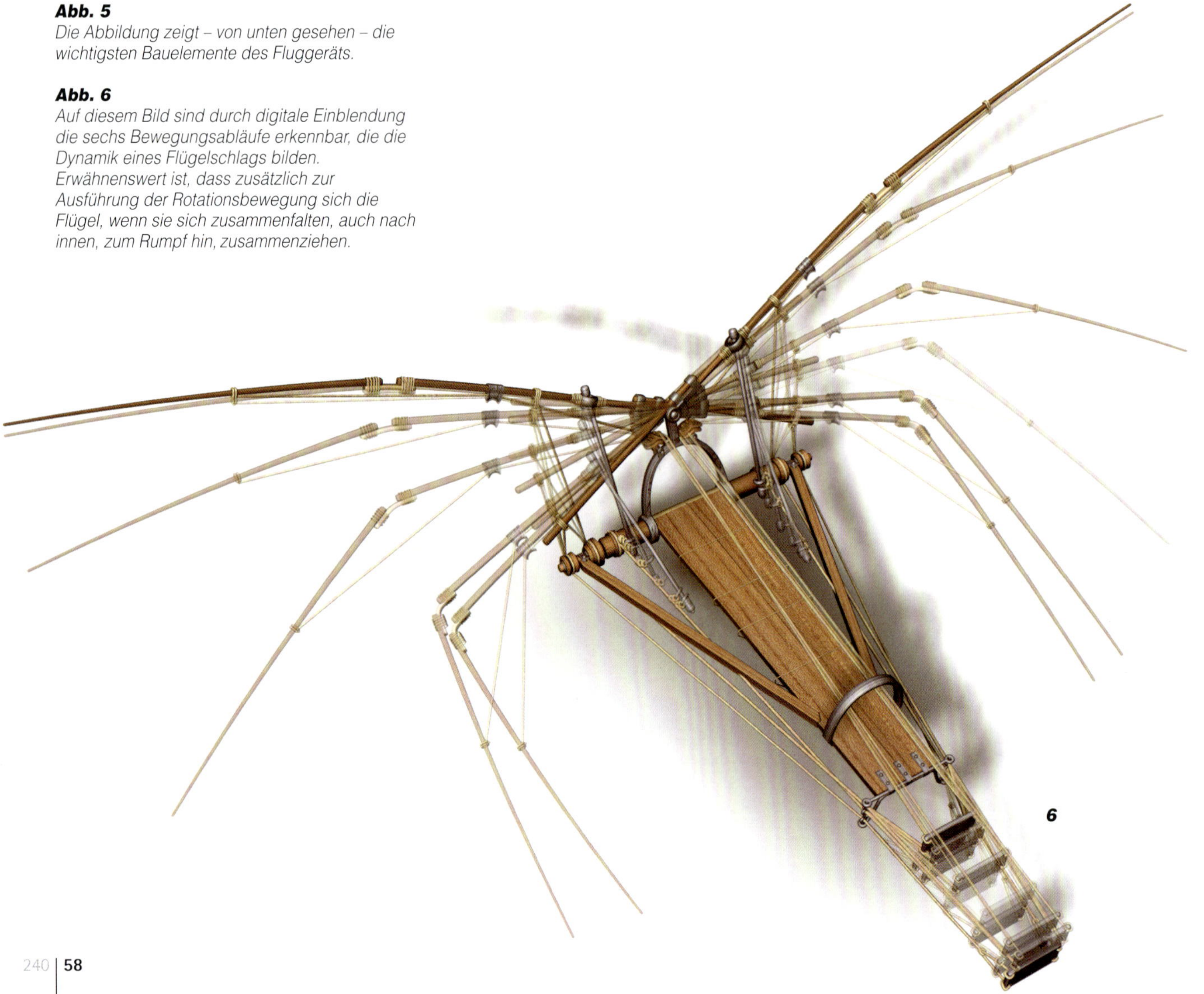

6

Abb. 7
Der hypothetische Flug hätte möglicherweise auch in einer anderen Version stattgefunden, in der das Fluggerät mit einer zusätzlichen Flügelstruktur ausgestattet gewesen war. Diese wies große Ähnlichkeit mit der Skizze auf, die Leonardo auf der Rückseite dieses Blattes, d. h. auf Folio 74r in Manuskript B, anfertigte und ebenfalls ein Fluggerät zeigte.

Aus Sicherheitsgründen überlegte sich Leonardo, dieses Fluggerät über einem See zu testen; daher auch die eingebaute Schwimmvorrichtung auf der Unterseite, die im Fall eines Absturzes das Versinken des Fluggeräts im Wasser hätte verhindern sollen.

7

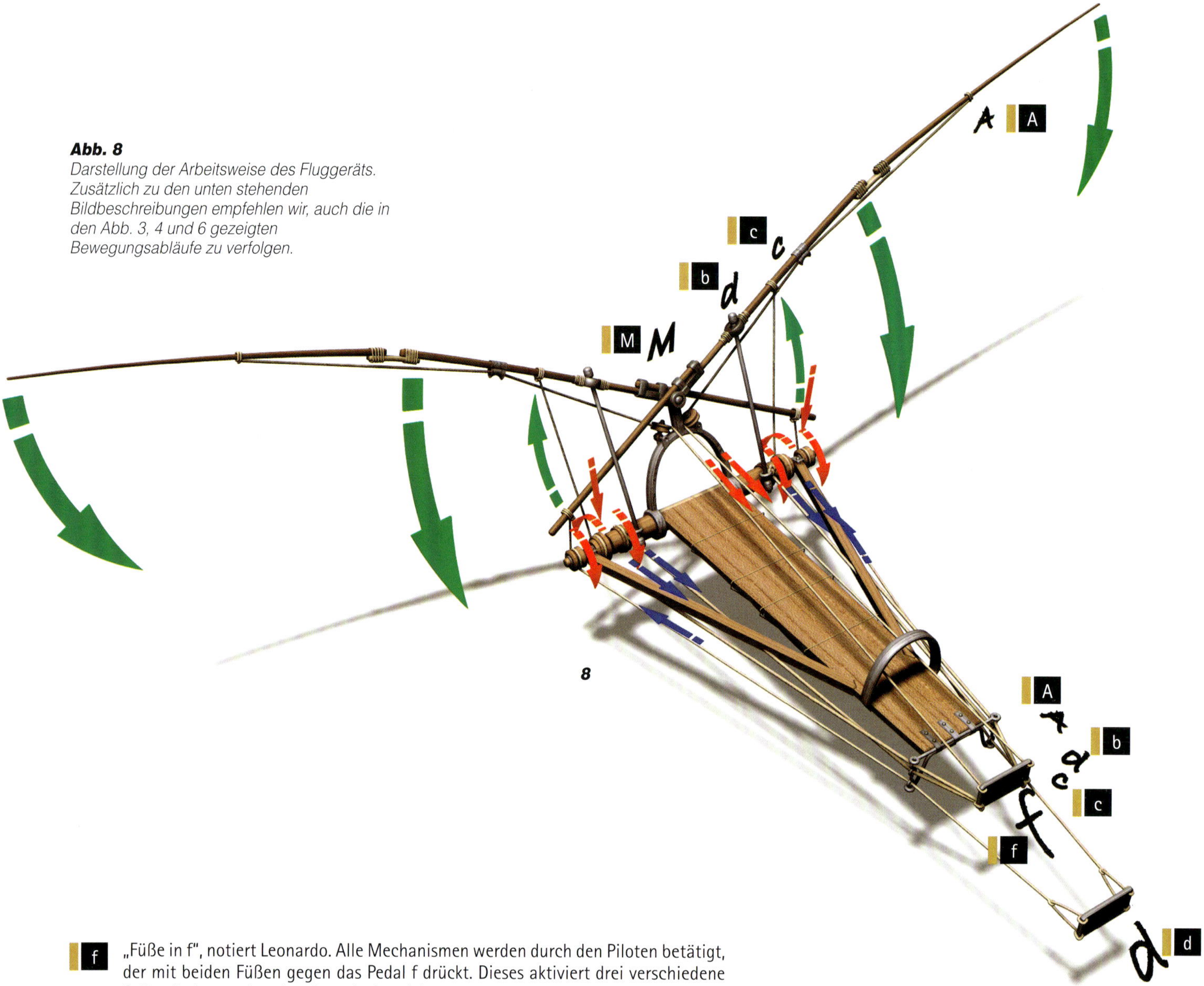

Abb. 8
Darstellung der Arbeitsweise des Fluggeräts. Zusätzlich zu den unten stehenden Bildbeschreibungen empfehlen wir, auch die in den Abb. 3, 4 und 6 gezeigten Bewegungsabläufe zu verfolgen.

8

f „Füße in f", notiert Leonardo. Alle Mechanismen werden durch den Piloten betätigt, der mit beiden Füßen gegen das Pedal f drückt. Dieses aktiviert drei verschiedene Seile, die Leonardo mit a, b und c bezeichnet.

A „A knickt den Flügel". Seil A ist über ein Zugsystem geführt mit der Flügelspitze verbunden. Diese knickt nach unten ein, wenn am Seil gezogen wird.

b „b wendet es mittels eines Hebels." Seil b verläuft durch einen Metallring, der die Stange bewegt, die am Flügel angebracht ist und ihr die Rotationsbewegung verleiht.

c „c senkt es." Seil c erzeugt mithilfe eines Systems von Seilzügen die Hauptschwingungsbewegung der Flügel auf- und abwärts.

M „Der Zapfen M sollte seinen Schwerpunkt knapp neben der Senkrechten haben, sodass mit der Abwärtsbewegung der Flügel diese sich auch in Richtung der Füße des Mannes hin senken." Die den Zapfen M tragende Metallstruktur ist nach vorn geneigt, um die korrekten Bewegungen der Flügel zu gewährleisten.

d „Der Fuß d hebt die Flügel an … d bewegt sich von unten nach oben." Sobald die Flügel durch Betätigung des Pedals f geöffnet sind, öffnet der Pilot erneut die Flügel durch Drücken des anderen Pedals, d. h. Pedal d. Leonardo schlägt vor, diese Bewegung durch den Einsatz einer Reihe von Federn zu unterstützen.

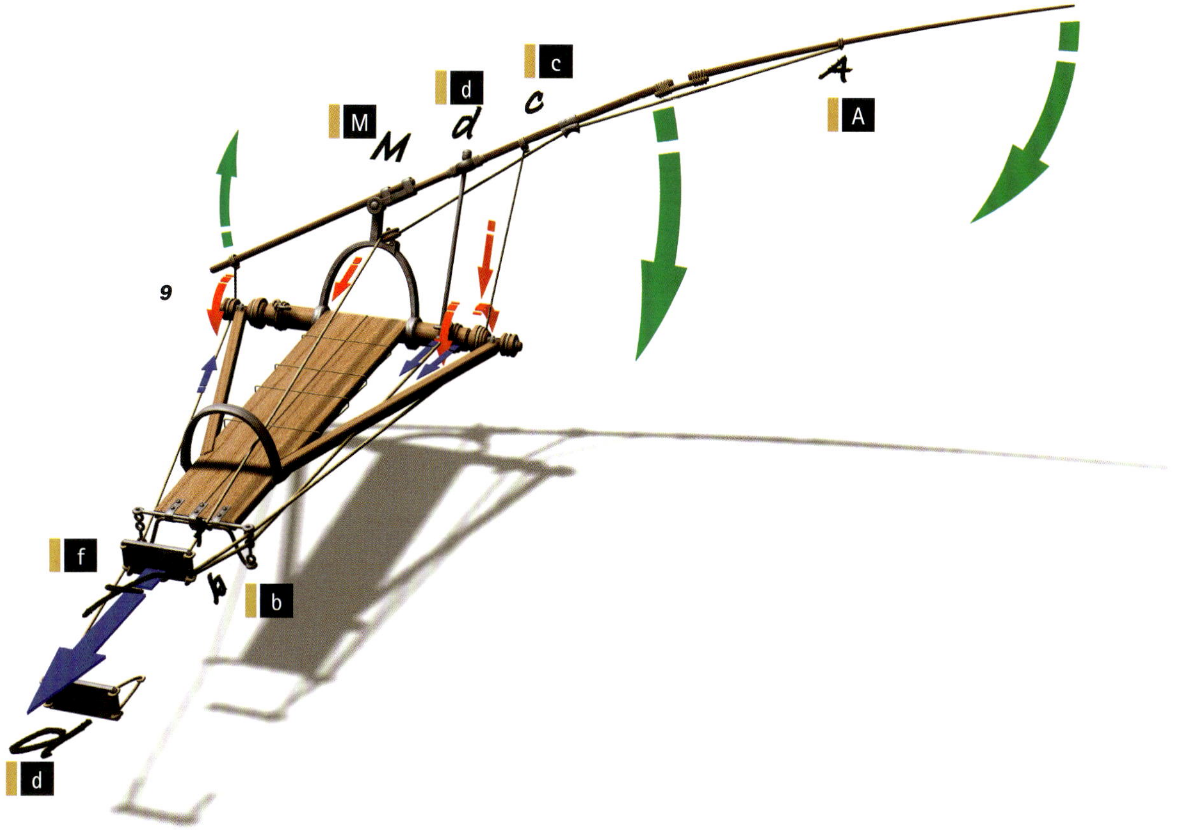

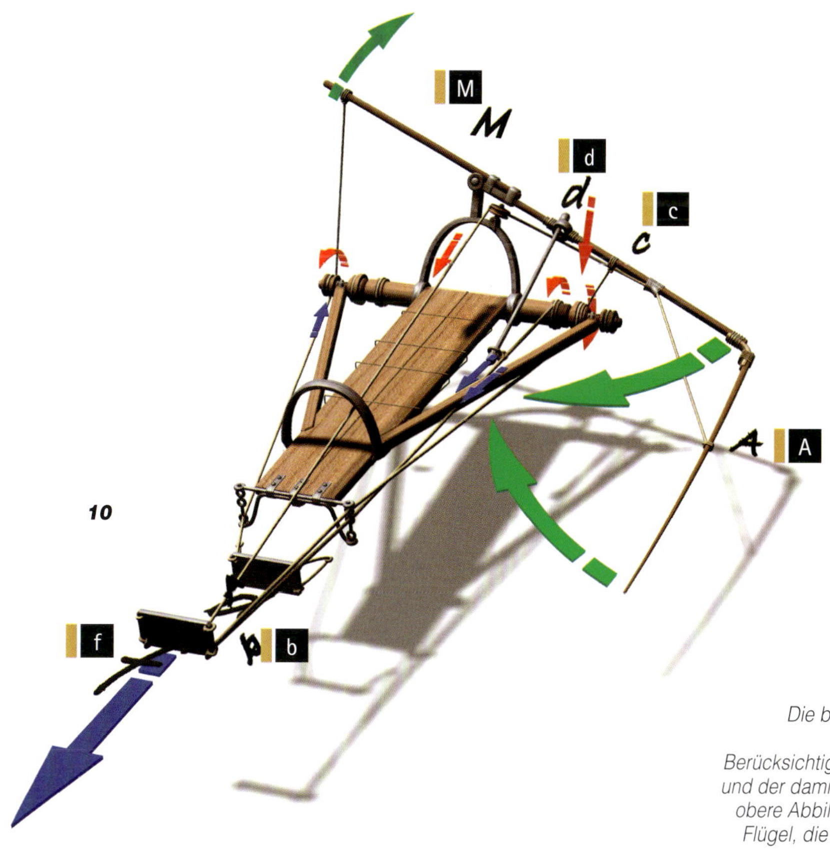

Abb. 9 und 10
Die beiden Abbildungen enthalten eine Darstellung des Fluggeräts unter Berücksichtigung lediglich des rechten Flügels und der damit verbundenen Mechanismen. Die obere Abbildung zeigt den sich schließenden Flügel, die untere den sich öffnenden Flügel.

Vinci, 1452
1460
1470
1480
1490
1493–1495
1500
1510
Amboise, 1519

Codex Atlanticus, Fol. 844r

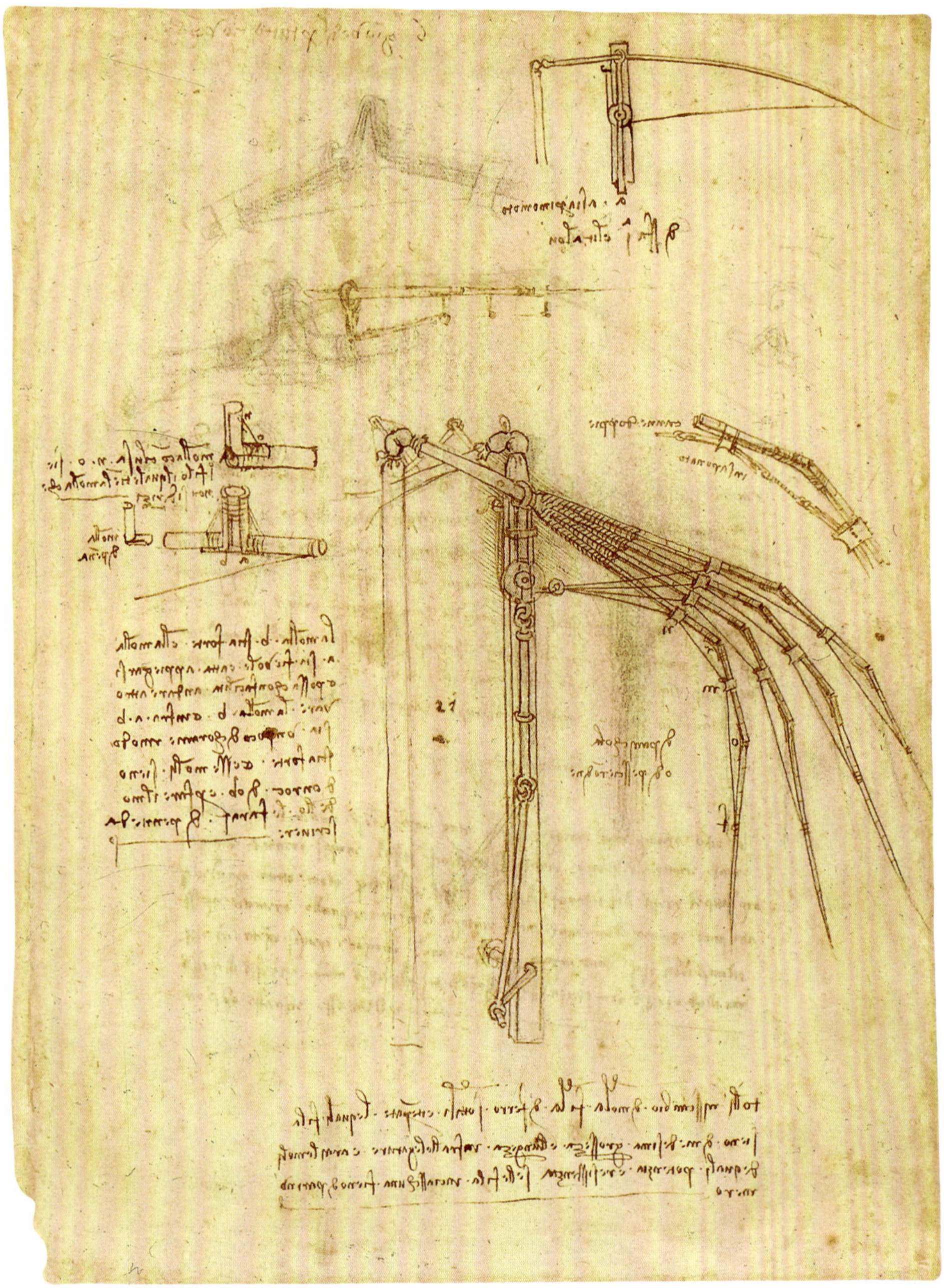

1

Mechanische Flügel

2

Das Folio stammt aus der Mailänder Zeit um 1494 und ist mehr als nur ein Arbeitsblatt mit flüchtig ausgeführten Skizzen. Der auf diesem Blatt enthaltene Entwurf eines mechanischen Flügels besticht durch die ausgereifte Konzeption und bildet gleichsam den Höhepunkt und die Synthese einer Reihe von Skizzen zu diesem Thema. Leonardo wollte damit eine praktisch vollständige und endgültige Zeichnung erstellen. Dies erkennen wir nicht nur am Entwurf selbst mit seinen präzisen Details zur Funktionsweise des Flügels und seinen Bauelementen, sondern auch am Stil der Zeichnung. Abgesehen von der kleinen Skizze rechts oben (die vermutlich eine spätere Hinzufügung ist), handelt es sich bei diesem Blatt nicht um eine Folge hastiger Skizzen in Feder und Tusche, vielmehr gibt es stellenweise Vorzeichnungen, die zum Schluss durch die Tuschezeichnung überdeckt wurden. Sie sind ein Beleg dafür, dass Leonardo eine endgültige Darstellung realisieren wollte. Abgesehen von den im oberen Teil des Blattes eingefügten Skizzen, von denen einige unvollendet blieben und möglicherweise später eingestreut wurden, bilden die Skizzen und die Anmerkungen eine abgerundete Einheit. Da gibt es zunächst die Hauptzeichnung mit dem gesamten rechten und linken Flügel sowie einige vergrößerte Details. Selbst die beiden Textblöcke wirken sehr geschlossen. Dies erinnert an den typischen Charakter der mechanischen Studien, die Leonardo ins Manuskript Madrid I aufnimmt, und allgemein an die Art von Studien, die er in den 1490er-Jahren auf den verschiedenen Gebieten betrieb. Dies war eine Zeit besonderer geistigen Ausgeglichenheit, geprägt von einer geometrisch und mathematisch dominierten Anschauung von den Naturphänomenen. Dies spiegelt sich in den Themen wieder, denen er sich in seinen Forschungen widmete, sowie in der klaren grafischen Gestaltung des Blattes, der sauberen Linienführung und der feinen und dichten Schraffierung, wofür die Hauptzeichnung ein treffendes Beispiel ist.

Leonardos Flugstudien dieser Jahre sind ein Ergebnis seiner Forschungen über das dynamische Potenzial des menschlichen Körpers. Das Studium und die Nachahmung des Vogelflugs scheinen jetzt in den Hintergrund zu treten. Eine Ausnahme davon bilden einige Entwürfe, darunter auch das vorliegende Blatt: Der Flügel besteht aus mehreren Segmenten, die miteinander durch Seile miteinander verbunden sind und sich so bewegen. Leonardo lieferte mit diesem Projekt eine Nachbildung der anatomischen Gelenkverbindungen eines natürlichen Flügels.

Im vorliegenden Fall stehen die diversen Teile in rechten Winkeln zueinander. Später, während seiner Arbeit am Kodex *Über den Vogelflug* und als Vogelflug erneut in den Vordergrund seines Interesses rückte, nehmen die Strukturelemente des Flügels verstärkt die Form von Tierknochen an, womit Leonardo den Gedanken vom Flug des Menschen als eine Nachahmung der Natur einem Höhepunkt zuführt.

Abb. 1
Folio 844r aus dem Codex Atlanticus mit seinen sorgfältig ausgeführten Zeichnungen zeigt den Mittelteil eines Entwurfs für einen mechanischen Flügel, der den anatomischen Bau und die Arbeitsweise von Vogelschwingen nachzuahmen scheint.

Abb. 2
Das Bild zeigt die Rekonstruktion des Details aus der rechten oberen Ecke von Blatt 844r aus Abb. 1.

Folgende Doppelseite
Abb. 3
Die digitale Rekonstruktion des Entwurfs von Fol. 844r aus dem Codex Atlanticus zeigt das Projekt in seiner Gesamtheit und ist über dem Blatt mit der entsprechenden Zeichnung eingeblendet.

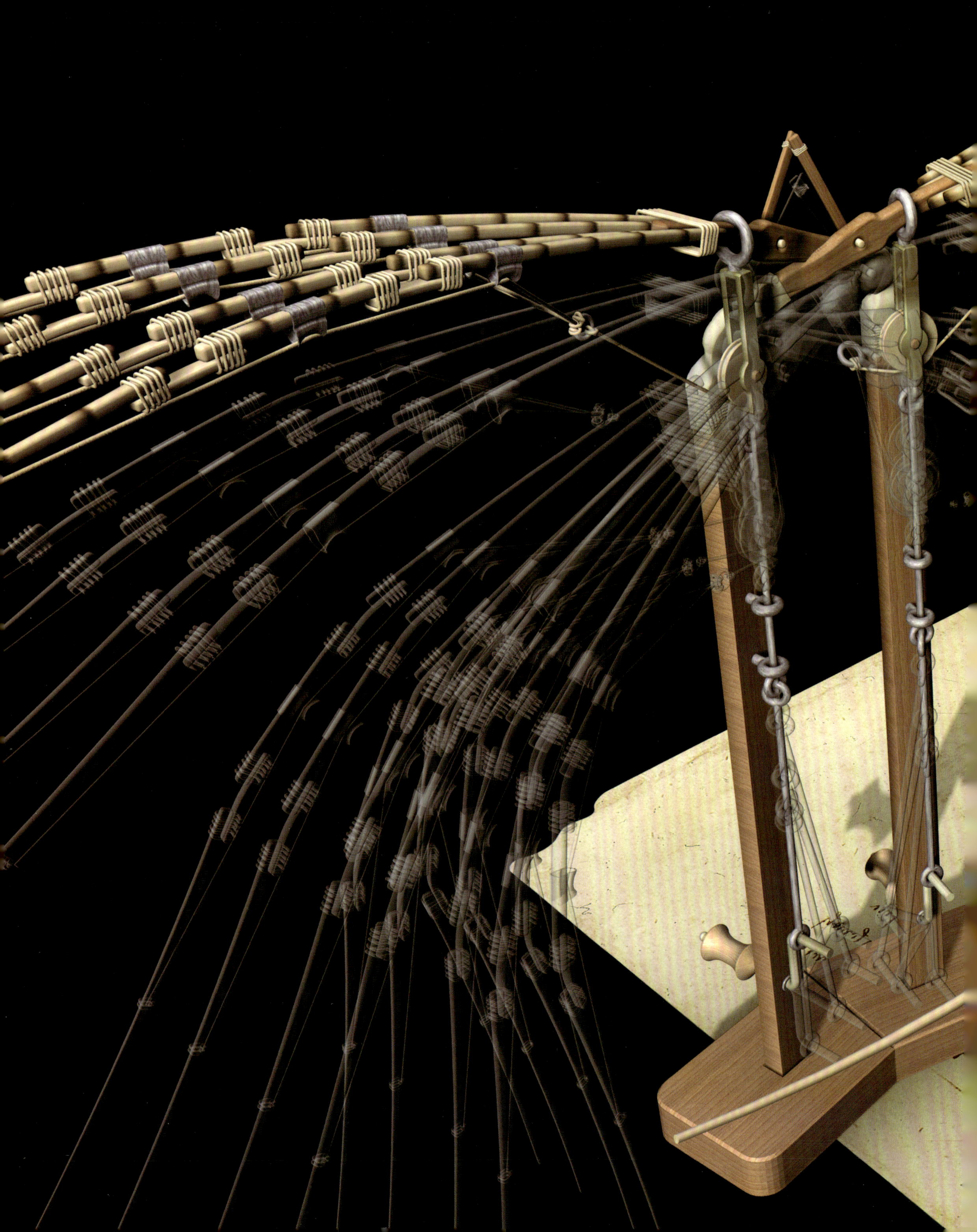

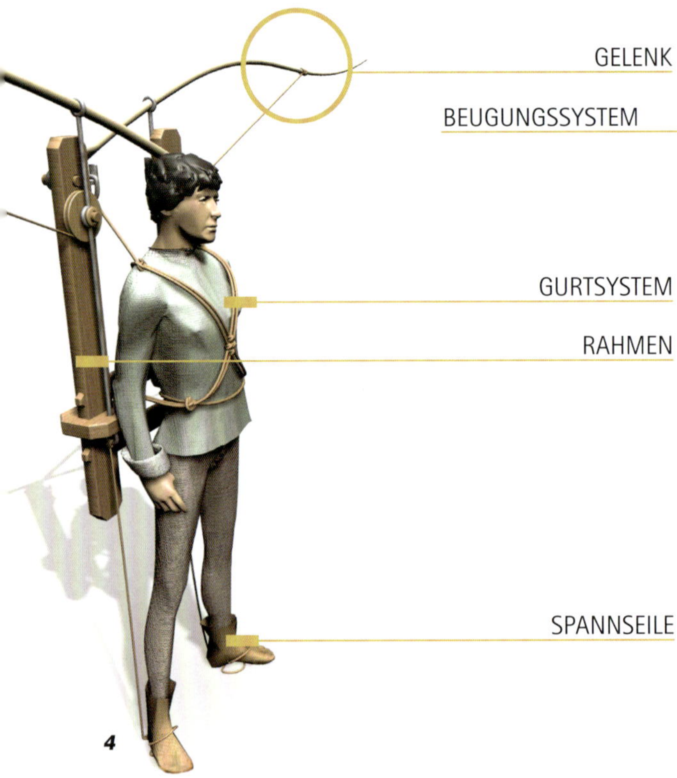

4

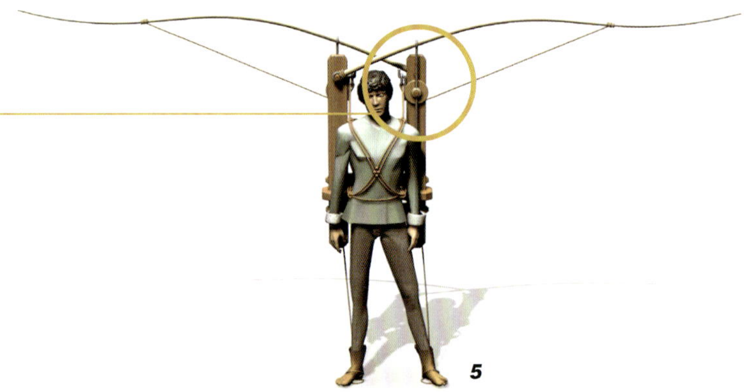

5

Abb. 4 und 5
Die Bilder zeigen eine auf menschliche Maße bezogene hypothetische Ausführung von Leonardos mechanischem Flügel. Die Vorrichtung wird mithilfe eines Gurtsystems wie ein Rucksack auf den Rücken geschnallt. Der „Pilot" kontrolliert dabei die Bewegung der beiden Metallstangen durch Strecken und Beugen seiner Beine. Diese imaginären Darstellungen zeigen die Flügel ohne ihre gesamte Struktur, wobei die Beine des Menschen über Seile mit den Metallstangen verbunden sind. Der kühne „Pilot" hätte von einer Anhöhe aus abspringen müssen, in der Hoffnung, dass es ihm danach gelingen würde, sich durch Nachahmen des Flügelschlags der Vögel in der Luft zu halten. Aufgrund ihrer Konzeption und Bauweise hätte sich diese Vorrichtung jedoch als fluguntauglich erwiesen.

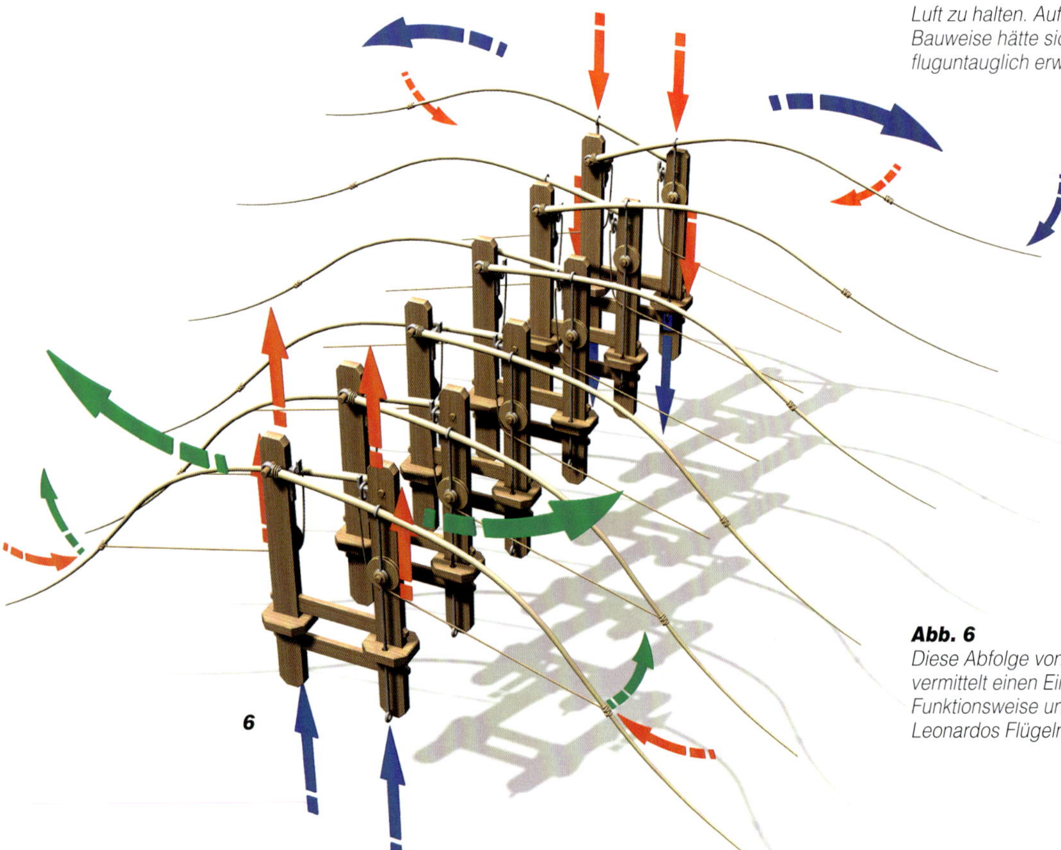

6

Abb. 6
Diese Abfolge von Bewegungsabläufen vermittelt einen Eindruck von der Funktionsweise und den Bewegungen von Leonardos Flügelmechanismus.

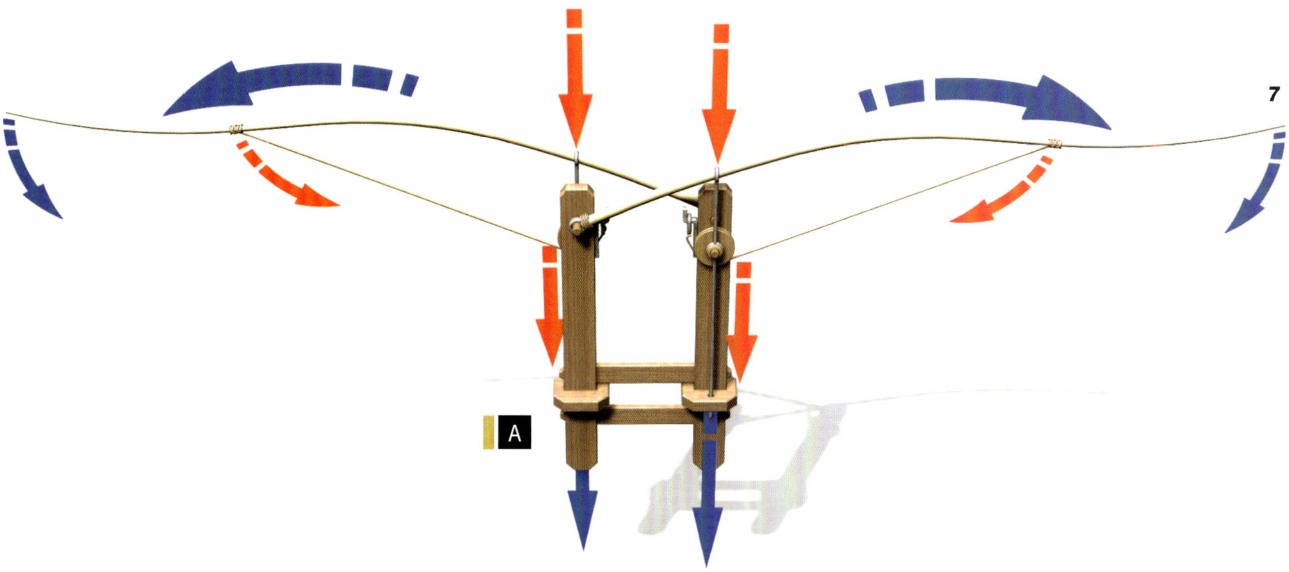

7

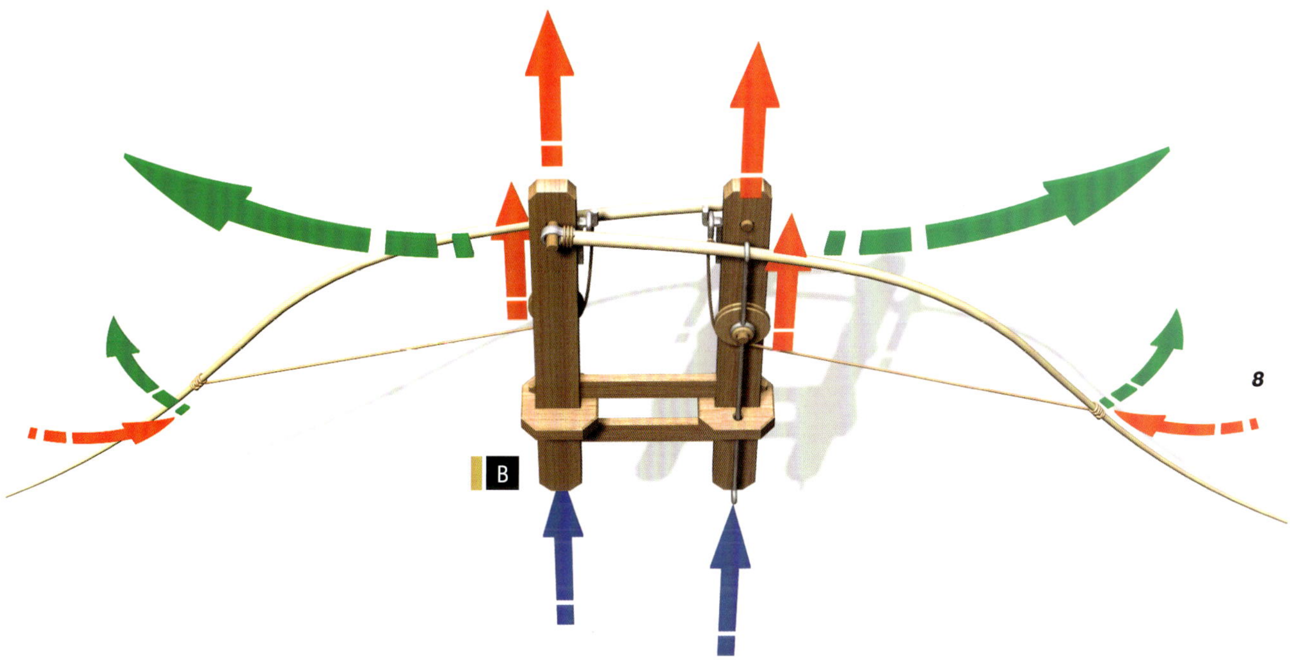

8

Abb. 7 und 8
Die Abbildungen zeigen eine schematische Darstellung der Funktionsprinzipien des mechanischen Arms in den zwei Arbeitsphasen: Beugung – Einziehen des Flügels bzw. Streckung – Ausbreiten (Öffnen) des Flügels.

A Das obere Bild illustriert die Bewegungsprinzipien des Flügels in der Phase der Beugung. Die beiden Metallarme werden nach unten gezogen (blaue Pfeile) entlang den parallelen Stützgerüsten, und die Flügel gleiten dank der Endringe an den Armen. Diese Bewegung führt zu einer nach unten gerichteten Drehbewegung des Flügels. Das Flaschenzugsystem, das benutzt wird, um die Metallarme in Bewegung zu versetzen, aktiviert dabei ein Seil, das mit der Flügelspitze verbunden ist. Indem sich die Rollen der Flaschenzüge drehen, spulen sie dabei das Seil auf, sodass die Flügelspitze nach unten gedrückt und gefaltet wird (rote Pfeile).

B In der zweiten Phase öffnet sich der Flügel von neuem aufgrund desselben Prinzips, das jedoch nun umgekehrt funktioniert. Die Metallarme bewegen sich nach oben; der Flügel gleitet durch die Endringe an den Armen; sie öffnen sich wieder und die Rollen der Flaschenzüge lösen das Seil, sodass der Flügel aus einer nach unten gerichteten, „geknickten" (zusammengefalteten) Position sich öffnet, d. h. ausbreitet.

Abb. 9
Das Bild zeigt das auseinander genommene Flügelmodell samt seinen Einzelteilen.

9

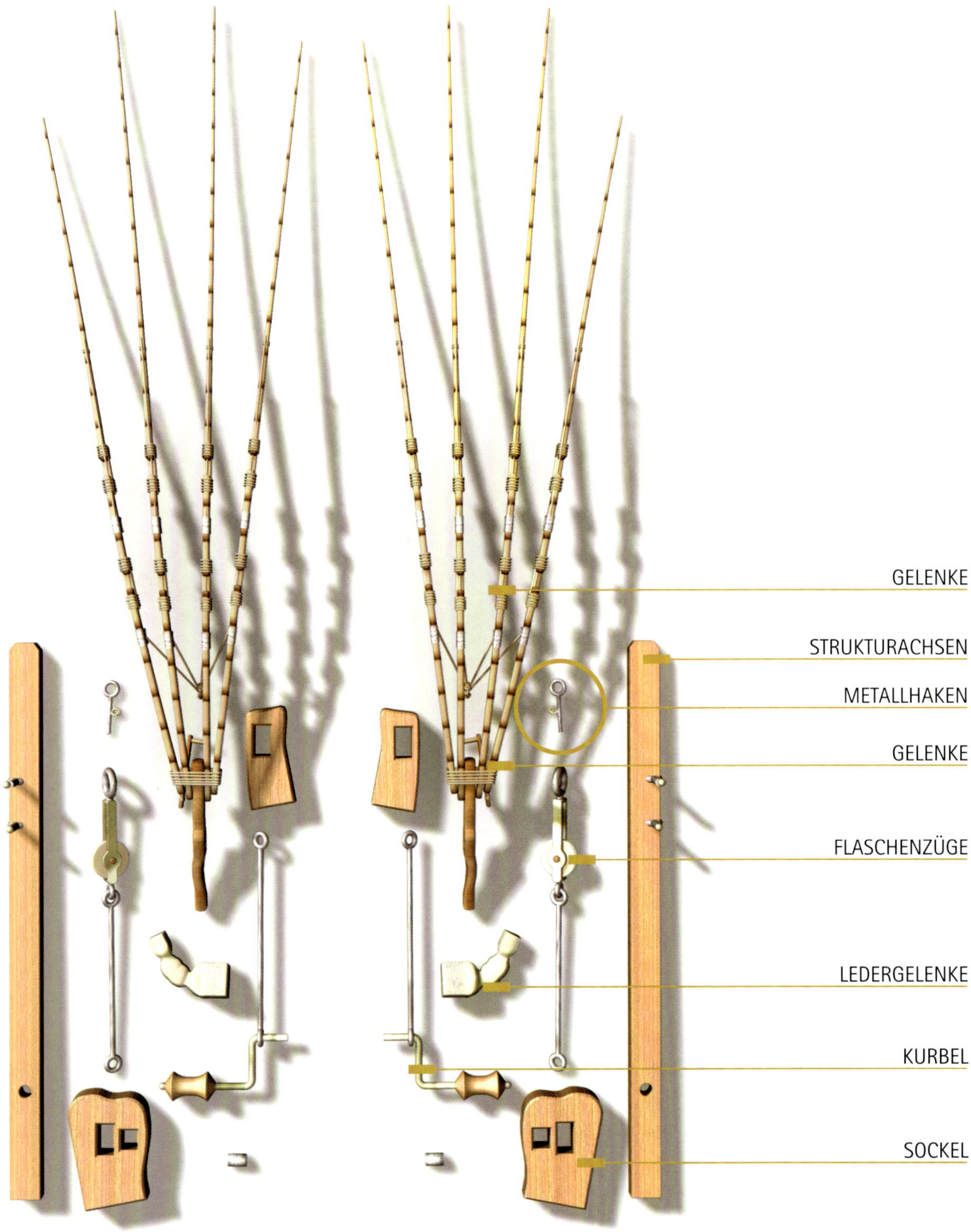

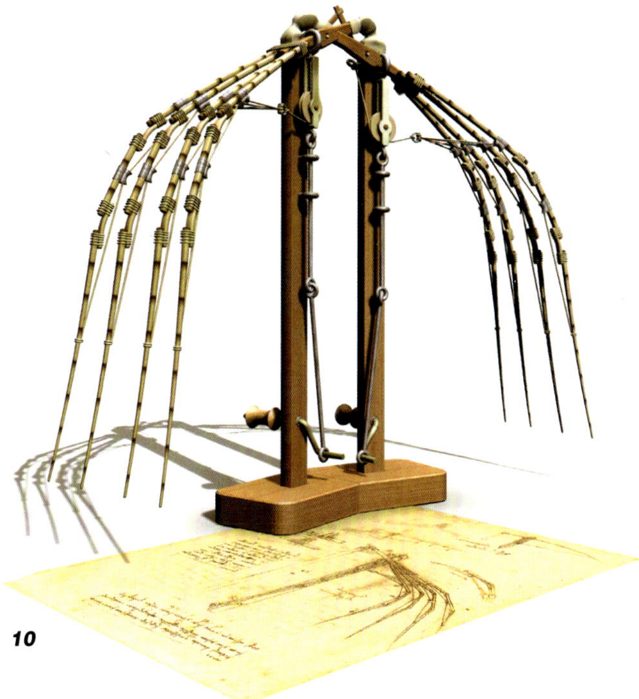

10

Abb. 10
Das Versuchsmodell von Leonardos Flügelmechanismus steht auf dem Folio mit der entsprechenden Zeichnung aus dem Codex Atlanticus.

Abb. 11
Ähnlich wie die Abb. 4 und 5 zeigt auch dieses Bild einen hypothetischen Einsatz des Flügelmechanismus losgelöst aus seinem ursprünglichen Kontext als Kleinmodell. Anstatt in einem festen Sockel verankert zu sein, wie in Abb. 10, ist der mechanische Flügel hier in seinen Ausmaßen auf die Größe eines Menschen ausgelegt, wobei dieser mit einem Gurtsystem an der Vorrichtung festgeschnallt ist. Angetrieben werden die Flügel über die an den Füßen des Menschen befestigten Seile.

11

002 Kriegsgeräte

Leonardos Entwürfe zu Waffen und Kriegsgeräten entstanden überwiegend in seinen ersten Jahren in Mailand (etwa 1483–1490) sowie nach seiner Rückkehr nach Florenz zwischen 1502 und 1504. Die Mailänder Entwürfe sind vielfältiger und spektakulärer als die späteren Projekte, aber nicht selten an der Grenze der Machbarkeit. Seine späteren Projekte konzentrieren sich auf die wichtigsten Angriffs- und Verteidigungswaffen jener Zeit: die Feuerwaffen. In seinem Brief an Ludovico il Moro (Codex Atlanticus, Fol. 1082r), mit dem er sich dem Fürsten vorstellt und diesem seine Dienste anbot, erwähnt Leonardo viele Bereiche der Militärarchitektur, darunter Brücken, Sturmleitern, Bombarden, Streitwagen und Mörser. Leonardo ist etwa 30 Jahre alt, als er beschließt, seinem Leben eine neue Wende zu geben, und jenen Brief verfasst, wozu er den Beistand eines im Briefschreiben kundigen Mannes erbittet, der seinem Schreiben eine *bella forma* geben soll. Er hat Florenz bereits verlassen – oder ist eben im Begriff, dies zu tun –, um sich und seine Fähigkeiten in den Dienst des Kriegsfürsten Ludovico Sforza zu stellen. Es wäre durchaus möglich, dass der Brief von einigen erläuternden Skizzen begleitet war. Der Codex Atlanticus – eine Sammlung ursprünglich loser Blätter, die unrichtig als Kodex bezeichnet wird – enthält einige herrliche Zeichnungen von Kriegsgeräten. Es handelt sich um abgeschlossene Entwürfe, die sehr wohl zu einem eindrucksvollen Band gehört haben könnten, der Ludovico Sforza übergeben werden sollte. Dies könnte auch den Inhalt und außergewöhnlichen Charakter einiger Entwürfe erklären: gigantische Kriegsgeräte mit furchtbaren Folgen, die für damals unfassbar schienen. Wenn Leonardos Brief während seines Umzugs nach Mailand entstand – und davon kann man fast sicher ausgehen –, dann ist es nahe liegend, dass er sich bereits davor in Florenz mit der Waffentechnik beschäftigt hatte.

Schon vor Leonardo hatten sich toskanische Militäringenieure wie Taccola oder Francesco di Giorgio Martini diesem Bereich gewidmet. Leonardo ist sich der Leistungen seiner Vorgänger bewusst, und diese Tradition hat ihn sicherlich in seinen frühesten Projekten beeinflusst, die zwischen Florenz und seiner ersten Mailänder Zeit entstanden. So etwa belegen seine Entwürfe zu Geräten zum Sturm auf Festungsmauern seine Auseinandersetzung mit den Studien anderer Militäringenieure und sind Teil jenes Interesses für die Antike, das die Renaissance kennzeichnet. Der Krieg war nicht nur eine auf dem Schlachtfeld ausgetragene Kunst, er galt auch als ein Aspekt der Kultur und der Wiederentdeckung der antiken Welt. Eines der berühmtesten Werke der Renaissance über die Kriegskunst war der um 1450–55 entstandene Traktat *De re militari* von Roberto Valturio. Er enthält u. a. eine Rekonstruktion der wichtigsten antiken Kriegsmaschinen und Waffen, wobei Valturio kein Ingenieur, sondern ein Humanist war. In Urbino bildeten Darstellungen von Kriegsmaschinen Dekorationselemente repräsentativer Bauwerke; so etwa schmücken Relieffriese mit Kriegsgeräten den herzoglichen Palast. Kriegsmaschinen zählten zu den typischen Ausdrucksformen der Kriegskunst der Antike, und indem Leonardo einige von ihnen neu entwirft, trägt er zur Wiederentdeckung des klassischen Erbes bei. Auch sein Glaube an den hohen Stellenwert der Zeichnung als Kommunikationsmittel reiht Leonardo in die Tradition eines Taccola und Francesco di Giorgio Martini. Leonardo überragt aber seine Vorläufer und überwindet die Tradition nicht nur aufgrund der herausragenden Qualität seiner Zeichnungen, der Vielfalt der erörterten Themen und der angewandten visuellen Mittel (Draufsicht, Seitenansicht, unterschiedliche Betrachtungswinkel, Zerlegung eines Objekts in Einzelteile), sondern auch durch die Komplexität der visualisierten Inhalte.

Vergleichen wir die technischen Zeichnungen aus Giorgio Martinis Traktaten mit seinen zu künstlerischen Zwecken angefertigten Zeichnungen, so wird unschwer der Unterschied zwischen diesen beiden Formen zeichnerischer Kunst deutlich. Wie Leonardo ist auch Giorgio Martini von der Fähigkeit der Zeichnung überzeugt, theoretisches Wissen zu vermitteln. Aus deskriptiver und perspektivischer Sicht bestechen seine Zeichnungen durch ihre Genauigkeit. Da sie aber Teil der Traktattexte sind, wirken sie didaktisch und gelehrt. Diese „Kluft" zwischen technischer und künstlerischer Zeichnung wird von Leonardo jedoch überwunden; erkennbar ist dies etwa in seiner Darstellung einer Vorrichtung zur Abwehr feindlicher Sturmleitern (Codex Atlanticus, Fol. 139r) und – deutlicher noch – in der Zeichnung einer riesigen Kanone in einer Gießerei (Windsor 12647), in der Leonardo zusätzlich zu den mechanischen Details auch auf die Bewegung der Menschen eingeht. Die Nacktheit der in der Gießerei tätigen Arbeiter kann nur dadurch erklärt werden, dass Leonardo eine Verlagerung von der rein technologischen Wiedergabe hin zu einer allgemeineren, expressiven Dimension der Zeichnung anstrebt, die in diesem Fall die körperliche Kraft der hier Arbeitenden suggerieren soll. Dieser Ansatz beschäftigte Leonardo später nicht nur als Maler, sondern auch in seinen Studien zum Flug des Menschen.

Selbst in den Skizzen zu den furchtbaren Sichelwagen (auf einem Blatt in der Turiner Biblioteca Reale sowie auf einem weiteren Folio im Londoner British Museum) verwandelt sich die mechanische Darstellung in ein dramatisches Bild, das die furchtbaren Folgen illustriert, die diese Waffe auf dem Schlachtfeld haben würde. Bilder zerstückelter Leiber und zerfetzter Gliedmaßen werden durch Kommentare begleitet wie etwa: „Oft richten sie Verwüstungen unter Freunden wie unter Feinden an." Dieser Dualismus tritt erneut in Florenz um 1504, diesmal jedoch verstärkt, auf: Auf einem Blatt aus dem Codex Atlanticus (72v) steht der Entwurf einer Feuerwaffe neben dem eines Pferdes für die *Schlacht bei Anghiari*, jenem Fresko, das er im Auftrag der florentinischen Republik für einen Saal des Palazzo Vecchio schaffen sollte.

Einige der frühen Entwürfe Leonardos sind einfacher, praktischer ausgerichtet und schnell durchführbar, so etwa jene zu Not- und Drehbrücken (Codex Atlanticus 55r, 855r) zum Überqueren von Wasserläufen, zu diversen Typen von Sturmleitern für Angriffe auf Festungen (z. B. Manuskript B, Fol.

50r und 59v) und zu unüblichen Speerspitzen und Anbohrern (z. B. Codex Ashburnham 2037). Die Zeichnungen scheinen hier die lediglich praktische Anwendbarkeit zu sprengen; die Leitern und Lanzenspitzen wandeln sich in eine Bilderflut um, die das Ergebnis eines unbändigen Formenspiels der Kreativität ist. 1499, als Frankreich die Sforza aus Mailand vertreibt, gerät das gesamte politische Gefüge in Italien ins Wanken. Davon zeugen auch die Kontakte und die Werke, die Leonardo in den Jahren unmittelbar vor seinem Weggang aus Mailand in Angriff nahm. Vermutlich stammen seine ersten Kontakte zu den Franzosen noch aus seiner Mailänder Zeit, als diese Vorbereitungen für einen Feldzug in den Süden der Halbinsel trafen. Nach dem Verlassen Mailands berät er Venedig in Fragen der militärischen Verteidigung von dessen östlichen Besitztümern und vor der osmanischen Gefahr. 1502 arbeitet Leonardo für Cesare Borgia („il Valentino") in der Romagna, die dieser erobert hatte. Auch Jacopo IV. Appiano, der Herrscher von Piombino, und Florenz, das mit Pisa im Krieg lag, wandten sich an Leonardo als militärischen Berater. Vor diesem Hintergrund widmet er sich als Militärarchitekt neuen Studien, die sich von jenen der Mailänder Jahre unterscheiden. Leonardo ist mit konkreten kriegstechnischen Fragen konfrontiert und seine Lösungsentwürfe sind rigoroser und tatsächlich neuartig. Abgesehen von der Riesenarmbrust und den spektakulären, aber nicht realisierbaren Katapulten, widmet sich Leonardo jetzt verstärkt der großen Neuerung jener Zeit: dem zunehmenden Einsatz der Feuerwaffen mit ihrer gewaltigen Zerstörungskraft, die bereits Giorgio Martini als eine „teuflische Erfindung" bezeichnet hatte. Ihnen gilt Leonardos Interesse in den ersten Jahren nach 1500, und er untersucht dabei sowohl die defensiven als auch die offensiven Aspekte in Bezug auf die Feuerwaffen. Aus dieser Zeit stammen einige der unfassbaren Projekte für Festungsanlagen (z. B. Codex Atlanticus, Fol. 120v, 132r, 133r), für die er eine Form entwirft, die der feindlichen Artillerie eine möglichst geringe Angriffsfläche bieten soll. Sie haben keine hohen, senkrechten Mauern, sondern ein gekrümmtes, gerundetes Profil, an dem die Projektile abprallen und das den Schock durch den Beschuss optimal abwehrt. Die Erfindung eines drehbaren, mehrläufigen Geschützes aus 16 Rohren, die alle auf einer Plattform montiert sind (Codex Atlanticus, Fol. 1r), könnte aus dieser Zeit stammen. Das Hauptanliegen dieses Entwurfs war eine größtmögliche Feuerkraft und findet sich auch in anderen ballistischen Studien zu Verteidigungssystemen für Wehranlagen wieder (Windsor 12337v, 12275r; Codex Atlanticus, Fol. 72v). Verblüfft stellt man fest, mit welcher Meisterschaft Leonardo Geschosshülsen und den Kugelhagel der Geschütze sowie ihre parabolische Flugbahn wiedergibt. Die dichten, dünnen Striche, mit denen Leonardo die „sichtbaren" Flugbahnen der Geschosse visualisiert, zeugen von einer Sicherheit, die auf eine scharfe Beobachtungsgabe und ein eingehendes Studium hindeuten.

Vinci, 1452 | 1460 | 1470 | 1480 | um 1482 | 1490 | 1500 | 1510 | Amboise, 1519

Codex Atlanticus, Fol. 32r

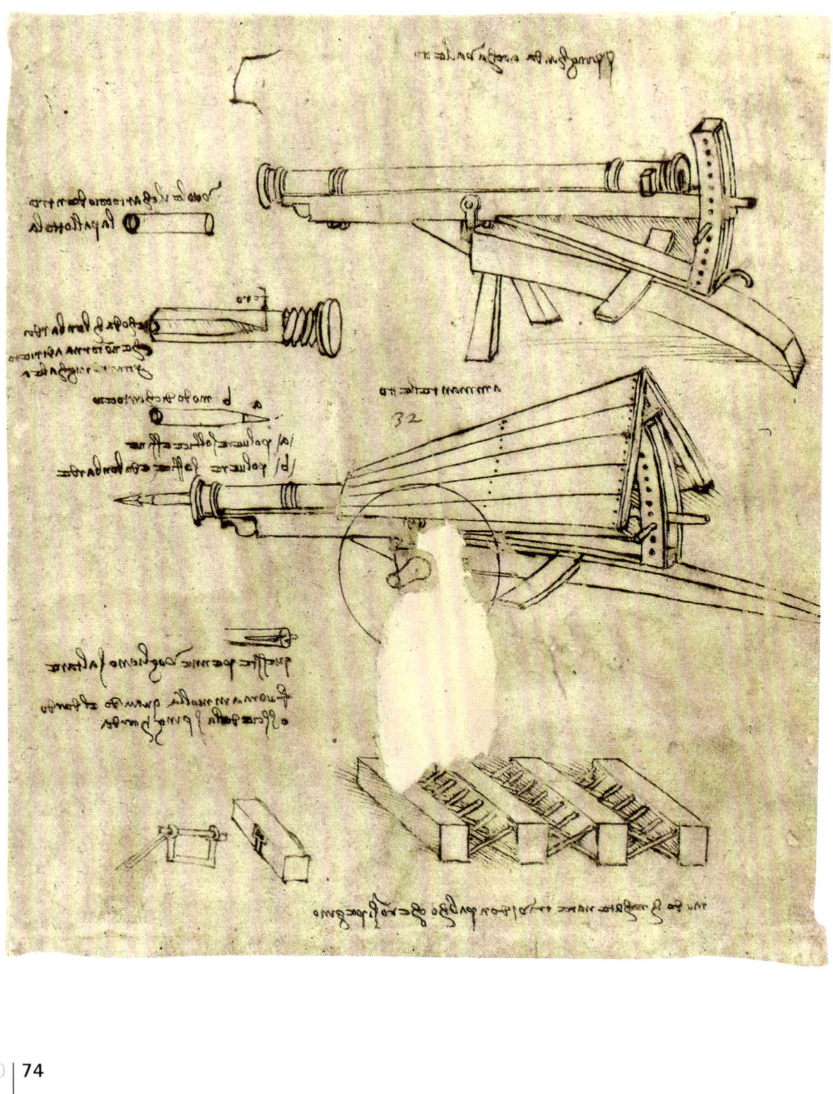

1

Balliste

2

Das Schriftbild der Notizen dieses Blatts ist typisch für Leonardos frühe Phase: elegant, mit Schnörkeln und anderen grafischen Ornamenten geschmückt. Dennoch bleibt die Zeichnung das zentrale Element; die Textzeilen bringen lediglich erläuternde Details, während die Beschreibung des Entwurfs einer Balliste im Wesentlichen durch das Visuelle erfolgt. Schon vor Leonardo hatten einige der großen Künstler und Ingenieure des Quattrocento auf die Zeichnung als Ausdruck einer intellektuellen Leistung hingewiesen und ihren hohen Stellenwert in der Entwicklung und dem Bau von Maschinen und Mechanismen betont. Mit Leonardo erreichte dieser Prozess seinen Höhepunkt, wie es das vorliegende Folio seiner Frühzeit belegt. Schon im Mittelalter wurden mechanische Vorrichtungen in ihrer äußeren Erscheinung zum Gegenstand bildlicher Darstellungen, doch folgten diese festen ikonografischen Vorgaben. Mitunter rief ihr ungewöhnlicher Charakter Furcht und Erstaunen hervor, und eine wundersame Aura umgab die Maschinen. Was diesen Bildern völlig fehlte, das war der informative Gehalt; man erfuhr so gut wie nichts über die Maschine und ihr „Innenleben", über die Teile und deren Beziehungen zueinander, vielleicht, weil dies als Berufsgeheimnis ihres Erfinders galt, oder es zählte einzig und allein das verblüffende Element der Maschine und nicht die Art, wie sie realisiert wurde. Ganz anders hingegen die Illustrationen auf diesem Blatt: Sie sollen anhand der beiden Hauptzeichnungen, die sich gegenseitig ergänzen, und der getrennt ausgeführten Details über Zahl, Form, Funktionsweise und – vor allem – über die Wechselbeziehungen zwischen den einzelnen Bauelementen der Maschine Aufschluss geben. Die Hauptzeichnungen enthalten zwei Ansichten des Geschützes: das obere Bild zeigt das Herzstück (Geschützrohr, Richthorn zur Höheneinstellung, Dreibein usw.), das untere Bild eine Schutzverkleidung sowie die beiden kaum angedeuteten Räder zum Transport des Geschützes. Hierbei greift Leonardo auf bemerkenswerte ikonografische Elemente zurück. Im unteren Bild zeichnet er einen schlichten Kreis um die Nabe, um das Rad anzudeuten: eine transparente Darstellung, die ausreicht, um zu zeigen, wie das Geschütz fortbewegt wird. Dadurch werden die Strukturen hinter dem Rad sowie die Beziehung zwischen Rad und Geschütz sichtbar. In späteren Jahren greift Leonardo auf das Mittel der transparenten Zeichnung in seinen anatomischen Studien zurück, um die Beziehungen zwischen den verschiedenen Körperorganen zu veranschaulichen. Im Grunde werden etliche ikonografischen Lösungen, die ursprünglich für die Illustration mechanischer Vorgänge gedacht waren, auf andere Forschungsgebiete übertragen. Selbst die Beziehung zwischen den beiden Hauptzeichnungen nimmt einige der später auf die anatomischen Studien angewandten visuellen Darstellungsmittel vorweg: Die Gesamtansicht des Feldgeschützes (unten) wird von ihrer äußeren Hülle (Räder und Schutzverkleidung) befreit (oberes Bild) – genauso wie dies bei den anatomischen Sezierungen geschieht.

Abb. 1
Eine ungewöhnlich klare Zeichnung, die nicht vieler erklärenden Worte bedarf und Leonardos Anschauung entspricht, wonach ein Bild so viel wie tausend Worte aussagt.

Abb. 2
Das Geschützrohr wurde gegossen und wartet darauf, auf dem Gestell montiert zu werden.

Folgende Doppelseite:
Abb. 3
Draufsicht auf die Balliste. Die Seile und Keile trugen zur Stabilität des Dreibeins bei, um den durch den abgefeuerten Schuss entstehenden Rücklauf aufzufangen und die Manövrierfähigkeit beim Anvisieren des Ziels zu erleichtern.

Abb. 4
Darstellung der Einzelteile der Balliste vor ihrem Zusammenbau.

A Das größte und wichtigste Element ist zweifelsohne das massive Geschützrohr. Es war befestigt auf einer sehr robusten und beweglichen hölzernen Struktur, die eine optimale Anvisierung des Ziels ermöglichte. Das innovative Element in Leonardos Entwurf eines Feldgeschützes war dessen Mobilität und die Möglichkeit, Ziele in verschiedenen Richtungen anzuvisieren, ohne das gesamte Geschütz oder die lafettenähnliche Stützstruktur bewegen zu müssen. Wer diese Feuerwaffe auf dem Schlachtfeld bediente, musste lediglich die stabile Unterlage auf dem Boden aufstellen. Aufgrund des sicherlich beträchtlichen Rückschlags des Geschützrohrs nach Abfeuerung eines Schusses konnte die Rahmenstruktur zusätzlich durch an Keile befestigte Spannseile im Boden verankert werden. So abgesichert, war die Stützstruktur äußerst stabil, und das Rohr konnte ungehindert sowohl seitlich, d. h. in der Querachse gegenüber dem Rohr, als auch auf- und abwärts bewegt werden.

B Leonardo denkt nicht nur über Möglichkeiten zur Optimierung und Beschleunigung der Anvisierphase nach, sondern entwirft auch ein System zum Schnellladen von Munition, ohne dass man nach jedem Schuss ins Rohrinnere hineingreifen muss. Auf dem Folio stellt er dieses einfallsreiche System anhand mehrerer Skizzen dar, und das Geschütz konnte von mehr als einem Artilleristen bedient werden. Ein Richtkanonier (oder auch mehrere, je nach Größe und Gewicht des Geschützes) besorgte die Positionierung und das Anvisieren des Ziels, während ein anderer mit der Vorbereitung und dem Nachladen der Munition ins Rohr beschäftigt war.

C Die Ausrichtung auf das Ziel erfolgte mithilfe einer waagrecht angeordneten Gleitschiene und zweier senkrechter Richthörner, die eine Seiten- bzw. eine Höhenrichtung des Geschützrohrs ermöglichten. Das Geschütz besaß damit einen erheblichen Feuerbereich, konnte aber auf dem Schlachtfeld nicht alle Richtungen unter Beschuss nehmen. Denkbar ist, dass auf dem Schlachtfeld mehrere solche Geschütze auf die Hauptziele hätten gerichtet sein sollen. Zweck des komplexen Richtsystems des Geschützrohrs, an dem Leonardo tüftelte, war vermutlich eher das Erreichen einer höheren Genauigkeit in der Anvisierung des Ziels und nicht sosehr die Option für ein bestimmtes Ziel.

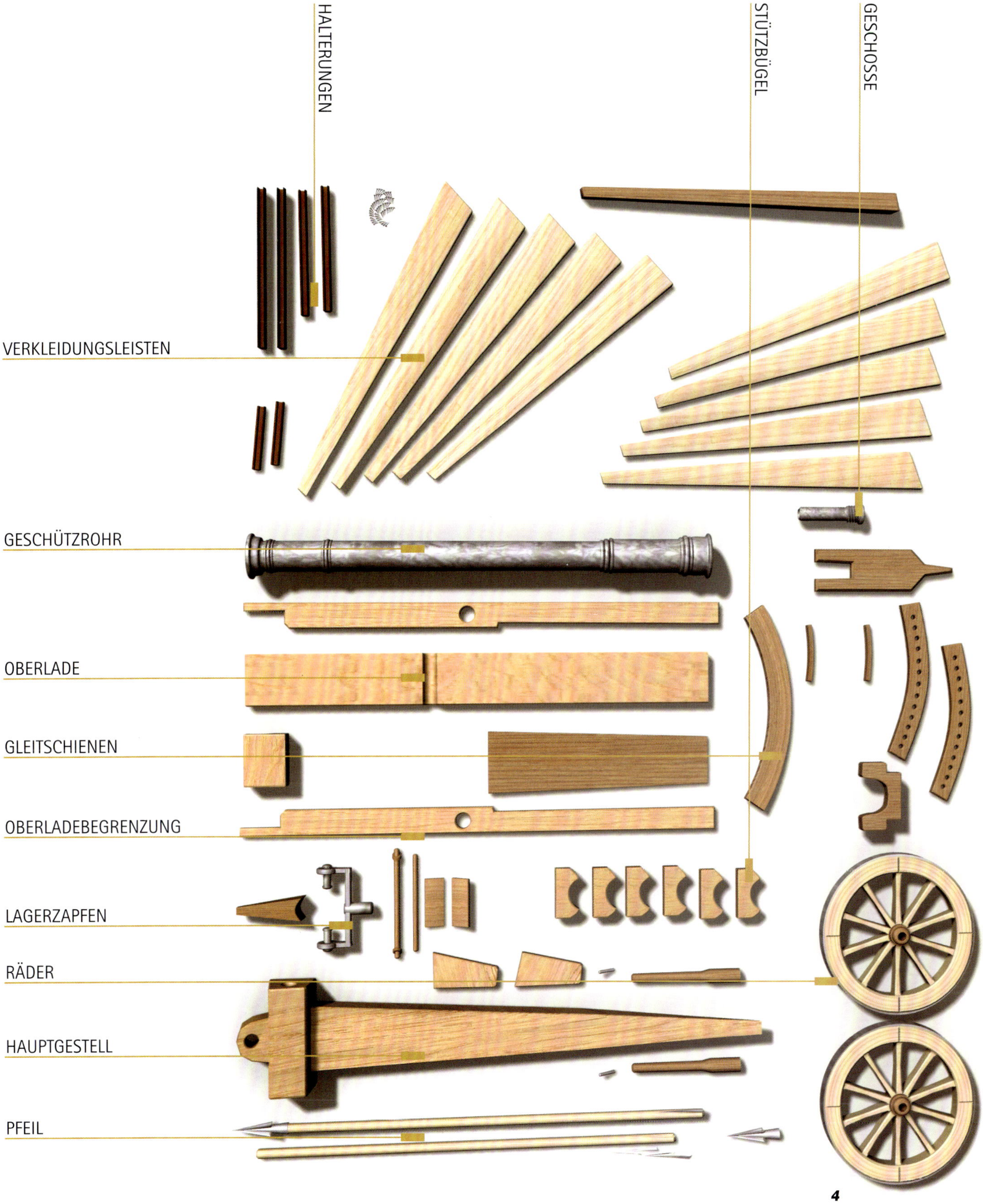
HALTERUNGEN
STÜTZBÜGEL
GESCHOSSE
VERKLEIDUNGSLEISTEN
GESCHÜTZROHR
OBERLADE
GLEITSCHIENEN
OBERLADEBEGRENZUNG
LAGERZAPFEN
RÄDER
HAUPTGESTELL
PFEIL
4

A Das Geschützrohr besaß eine Vorrichtung zur Seiten- und zur Höhenrichtung. Die Seitenrichtung erfolgte mittels Führung des auf der Oberlade ruhenden Geschützrohrs entlang einer bogenförmigen Gleitschiene aus Holz. Diese wurde geschmiert, um den Reibungswiderstand zu verringern und dadurch das horizontale (seitliche) Richten zu erleichtern sowie bei schnellem Richtungswechsel eine ruckartige Bewegung zu vermeiden. Das Geschütz besaß einen Aktionsradius von 20 bis 30 Grad.

B Die vertikale Verstellung (Höhenrichtung) des Geschützrohrs war etwas komplexer, ihre Feinjustierung jedoch nicht so leicht möglich. Dazu musste die gesamte Struktur, d. h. Rohr und Unterbau, angehoben werden; das Dreibein war das einzige Teil des Feldgeschützes, das sich auf dem Boden abstützte und für Stabilität sorgte. Die bewegliche Oberlade war mit dem Unterbau über ein mechanisches Gelenk mit Lagerzapfen verbunden, was die Mobilität des Geschützrohrs vergrößerte. Eine Höhenrichtung selbst um wenige Grade erforderte sicherlich die Bedienung durch mehr als einen Richtkanonier. Nachdem die gewünschte Höhenrichtung erreicht war, wurde ein zylinderförmiger Holz- oder Metallstift quer durch die beiden gelochten Richthörner geführt. Dieser Stift blockierte die Oberlade, sodass die eingestellte Höhe erhalten blieb. Die Höhenrichtung war vermutlich das erste Manöver zur Visierung des Ziels und beeinflusste zugleich die Zielgenauigkeit des Schusses. Nach erfolgter Höhenrichtung konnte die fallweise notwendige Seitenrichtung vorgenommen werden.

C Leonardo entwarf auch einige überaus interessante Geschosse; sie bestanden aus einer Zündkammer, gefüllt mit zwei Arten von Schießpulver, und dem Geschoss. Sobald das Projektil fertig war, wurde es geladen und abgefeuert. Es konnte schnell durch ein anderes, bereits fertiges Geschoss ersetzt werden, da das Laden nicht, wie herkömmlich, durch die Mündung (Vorderlader) erfolgte, sondern durch das hintere Teil des Geschützrohrs (Hinterlader). So konnten die Kanoniere einen größeren Vorrat an Geschossen anlegen und den Ladevorgang erheblich beschleunigen.

Abb. 5
Schaubild mit der Funktionsweise des Geschützes: Die Stützstruktur und das Geschützrohr waren vermutlich so schwer, dass sie von mehr als einem Kanonier bedient werden mussten.

Abb. 6
Leonardos Projekt ist nicht nur wegen seiner Arbeitsweise interessant, sondern auch weil er mehrere Versionen des Geschützes entwarf: ein starres Dreibein mit oder ohne Räder, eine „geschlossene" Ausführung mit einer Schutzverkleidung und eine „offene" Version. Das Feldgeschütz konnte Stein- oder Eisenkugeln, aber auch mit Metallspitzen besetzte Pfeile abfeuern. Die Darstellung zeigt den Entwurf auf Leonardos Blatt, auf dem auch dieser merkwürdige mehrgliedrige Holzrahmen erscheint; dazu notiert Leonardo: „Mittel, die Balken in ein Gestell so einzupassen, dass sie sich nicht krümmen."

5

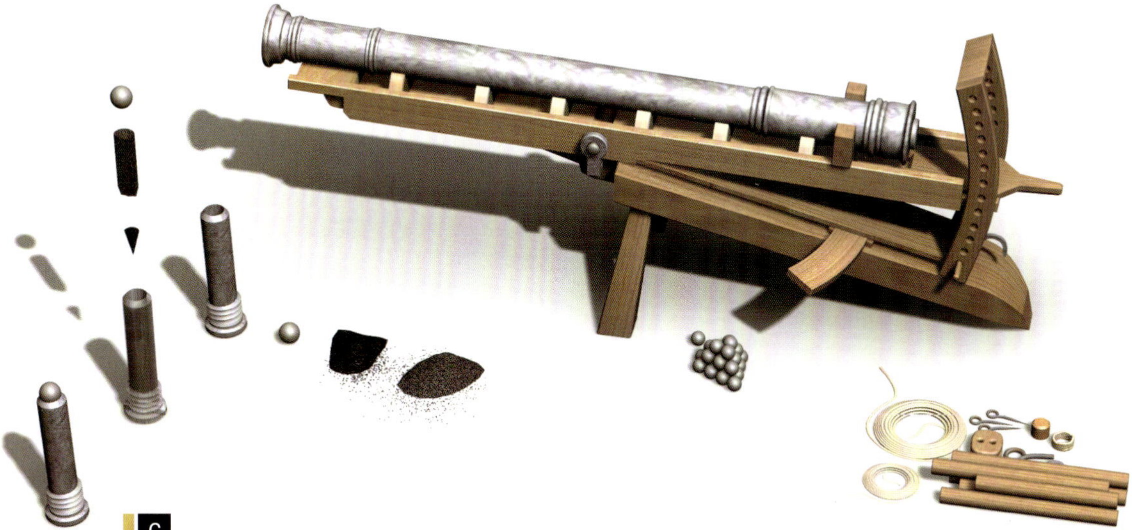

C

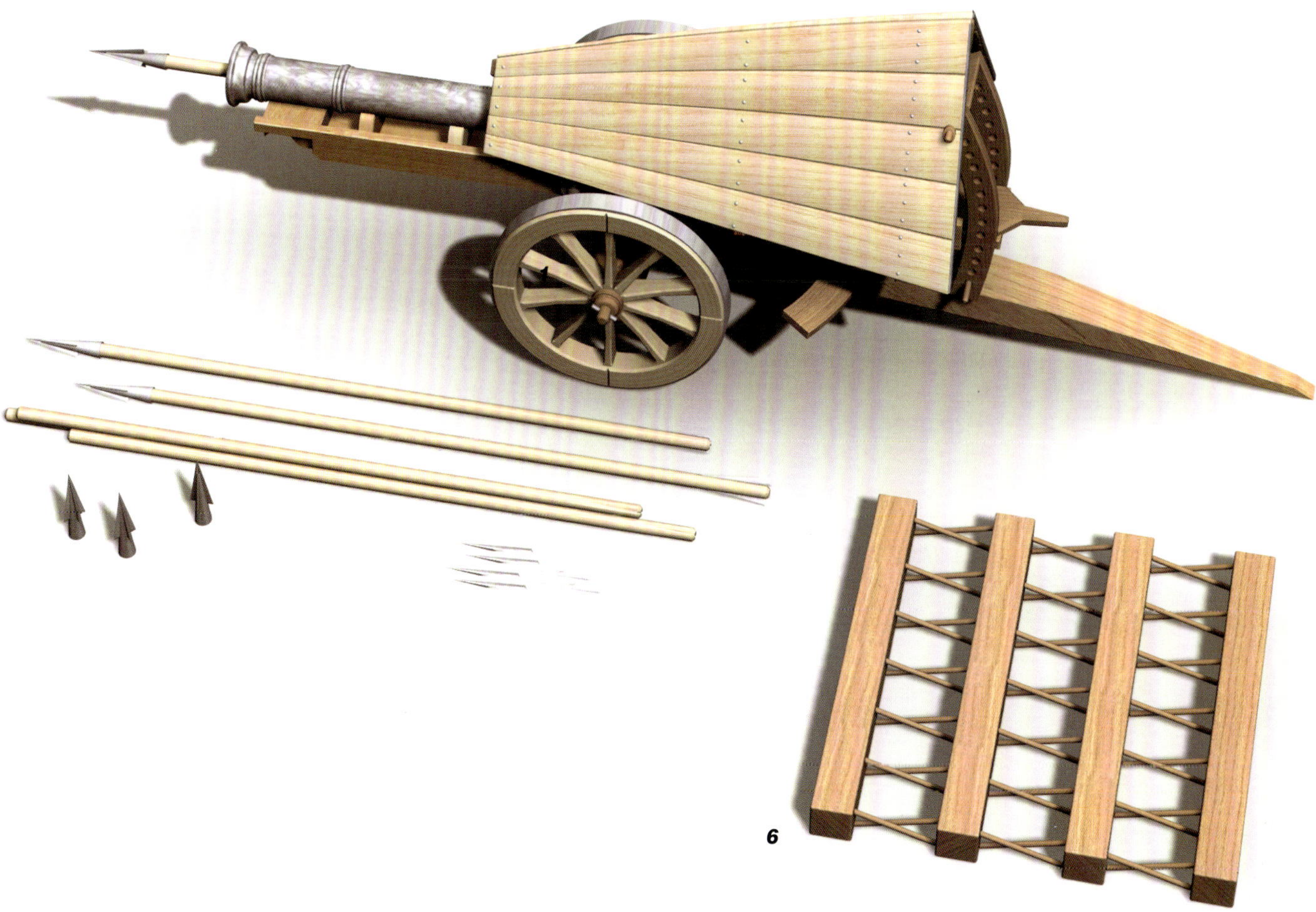

6

Vinci, 1452 | 1460 | 1470 | 1480 | um 1482 | 1490 | 1500 | 1510 | Amboise, 1519

Codex Atlanticus, Fol. 157r

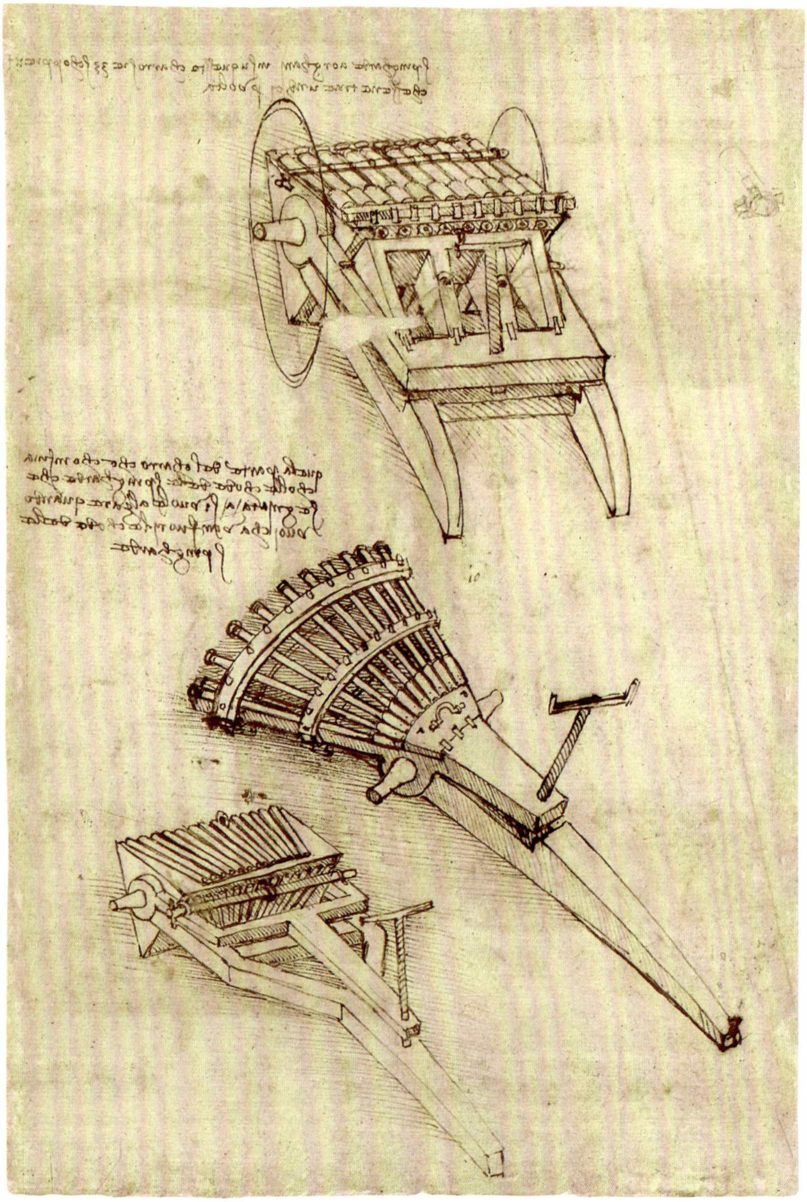

1

Mehrläufiges Geschütz

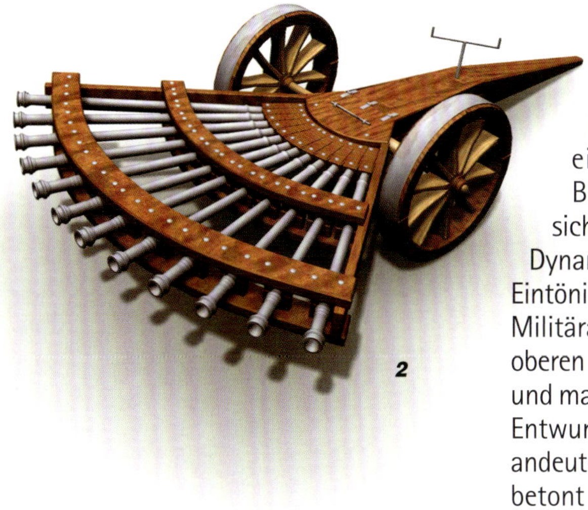
2

Das Blatt enthält drei alternative Entwürfe eines Orgelgeschützes, die allerdings nicht in derselben räumlichen Perspektive präsentiert werden. Zwischen ihnen besteht nicht nur ein Größenunterschied, sie scheinen auch aus verschiedenen Blickwinkeln ausgeführt zu sein. Dies trägt zu einem weniger übersichtlichen Seitenaufbau bei, verleiht dem Blatt aber eine zusätzliche Dynamik, da es die Verschiedenheit der Projekte betont und damit die Eintönigkeit der Präsentation vermeidet, wie sie in den Zeichnungen anderer Militärarchitekten und selbst bei Leonardo gelegentlich vorkommt. In der oberen Zeichnung suggeriert ein schlichter Kreis Position und Größe des Rades und macht so die dazu gehörenden Teile sichtbar. Im mittleren und unteren Entwurf ist sogar nur die Achse gezeichnet, welche die Position des Rades andeutet; dafür wird der Schraubenheber zur Regulierung der Rohrneigung betont (der in der oberen Abbildung recht flach zu sein scheint). Die drei Abbildungen ergänzen sich gegenseitig und folgen einer perfekten perspektivischen Verkürzung, die nicht die Merkmale und die Individualität der einzelnen Entwürfe beeinträchtigt.

Eine innovative Bauweise der Feuerwaffen, welche zu den kriegstechnischen Neuheiten jener Zeit zählte, war ein hervorragendes Mittel, um Ehrfurcht und Interesse bei neuen Auftraggebern zu wecken. Für wen aber entwarf Leonardo diese tödlichen Waffen? Die stilistischen Merkmale der Notizen und Zeichnungen erlauben eine Datierung dieses Folios auf die Jahre in Florenz. Damals, um 1480, hatte sich die politische Krise auf der Halbinsel noch nicht so stark zugespitzt. Die dominierende Persönlichkeit in Florenz war Lorenzo der Prächtige, und sein diplomatisches Geschick machte ihn zu einem der Garanten für eine – wenn auch nur vorübergehende – Zeit des Friedens und der Stabilität. Wie die gegen die mächtigen Medici gerichtete blutige Pazzi-Verschwörung aber zeigte, gab es zunehmende politische Spannungen. Somit war ein Krieg auch für Florenz eine latente Gefahr, mit der man immer rechnen musste. Die berühmtesten florentinischen Baumeister und Militärarchitekten von Brunelleschi bis Michelozzo stellten ihr Können in den Dienst des Krieges, und selbst in Verrocchios Werkstatt, wo Leonardo ausgebildet wurde, konnten Kanonen gegossen werden. So ist das Interesse des jungen Leonardo für die Kriegskunst allzu verständlich. Es gibt aber eine weitere – und vielleicht überzeugendere – Erklärung. Wie andere toskanische Künstler so zog es auch Leonardo fort aus seiner Heimat, um seine Dienste anderen, mächtigen Kriegsherren anzubieten. Taccola hatte davon geträumt, sich in den Dienst des ungarischen Kaisers zu stellen, und Francesco di Giorgio Martini war für Federico da Montefeltro, den Herzog von Urbino, tätig. Wir wissen nicht, ob Leonardo, als er die *bella copia* seiner militärtechnischen Entwürfe anfertigte, schon beschlossen hatte, nach Mailand zu ziehen. Sicher ist aber, dass, sobald er diesen Entschluss gefasst hatte, diese Projekte die überzeugendste „Visitenkarte" seines Könnens als Militärarchitekt darstellten.

Abb. 1
Das Blatt enthält drei verschiedene Entwürfe für ein mehrläufiges Geschütz (Orgelgeschütz) sowie einige handschriftliche Aufzeichnungen.

Abb. 2
Zusammengebautes und einsatzbereites mehrläufiges Geschütz; Umsetzung des Entwurfs in der Mitte des Blattes.

Folgende Doppelseite: Abb. 3 und 4
Darstellung des oberen und des mittleren Entwurfs aus der Leonardo-Handschrift. Der besondere Vorteil der beiden Lösungsentwürfe besteht in der beträchtlichen Schusskraft, die jedoch durch zwei völlig unterschiedliche Funktionsprinzipien erzielt wird.

A Das Orgelgeschütz war eine Waffe mit erheblicher Schusskraft. Bei genauerer Betrachtung dürfte das Laden von Pulver und Geschoss allerdings ein komplizierter Vorgang gewesen sein. Die Kanonenrohre konnten einzeln oder im Verbund feuern; sobald die Schüsse abgefeuert waren, muss es recht lange gedauert haben, bis der Kanonier alle Rohre nachgeladen hatte. Dies erfolgte vermutlich über eine kleine Ladeklappe in der Mitte des Gestells. Der interessanteste Aspekt dieses Entwurfs ist die hohe Manövrierfähigkeit des Orgelgeschützes. Dank der beiden Räder konnte es horizontal uneingeschränkt verwendet werden. Sobald ein neues Ziel anvisiert werden sollte, drehten die Kanoniere es mittels der Räder einfach in die gewünschte Richtung. Mithilfe eines ausgeklügelten Mechanismus über einen von Hand betätigten Schraubenheber am rückwärtigen Teil der Lafette konnte die Neigung der Rohre und damit die Flugbahn der Geschosse gesenkt oder emporgehoben werden.

3

B Ein zweiter Entwurf im oberen Teil des Folios zeigt eine weitere Variante eines Orgelgeschützes. Dabei feuern jeweils alle Rohre einer Reihe gleichzeitig in dieselbe Richtung, der Schuss hat aber nicht eine so breite Streuung wie beim ersten Modell. Interessant ist an diesem Entwurf die Möglichkeit, dass der große dreieckförmige Hauptkörper, auf dem drei Reihen von je elf Rohren montiert sind, drehbar ist. Während die in Schussposition gebrachte Reihe abgefeuert wurde, konnten die Kanoniere die zweite Reihe in Schussstellung bringen. Die dritte Reihe wur-de neu geladen, während die erste abkühlte. Sobald eine Reihe abgefeuert wurde, drehte sich die Schutzwand im rückwärtigen Teil, die auch als Abstützung diente. Wie beim ersten Entwurf, war auch hier das Nachladen aufwändig und dauerte lange. B

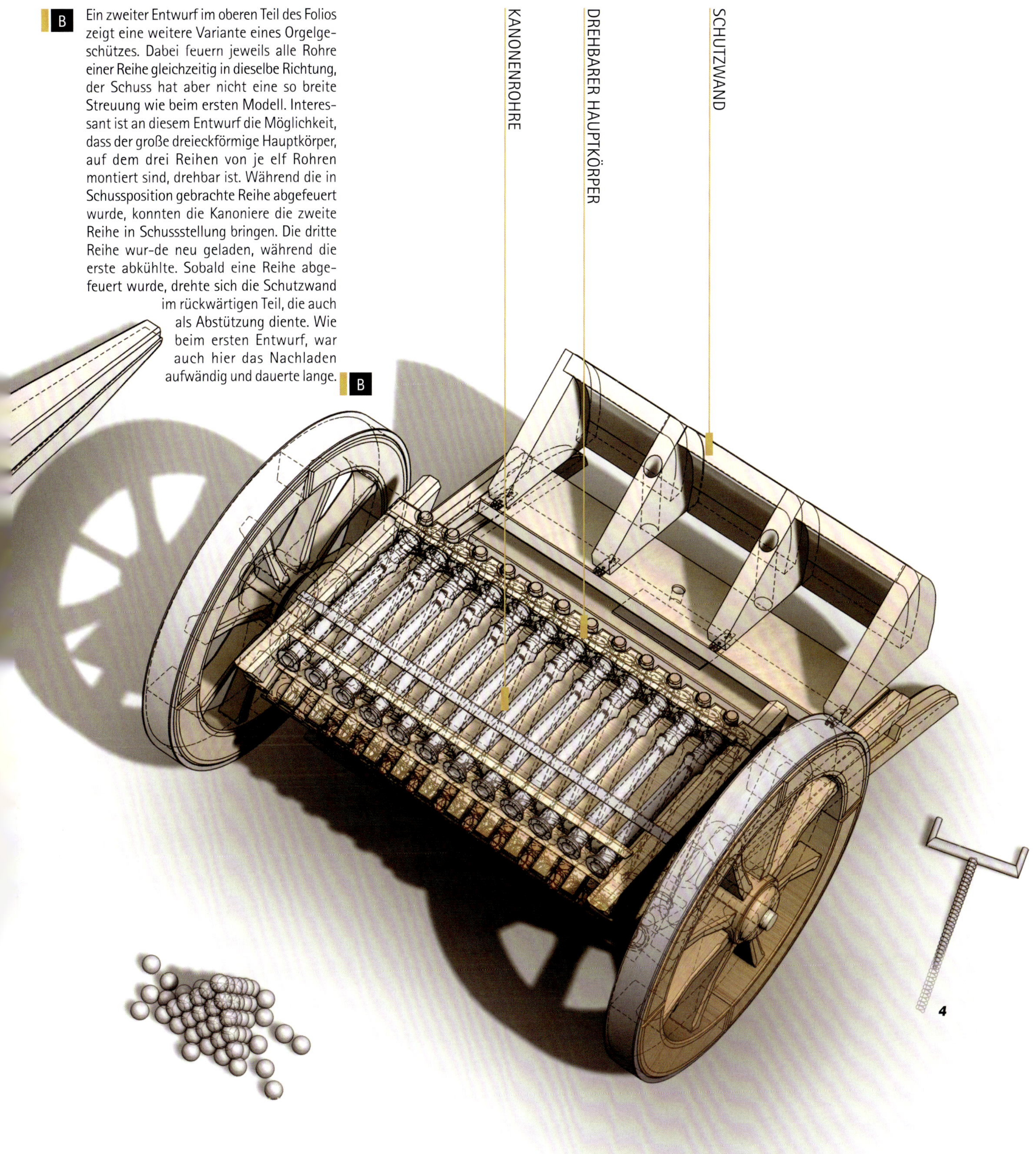

Vinci, 1452
1460
1470
1480
1482–1485
1490
1500
1510
Amboise, 1519

Codex Atlanticus, Fol. 139r

1

Verteidigung der Mauern

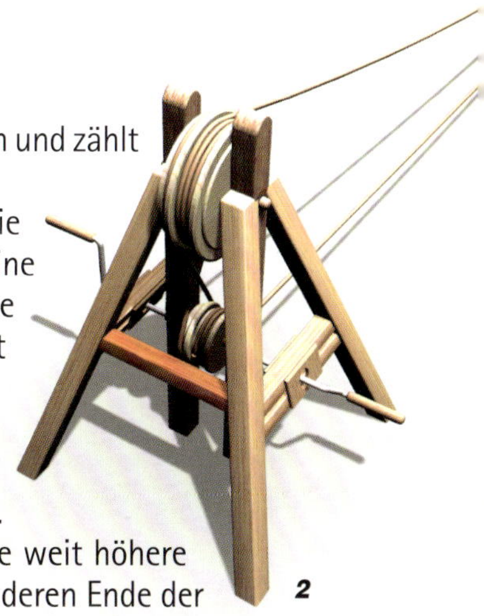

2

Die Zeichnung stammt aus Leonardos jungen Jahren und zählt zu einer besonderen Gruppe seiner frühesten Entwürfe: Es handelt sich um jene Skizzen, die die Umwandlung einer rein technischen Zeichnung in eine komplexe Aktion dokumentieren, die durch kleinfigurige Gestalten als Akteure und räumliche Elemente belebt wird. Mariano di Jacopo, genannt „il Taccola", einer der berühmtesten Sieneser Militärarchitekten des Quattrocento, schuf kleine Vignetten mit Maschinen, die inmitten verschiedener Landschaften aufgestellt waren. Bei Leonardo weist diese „Inszenierung" jedoch eine weit höhere Komplexität auf und steht, in gewissem Sinn, am anderen Ende der von ihm selbst angeregten entwurfsgeschichtlichen Neuerung – der völlig isolierten Darstellung von Maschinen, ohne irgendein Hintergrundelement.

Der vorliegende Entwurf zeigt eine Vorrichtung zur Mauerverteidigung und zur Abwehr von Sturmleitern, die aus einem vor der Außenmauer liegenden horizontalen Querbalken besteht, mit dem sich die Sturmleitern bis zu dem Punkt zurückschieben ließen, an dem sie selbsttätig zu Boden fielen. Leonardo erschafft ein in seiner Synthese einzigartiges Bild, das einen maximalen Gehalt auf minimalen Raum kommuniziert, während die Menschen, die die Vorrichtung bedienen, eine hoch dramatische und lebendige Szenerie kreieren. Leonardo zeigt einen Mauerabschnitt; er will keine realistische Szene vermitteln, sondern nur eine technische und theoretische Darstellung veranschaulichen. Die Zeichnung enthält auch eine zweite Variante zur Bedienung der Vorrichtung: mittels direkter Traktion durch Ziehen an einem Seil durch mehrere Personen oder durch Drehen einer durch eine einzige Person bedienten Winde. Die Zeichnung illustriert genauestens das Funktionsprinzip dieser Vorrichtung, und einige vergrößerte Details (im oberen bzw. unteren Teil des Blatts) ergänzen die überaus anschauliche Darstellung. Hinzu kommt ein weiterer Aspekt: Der körperliche Einsatz und die Bewegung der winzigen menschlichen Gestalten werden durch die feine Schraffur suggeriert. Wie in vergleichbaren Beispielen vermittelt sie nicht nur das Gefühl von Räumlichkeit, sondern auch den Eindruck von Kraft und Energie der Personen. Dieses Element trägt dazu bei, dass wir es nicht mit einer lediglich technischen Zeichnung zu tun haben. Eine derartige Fähigkeit, mit einigen sparsam aufgetragenen feinen Strichen Form und Bewegung der winzigen Figuren zu suggerieren, finden wir auch in den künstlerischen Studien dieser Jahre wie jenen zur *Anbetung der Könige* wieder. Im Grunde ist die von uns heute vorgenommene Unterscheidung zwischen künstlerischer und technischer und wissenschaftlicher Zeichnung für Leonardo und seine Epoche weitaus nachrangiger. Eine technische Zeichnung Leonardos kann stets als eine künstlerisch erhabene Darstellung begeistern.

Abb. 1
Die Hauptzeichnung des Folios zeigt den Augenblick des Sturms auf eine Festungsmauer, während die Belagerten die von Leonardo entworfene Vorrichtung zur Abwehr der Sturmleitern betätigen.

Abb. 2
Die Vorrichtung zur Verteidigung der Mauern wurde durch Drehen einer Kurbel betätigt, die eine auf einem Holzgestell montierte Winde in Gang setzte.

A Der Sturm auf Festungen und Burgen unter Einsatz von Sprossenleitern war im frühen 16. Jahrhundert eine weit verbreitete Angriffsstrategie. Dabei stützten die Angreifer die Sturmleitern gegen die Mauern der Befestigungsanlage und kletterten auf ihnen empor, bis sie den Widerstand der Verteidiger überwältigten und es ihnen gelang, die Mauer zu erklimmen. Sobald die Angreifer – oft nach schweren Verlusten – die Mauern überwanden, drangen sie ins Innere der Verteidigungsanlage vor und zerstörten die Tore, sodass ihre Truppen nun ungehindert die Festung einnehmen konnten. Daher war es für die Belagerten überlebenswichtig, die Angreifer am Erklimmen der Mauern zu hindern.

B Leonardo entwirft ein sinnreiches Verteidigungssystem, das die Erstürmung der Mauern verhindern soll. Die Belagerten betätigten über eine Reihe von Winden mit Zugseilen einen langen Querbalken an der Außenseite der Mauern, der die angelehnten Sturmleitern zurückwarf, sodass die darauf stehenden Angreifer zu Boden fielen. Die Länge des Querbalkens reichte aus, um gleichzeitig mehrere Sturmleitern abzuwehren.

C Der äußere Balken war mit dem System von Winden über mehrere senkrecht zur Mauer stehende Balken verbunden, die durch Öffnungen in der Mauer geführt wurden. Im Inneren der Befestigungsanlage wandelte der auf dem Boden abgestützte Hebel die Traktionsbewegung, die durch das Drehen der Winden – oder durch Ziehen an einem Seil – durch einen oder mehrere Krieger entstand, in einen plötzlichen und kräftigen Schub um, der ausreichte, die Leitern zu Fall zu bringen. Sobald die Verteidiger ihr Ziel erreicht hatten, zogen sie den Querbalken zurück an die Wand, der dadurch außer Reichweite der Angreifer blieb und unbegrenzte Male verwendet werden konnte.

D Besonders einfallsreich war die Art und Weise, wie die Halterungen des Balkens in der Wand verankert waren. Leonardo griff dazu auf einen besonderen Trick zurück. Um sie von außen unangreifbar zu machen, versenkte er die Halterungen von innen in der Mauer mithilfe eines sicheren Systems, sodass sie, wann immer nötig, gefahrlos gewartet und notfalls ersetzt und instand gehalten werden konnten.

Abb. 3
Detail des Systems zur Verankerung der Halterungen in der Mauer.

Abb. 4
So funktionierte die Abwehrvorrichtung.

Abb. 5 und 6
Zwei Ansichten des Verteidigungssystems mit seinen wesentlichen baulichen Elementen: oben – aus dem Inneren, aus Sicht der Verteidiger; unten – von außen, aus der Perspektive der Angreifer.

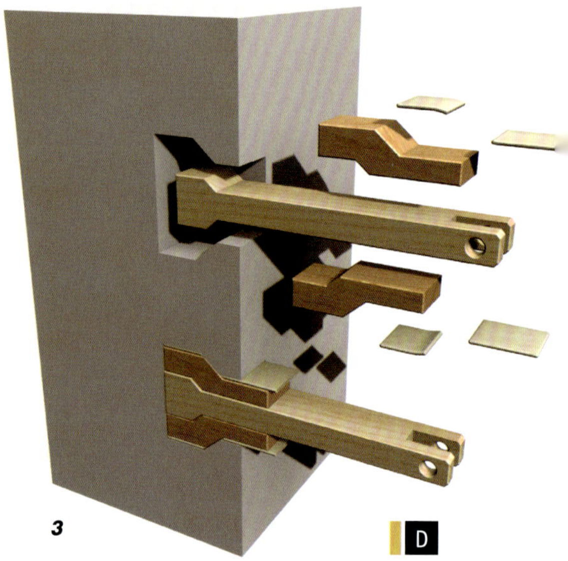

3

4

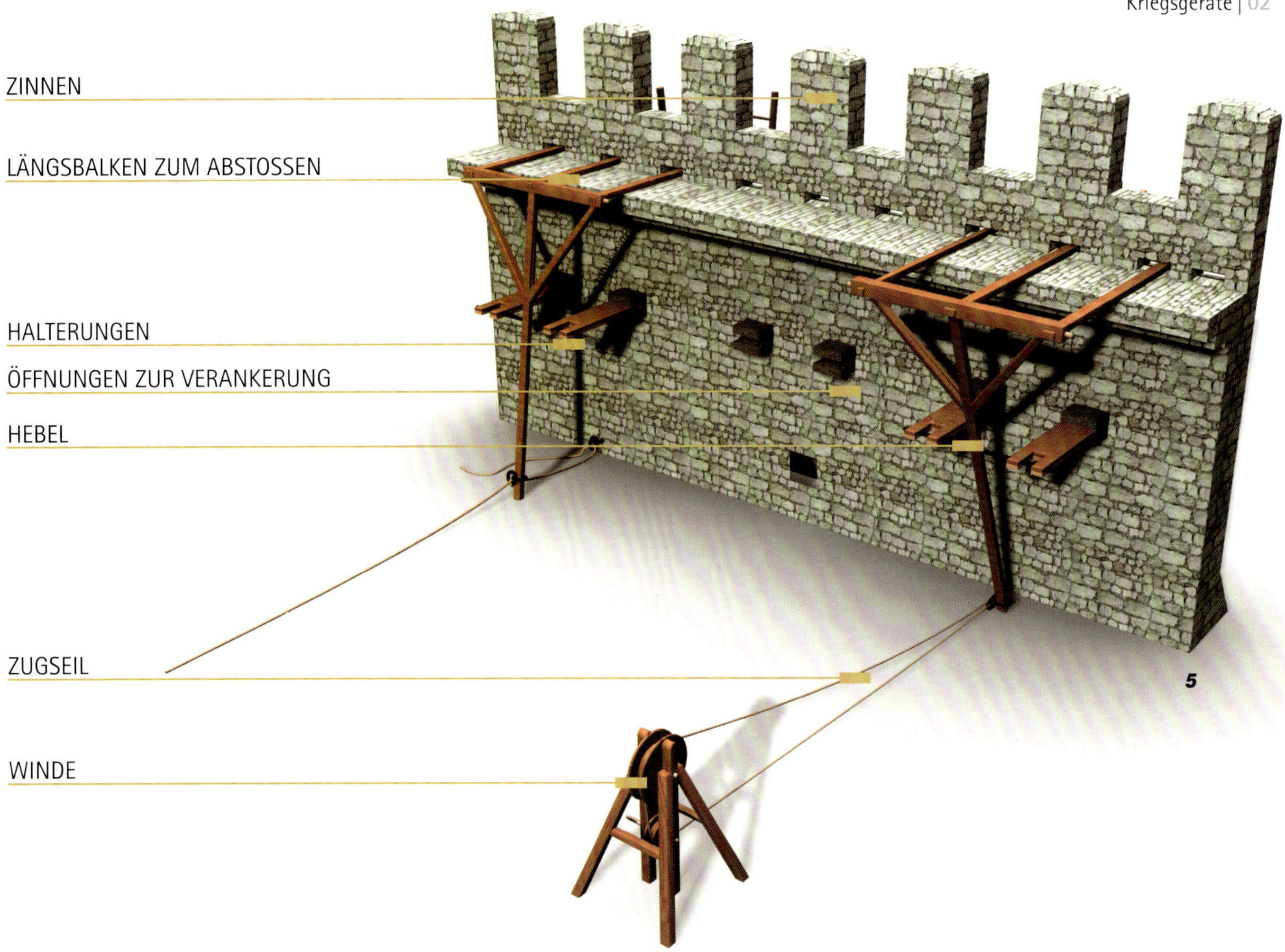
ZINNEN
LÄNGSBALKEN ZUM ABSTOSSEN
HALTERUNGEN
ÖFFNUNGEN ZUR VERANKERUNG
HEBEL
ZUGSEIL
WINDE

5

ZINNEN
QUERBALKEN ZUM ABSTOSSEN
MAUERÖFFNUNGEN
FEINDLICHE STURMLEITERN
ZUGSEIL
WINDE

6

Vinci, 1452 · 1460 · 1470 · 1480 · **um 1485** · 1490 · 1500 · 1510 · Amboise, 1519

Turin, Bibl. Reale, Fol. 15583r

1

Sichelwagen

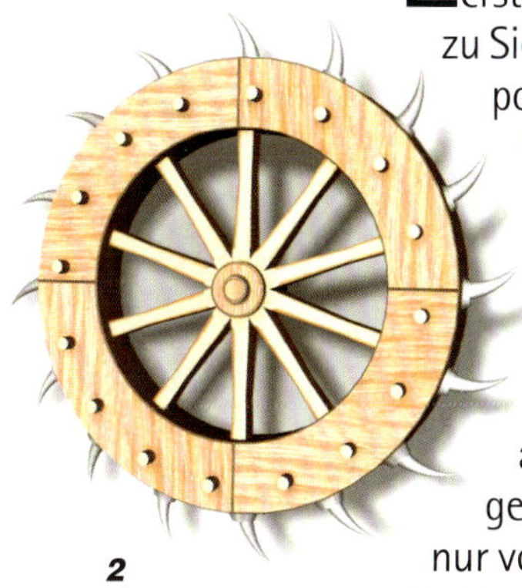

2

Zu Leonardos spektakulärsten Zeichnungen von Maschinen, die er in den ersten Jahren seines Mailand-Aufenthalts schuf, zählen die zwei Studien zu Sichelwagen. Kriegerische Konflikte waren an der Tagesordnung in der politisch instabilen Epoche der Renaissance in Italien und im übrigen Europa. Daher standen Kriegsgeräte oft im Mittelpunkt des Interesses, und zwar nicht nur aus praktischen Erwägungen heraus, sondern auch aus kultureller Sicht. Dies zeigte sich etwa auch in der Wiederentdeckung antiker Erfindungen, die durch ihre Ausgefallenheit oder ihre äußere Form verblüfften, unabhängig davon, ob sie schließlich auch konstruiert werden konnten oder nicht. Der berühmte Fries aus dem Herzogspalast von Urbino zeigt eine Reihe von Kriegsgeräten, die überwiegend aus bildlichen Darstellungen bestehen und nur von spärlichen Begleittexten ergänzt werden. Das Bild hat denselben Stellenwert wie die Realität, und wir, die wir heute in einem Zeitalter des Visuellen und der Bilder leben, müssten eigentlich diesen Aspekt der Renaissance gebührend zu würdigen wissen.

Leonardos zwei Zeichnungen auf dem Turiner Folio fügen sich bestens in diese Dimension ein, die von mechanischen Vorrichtungen als visuelle Erfindungen dominiert wird. Obwohl er einige technische Informationen zur Funktionsweise der beiden Sichelwagen liefert, blicken wir auf zwei bildliche Darstellungen, deren Ziel es ist, einen allgemeinen Eindruck von der zerstörerischen Kraft dieses Kampfgefährts zu vermitteln. Ähnlich anderen Entwürfen dieser Jahre verwandelt sich eine technische Zeichnung in ein dramatisches Bild, das dominiert wird von den wilden Gebärden der Menschen und Tiere, die agieren oder vom Sichelwagen zerstückelt werden. In diesem Fall kommt ein Gefühl des Unbehagens hinzu, dessen Auslöser das todbringende Gefährt ist und das Leonardo in einer Notiz über die Sichelwagen wie folgt zum Ausdruck bringt: „Oft richten sie Verwüstungen unter Freunden wie unter Feinden an." Jahre später bezeichnete Leonardo den Krieg als „grausamen Wahnsinn" und schuf dazu eine metaphorische Darstellung in der *Schlacht bei Anghiari*, deren Hauptakteure sich ungestüm, wie von Sinnen gebärden und animalische Züge annehmen.

Diese Vision prägt Leonardos Werke der Reifezeit, tritt aber ansatzweise schon in diesen beiden Zeichnungen mechanischer Vorrichtungen und insbesondere in der oberen Darstellung auf: Die tödlichen Sicheln haben die Leiber einer Gruppe von Kriegern auf grausame Weise zerfetzt. Blätter wie das vorliegende Folio könnten Leonardos Brief, mit dem er sich bei der Ankunft in Mailand bei Ludovico Sforza („il Moro") vorstellte, beigefügt gewesen sein. Der mächtige und kriegslüsterne Herzog dürfte den tieferen Sinn dieser Zeichnungen nicht erkannt haben; dies erklärt vielleicht auch, weshalb Leonardos Vorschläge für Kriegsgeräte am Herrscherhof keine weitere Beachtung fanden. Andere, wenn auch weniger begabte, doch praktischer ausgerichtete Ingenieure erhielten den Vorzug – vorübergehend zumindest.

Abb. 1
Eine überaus anschauliche Darstellung der zwei Modelle eines Sichelwagens auf dem Schlachtfeld.

Abb. 2
Mit Eisenspitzen versehenes Rad des Sichelwagens, wie es auf Leonardos Blatt zu sehen ist.

A In Leonardos Entwurf befindet sich das Zweiergespann galoppierender Pferde in der Mitte des Sichelwagens. Abgesehen vom Raumproblem und dem Gefahrenaspekt kann man vermuten, dass auf dem Schlachtfeld die Pferde die gesamte Vorrichtung zogen und in Bewegung setzten.

B Ein Zweiergespann zog den Sichelwagen und zwei mit Eisenspitzen bewehrte Laufräder sicherten die Traktionsbewegung. Eines der Räder besaß Speichen und übertrug die Drehbewegung an ein senkrecht aufsitzendes Stockgetriebe. An den Laufrädern war ferner je eine Sichel befestigt, die verhindern sollte, dass sich die Feinde dem Wagen zu stark näherten.

C Das von den Laufrädern angetriebene senkrechte Stockgetriebe überträgt die Rotationsbewegung an die vorn und hinten am Kampfwagen angebrachten Gruppen von je vier Sicheln.

D Die zwei Sicheln am rückwärtigen Teil des Kampfwagens hindern den Feind daran, sich von hinten dem Wagen zu nähern.

E Über eine lange Welle wird die Rotationsbewegung an das vordere Sichelsystem übertragen, das als Hauptwaffe dient und aus vier messerscharfen Sicheln besteht.

Abb. 3
Detail der Struktur mit den vier sich drehenden Sicheln, die am Vorderteil des Streitwagens angebracht sind.

Abb. 4
Explosionszeichnung des Sichelwagens.

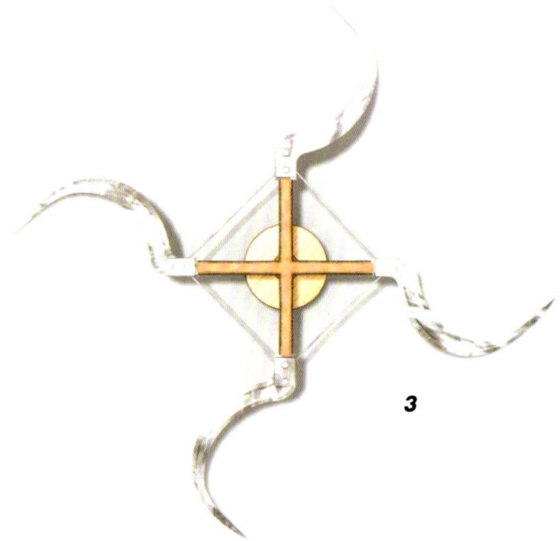

3

4

Abb. 5
In vielen Entwürfen Leonardos wird die Antriebsenergie mittels Getriebe übertragen. Im vorliegenden Fall liefert ein Zweiergespann von Pferden die dafür notwendige Kraft. Eine eingehendere Untersuchung des Getriebes zeigt allerdings, dass sich dabei Fehler sowohl in der Zeichnung als auch in der Rekonstruktion eingeschlichen haben könnten. Ähnlich wie in seinem Entwurf eines Panzerwagens ist es durchaus möglich, dass Leonardo bewusst Fehler in der Funktionsweise dieses Projekts eingebaut hat. Wie dem auch sei – das äußere Erscheinungsbild des Entwurfs auf diesem Folio lässt jegliche technischen und baulichen Ungenauigkeiten in den Hintergrund treten.

5

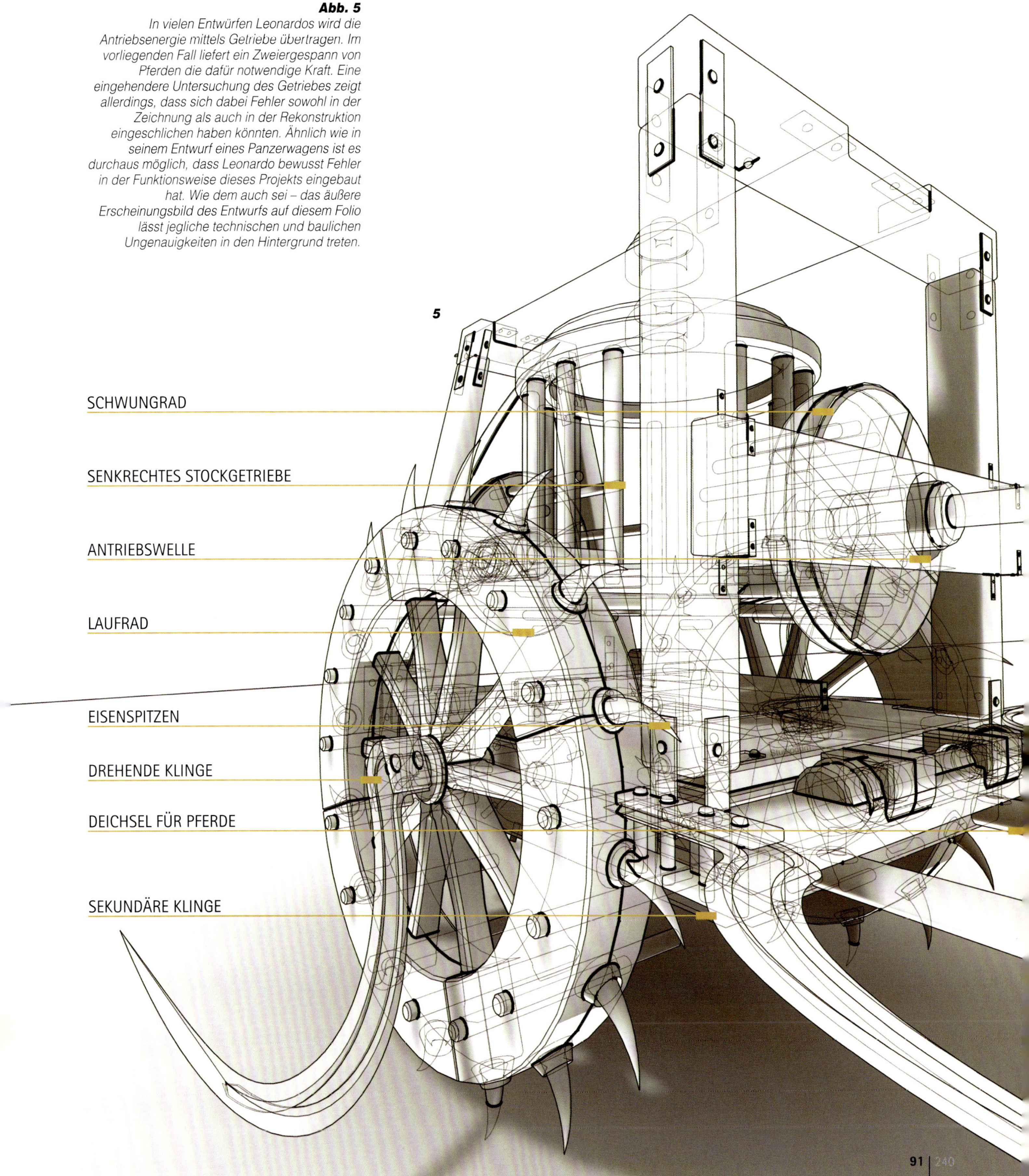

6

Abb. 6

Die Bilder zeigen die zwei von Leonardo entworfenen Typen von Sichelwagen.

Vinci, 1452
1460
1470
1478–1485
1480
1490
1500
1510
Amboise, 1519

Codex Atlanticus, Fol. 154br

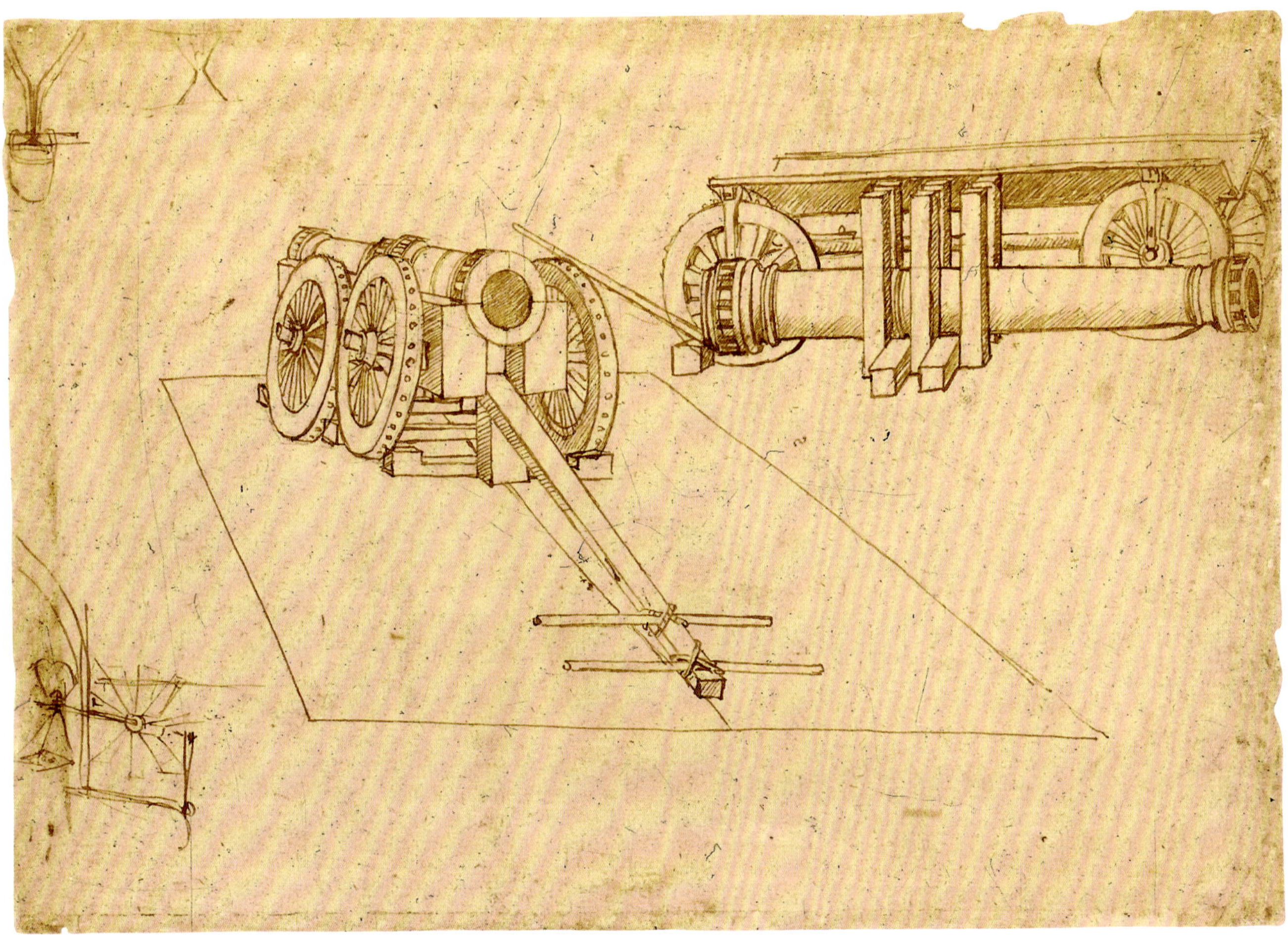

1

Zerlegbare Kanone

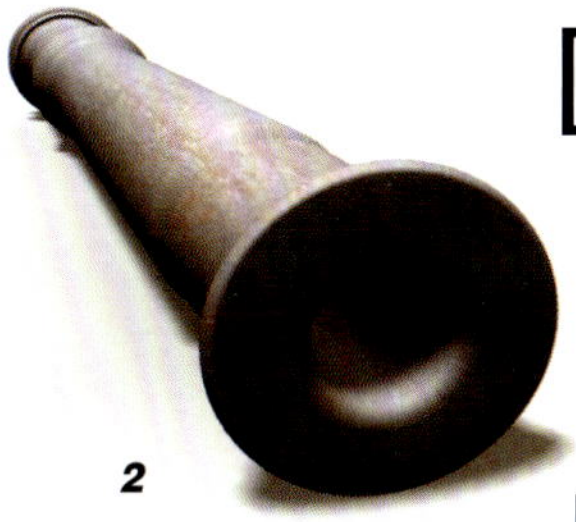

2

Die Geschichte dieses Folios mit den Entwürfen zu einem zerlegbaren Geschütz ist beispielhaft für das Schicksal, das viele Leonardo-Blätter teilten. Eigentlich hatte es ursprünglich größere Maße und wurde nebst anderen losen Blättern (etwa Fol. 154, vielleicht auch Fol. 73 u. a.) im Codex Atlanticus zusammengefasst. Ende des 16. Jahrhunderts erwarb Pompeo Leone eine große Anzahl von Blättern und Handschriften Leonardos und ließ sie, in völlig loser Abfolge, zum Codex Atlanticus zusammenbinden. Das einzige Kriterium, dem er dabei – allerdings nur teilweise – folgte, war, dass es sich dabei überwiegend um Zeichnungen und Texte zu Maschinenelementen handelte. Leone berücksichtigte weder eine mögliche ursprüngliche Abfolge, noch ob die Blätter einst Teil eines bestimmten Bandes gewesen waren. Er ließ sich lediglich von einer thematischen Zugehörigkeit leiten, die uns heute unangemessen scheinen mag, in jener Epoche aber durchaus dem Zeitgeschmack gelehrter Sammler entsprach. Der auf diesem Folio gezeigte Entwurf einer zerlegbaren Kanone und seine Stilmerkmale belegen, dass das Blatt in Leonardos Frühzeit anzusetzen ist. Es ist keine besonders qualitätsvolle Zeichnung, sodass sogar Zweifel an der Autorschaft Leonardos aufkommen könnten, wären da nicht jene Linien, die darauf hindeuten, dass sie von einem Linkshänder ausgeführt wurden. Sie ist nicht das Ergebnis eines spontanen, flüchtigen Gedankens, sondern eine sorgfältige Reinzeichnung nach früheren Skizzen und Studien. Auch ist nicht auszuschließen, dass die Zeichnung den Entwurf eines anderen Meisters kopiert und Leonardo sie vielleicht um eine originelle Variante ergänzt.

Dies ist aber erst der Anfang der Geschichte dieses Folios. Viele Jahre später, nach 1500, nahm Leonardo in einem anderen Blatt, das heute als Fol. 154a im Codex Atlanticus eingebunden ist, den Gedanken einer zerlegbaren Kanone wieder auf. Der Stil der Zeichnung sowie die Schriftzüge, vor allem aber die Originalität und die Reife dieser späteren Entwürfe sind eindeutig unserem Blatt überlegen. Dennoch gibt es eine Gemeinsamkeit mit dem vorliegenden, älteren Blatt: Sie verschafft einen klaren Einblick in Leonardos „offene" Arbeitsweise. Bei der Durchsicht älterer Blätter irgendwann nach 1500 dürfte Leonardos Blick auch auf den alten Entwurf gefallen sein, sodass er sich entschloss, diesen wieder aufzunehmen und weiterzuentwickeln. Es ist durchaus möglich, dass er bei den erneuten Überlegungen für eine Kanone auf den älteren Entwurf zurückgriff und auf das vorhandene Blatt seine „neuen" Notizen einfügte. Dies ist aber nicht alles. Das Folio dürfte in der Werkstatt des Meisters zirkuliert haben. Auch wenn wir eine spätere Ergänzung nicht ausschließen können, ist es wahrscheinlich, dass einer seiner Gehilfen auf diesem alten Blatt eine flüchtige, in ihrem Charakter obszöne Skizze einfügte, wie sie andere Seiten des Codex Atlanticus auch aufweisen. Dieser Typus einer flüchtigen „Skizze" findet sich auch auf anderen Folios mit Zeichnungen militärtechnischer Vorrichtungen (Fol. 132, 133, 154b).

Abb. 1
Das Blatt enthält zwei unterschiedliche Entwürfe zerlegbarer Geschütze. Die Zeichnung in der Mitte zeigt eine einsatzbereite Kanone, während der Entwurf in der rechten oberen Ecke ein auseinander genommenes und noch zu montierendes Geschütz zeigt.

Abb. 2
Ein Kanonenrohr unmittelbar nach seiner Fertigstellung.

A Das Blatt enthält zwei unterschiedliche Entwürfe von zerlegbaren Kanonen. Der Unterbau zum Transport des Geschützes kann sehr einfach sein und würde daher für Leonardo keine besondere Herausforderung darstellen. Deshalb widmet er sich den Problemen, die im Fall eines sehr schweren Geschützes auftreten. Der erste damit verbundene Aspekt bezieht sich auf dessen Transport über große Entfernungen in einer möglichst unauffälligen Vorrichtung. Das Hauptproblem bestand in der Montage des Unterbaus und insbesondere im Manövrieren des Kanonenrohrs sowie in seiner Lagerung in dieser Vorrichtung. In der Zeichnung sind einige Kanthölzer dargestellt, die sowohl zum Schutz des Kanonenrohrs als auch – durch Nutzung der Hebelwirkung – zu dessen Anheben gedient haben könnten. Eine solche Lösung hätte es ermöglicht, das schwere Metallgeschütz auf einen Karren zu hieven und aufs Schlachtfeld zu transportieren, ohne auf andere Vorrichtungen wie Kräne, Winden oder Flaschenzüge angewiesen zu sein.

B Die Abbildung in der Blattmitte scheint ein fertig montiertes, schussbereites oder zum Transport vorbereitetes Geschütz zu zeigen. Eine Zugstange mit vier Griffen lässt vermuten, dass vier Männer nötig waren, um die Kanone zu transportieren und manövrieren. Die Zugstange ist auch deshalb interessant, weil in der Zeichnung an ihrem dem Gestell nahen Teil ein Unterlegkeil sichtbar ist. Wenn die Zugstange also gesenkt wurde, könnte der Keil geholfen haben, das Gestell mit dem Kanonenrohr anzuheben und es fest auf dem Boden zu verankern. Sobald der Wagen fest abgestützt und vom Boden leicht angehoben war, wurden stabile Holzklötze zur Blockierung der Räder während des Abschusses unterlegt. Angesichts des großen Kalibers der Kanone müssen diese Klötze recht massiv gewesen sein. Die Räder waren leicht nach innen geneigt, denn Leonardo hatte erkannt, dass sie dadurch die Stabilität des Geschützes vergrößerten. Mit Eisenspitzen versehene Metallbänder umschlossen die Räder und sollten vermutlich den Transport des Geschützes auf unwegsamem, oft aufgeweichtem Gelände erleichtern.

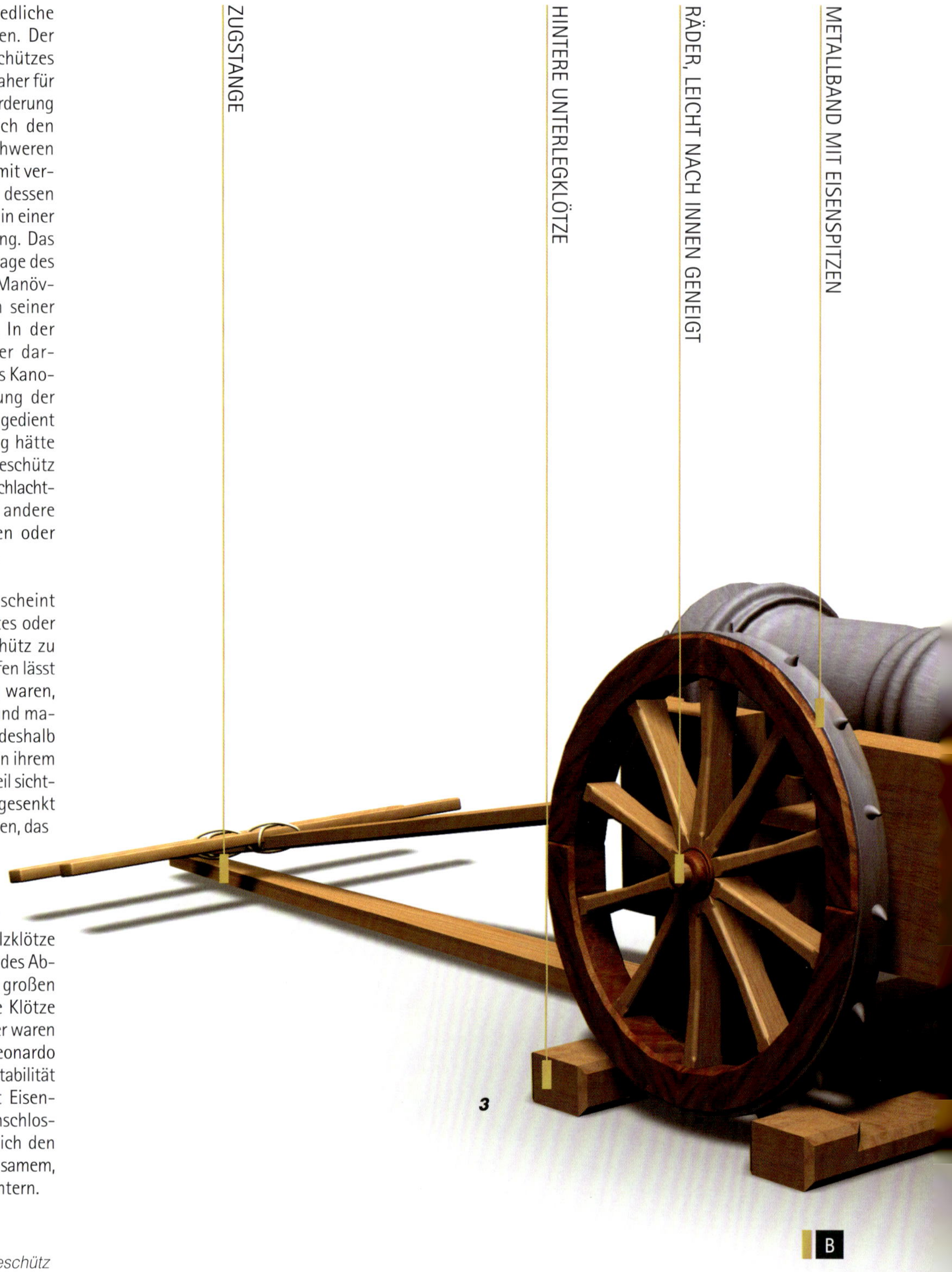

Abb. 3
Aufgebautes und einsatzbereites Geschütz mit einer Beschreibung seiner wesentlichen Bauteile.

Abb. 4
Modell nach Leonardos Zeichnung in der oberen rechten Ecke des Blattes mit der zerlegten und noch aufzubauenden Kanone.

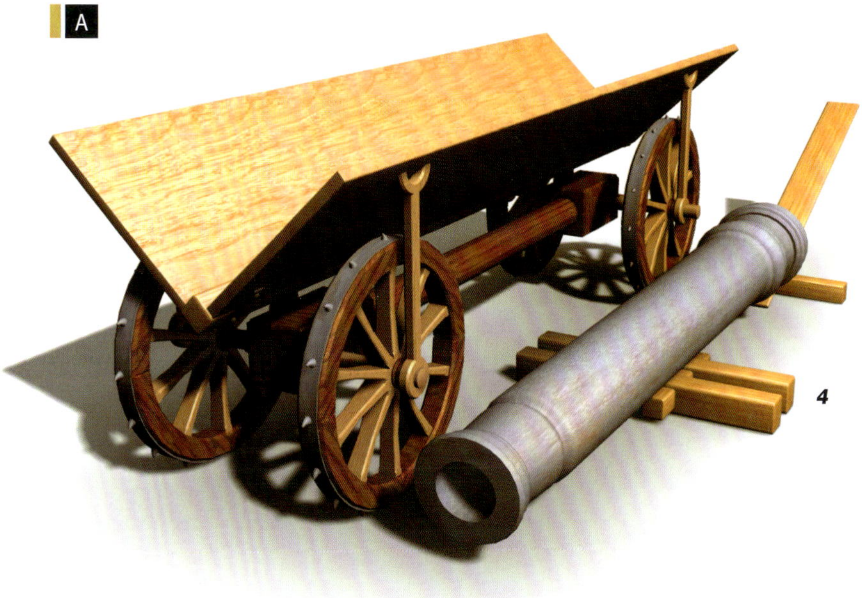
A
4

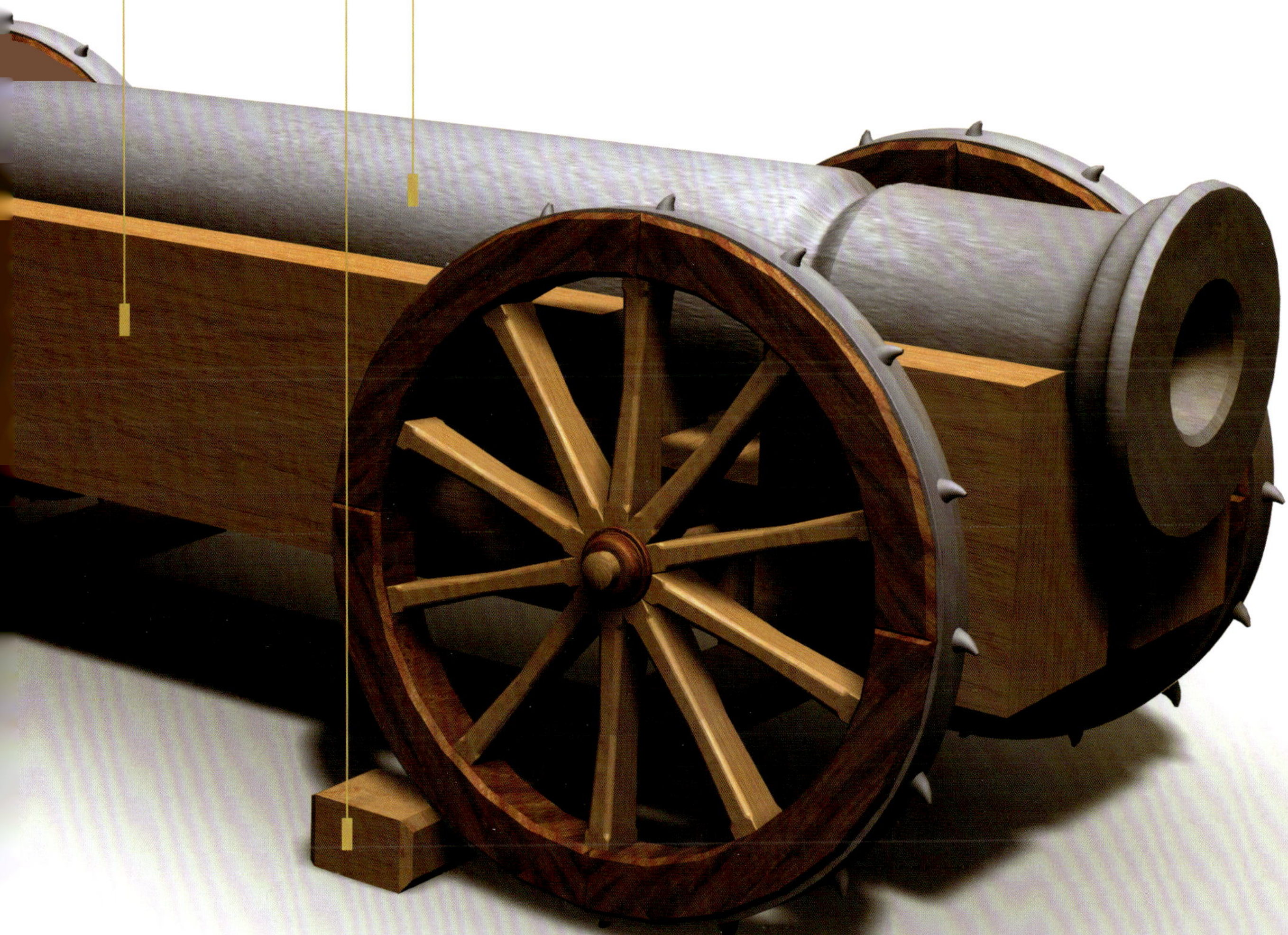
KANONENROHR
VORDERE UNTERLEGKLÖTZE
GESTELL

Vinci, 1452 | 1460 | 1470 | 1480 | *um 1485* | 1490 | 1500 | 1510 | **Amboise, 1519**

London, British Museum, Popham no. 1030

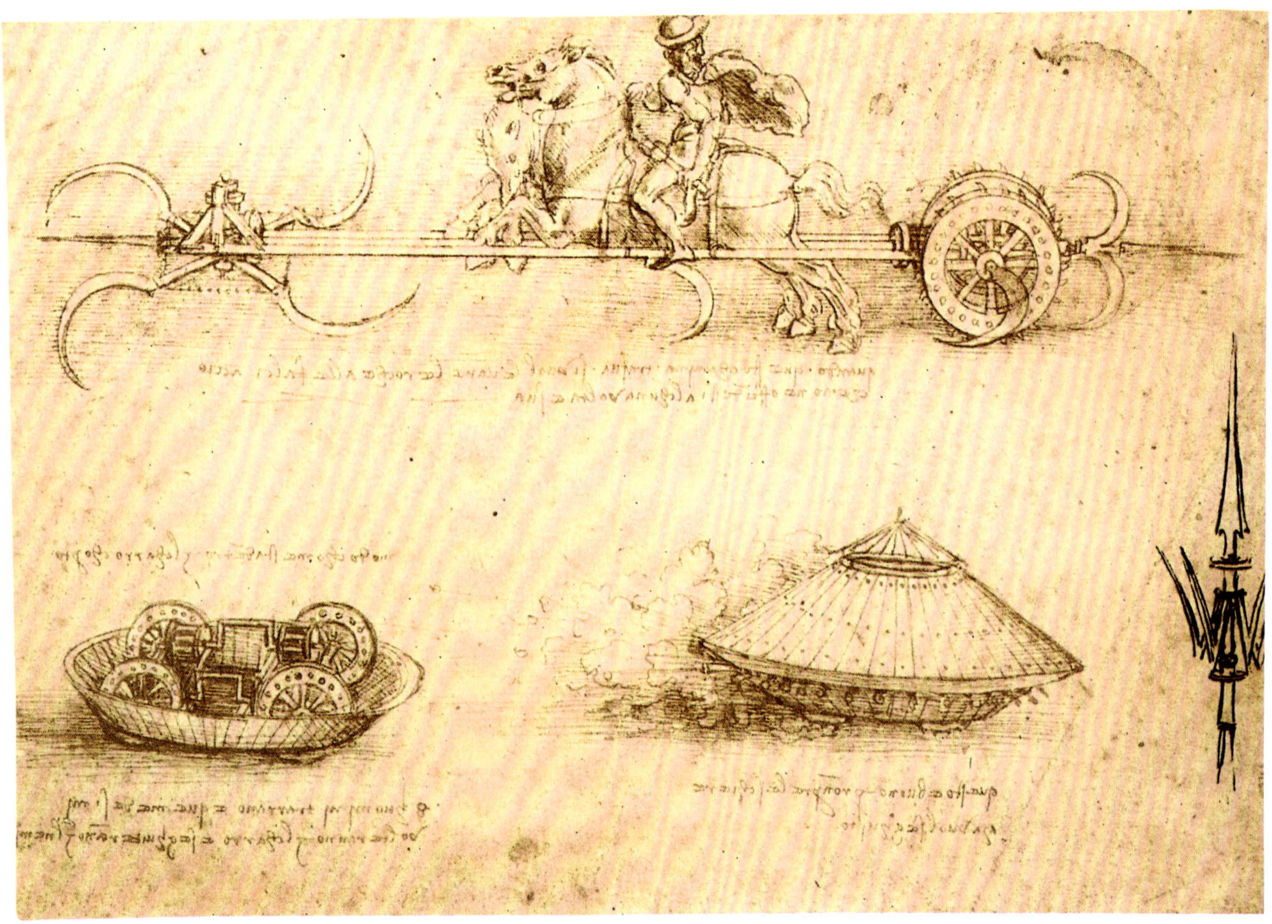

1

Panzerwagen

2

Für Leonardo und seine Epoche sind sowohl der gepanzerte Sichelwagen mit rotierenden Klingen als auch der mit mehreren Kanonenrohren bestückte Panzerwagen Beispiele für jene Art von Entwürfen, die eigentlich auf antike Erfindungen zurückgehen und in jener Zeit neu entdeckt und fortentwickelt wurde. In einer Notiz zum Sichelwagen erwähnt Leonardo eindeutig die antike Herkunft des Sichelwagens.

Leonardo und die anderer Künstler der Renaissance empfanden gegenüber dem Erbe der antiken Welt nicht nur Bewunderung und wollten es nicht bloß nachahmen; sie versuchten vielmehr, ihre frühen Vorbilder zu erreichen und sie sogar zu übertreffen. Die Idee eines Streitwagens mit einem dem Schildkrötenpanzer ähnlichen Schutzschild stammt aus der Antike und war das ganze Mittelalter hindurch bekannt. Leonardo übernimmt diesen Gedanken und spielt mit ihm: Er verändert und integriert ihn. Was für die Malerei, Skulptur und Baukunst galt, trifft auch hier zu: Das antike Vorbild erdrückt nicht die Kreativität des Künstlers und Ingenieurs der Renaissance, sondern wirkt vielmehr anregend und befruchtend. So ersinnt Leonardos Fantasie eine originelle Fortbewegungsmöglichkeit des Panzerwagens (mittels Menschenkraft oder Zugkraft von Tieren) und entwirft die radiale Anordnung der zahlreichen Kanonenrohre. Aus ikonografischer Sicht nehmen sowohl die Zeichnung eines Sichelwagens als auch der Entwurf eines Panzerwagens eine Mittelstellung ein zwischen einer rein technischen, wissenschaftlichen Sicht und einer mechanischen Darstellung, die zu einer dramatischen Szene umgewandelt wurde. In den beiden Bildern des gepanzerten Wagens vermittelt Leonardo einen Eindruck von dessen äußerem Aussehen und innerem Aufbau; er zeigt gewissermaßen dessen „Anatomie“. Dabei gibt er Aufschluss über das Getriebe und die Laufräder als Teil des Bewegungssystems. Die Zeichnung, die diese Elemente darstellt, ist kaum mehr als eine Skizze, während das Bild auf der rechten Blattseite den Panzerwagen nicht nur als Ganzes zeigt, sondern in voller Aktion, über das Schlachtfeld rasend, Feuer speiend und Staubwolken aufwirbelnd. Ähnlich verhält es sich auch mit der Abbildung des Sichelwagens. Die mechanischen Elemente des Wagens werden mit sauberen, klaren Linien gezeichnet, aber das dominierende Element ist die dramatische Schilderung der Tiere und menschlichen Figuren, wie etwa das Ross mit gesenktem Kopf oder der sich plötzlich rückwärts drehende Wagenlenker, der von hinten eine Gefahr wittert. Es sind dies Bewegungen, die die Lebendigkeit des Geschehens auf dem Schlachtfeld anschaulich vermitteln und weit über die bloße Darstellung einer mechanischen Vorrichtung hinausgehen.

Abb. 1
Das Blatt enthält in seiner unteren Hälfte zwei Zeichnungen: Die Erste zeigt den Fortbewegungsmechanismus des Wagens, die zweite den Panzerwagen in einer höchst unwahrscheinlichen rasenden Fahrt über das Schlachtfeld.

Abb. 2
Ansicht des Panzerwagens aus Augenhöhe des Betrachters.

A

Man muss vorausschicken, dass sich dieser Wagen auf dem Schlachtfeld nur überaus umständlich fortbewegt haben dürfte. Zu seinem Entwurf bemerkt Leonardo: „Ich werde gedeckte Wagen bauen, die sicher und uneinnehmbar sind und die mit ihren Geschützen durch die dichten Reihen des Feindes fahren und jeden noch so großen Haufen von Bewaffneten zersprengen werden. Und hinter ihnen können die Fußsoldaten fast unangefochten und völlig ungestört folgen." Vermutlich wollte Leonardo mit diesem Projekt eher einen Abschreckungseffekt erzielen, als dem Feind wirkliche schwere Verluste zufügen. Theoretisch waren wahrscheinlich acht Mann notwendig, um den Panzerwagen fortzubewegen, zu manövrieren und von innen her die Kanonenrohre zu laden. Der Panzerwagen war mit einem Kurbelantrieb und Zahnrädern ausgestattet, der von Menschen zu bedienen war. Da die zur Fortbewegung des Wagens erforderliche Energie jedoch die Menschenkraft überschritten hätte, war auch ein Antrieb mittels Pferden oder Ochsen vorgesehen, was jedoch kaum durchführbar gewesen sein dürfte, da die Tiere in dem beengten, lärmerfüllten Raum leicht in Panik geraten konnten.

B

Der Panzerwagen funktionierte auf denkbar einfache Weise. Die Männer bedienten die zentralen Kurbeln, die mit Rollenrädern verbunden waren, die ihrerseits die Getriebe mit den vier Laufrädern in Gang setzten. Einmal gestartet, würde der Wagen, sofern das Gelände völlig flach war, unaufhaltsam übers Schlachtfeld rollen. Die größte Schwierigkeit bestand darin, den schweren Panzerwagen in Gang zu setzen, denn es muss ein beträchtliches Missverhältnis bestanden haben zwischen der verfügbaren Energie und dem erheblichen Gesamtgewicht des Wagens. Der Wagen war so hoch, dass im Inneren vermutlich Leitern benutzt werden mussten, um seine Spitze mit den „Luken" zu erreichen. Dieser Bereich wurde zur Beobachtung des Geländes und der Truppenbewegungen des Feindes genutzt, um die entsprechenden Manöver und Artillerievorbereitungen treffen zu können. Die radial angeordneten Kanonenrohre erlaubten eine Streubreite der Schüsse von 360 Grad.

B

4

Abb. 3
Die halb transparente Darstellung des Panzerwagens macht dessen komplexes Innenleben besonders gut sichtbar.

Abb. 4
Dreidimensionales Modell des Antriebsmechanismus des Panzerwagens unter Berücksichtigung der Korrektur eines Fehlers in der Leonardo-Zeichnung, demzufolge die Kurbel die Vorder- und Hinterräder des Gefährts in entgegengesetzter Richtung angetrieben hätte.

Abb. 5
Explosionszeichnung mit den baulichen Elementen des Panzerwagens.

A

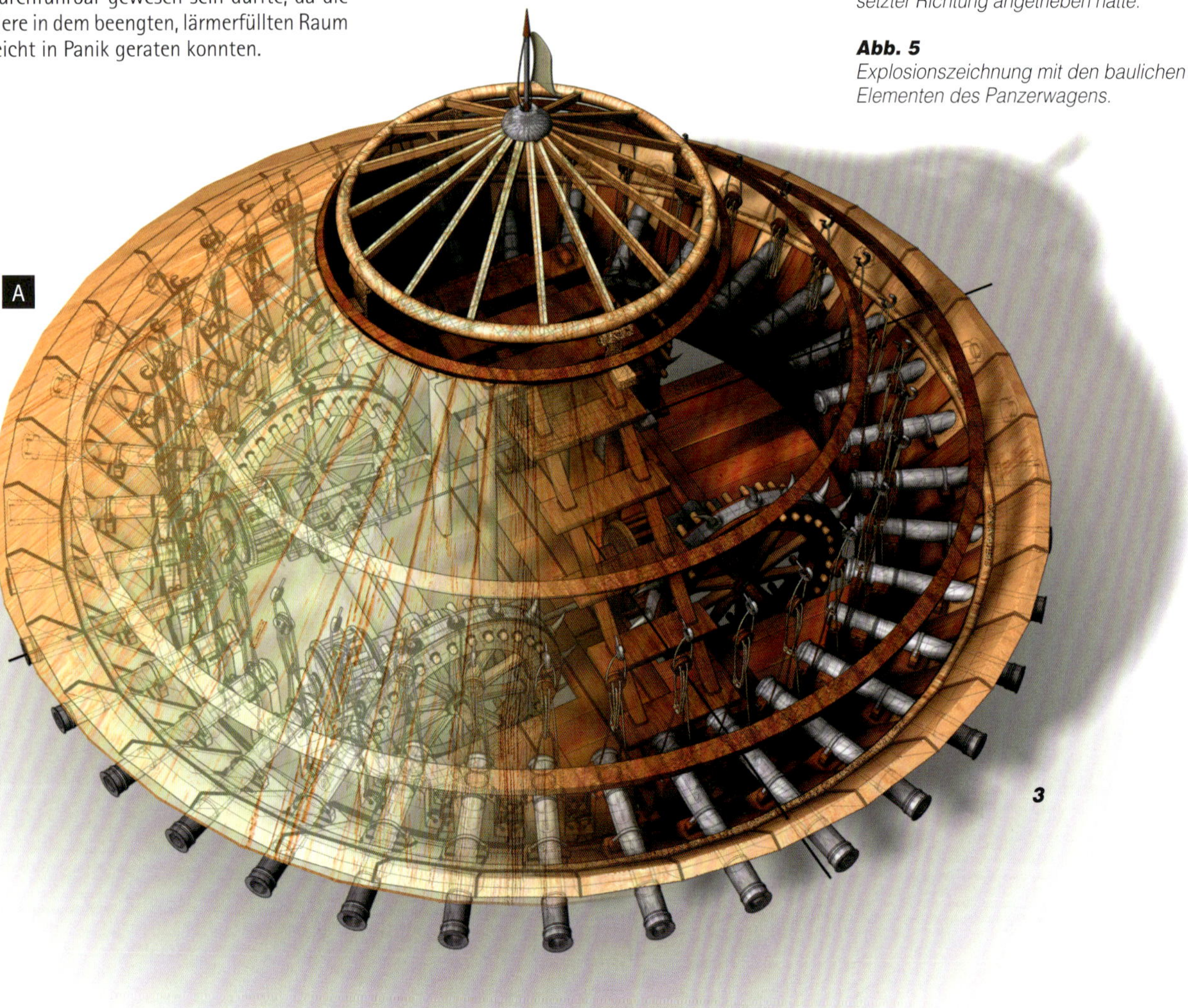

3

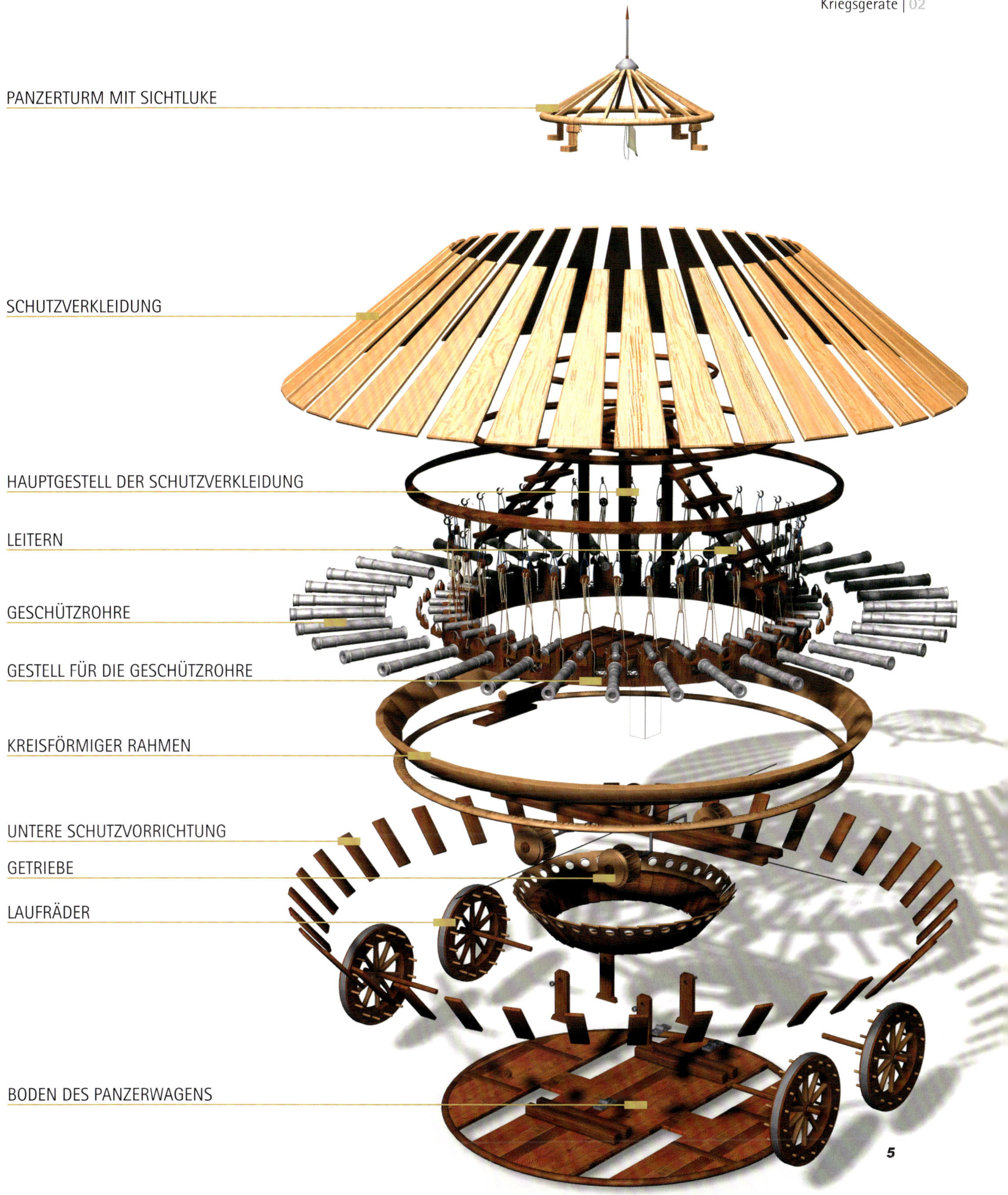
PANZERTURM MIT SICHTLUKE
SCHUTZVERKLEIDUNG
HAUPTGESTELL DER SCHUTZVERKLEIDUNG
LEITERN
GESCHÜTZROHRE
GESTELL FÜR DIE GESCHÜTZROHRE
KREISFÖRMIGER RAHMEN
UNTERE SCHUTZVORRICHTUNG
GETRIEBE
LAUFRÄDER
BODEN DES PANZERWAGENS
5

Vinci, 1452 | 1460 | 1470 | 1480 | **1485–1490** | 1490 | 1500 | 1510 | Amboise, 1519

Codex Atlanticus, Fol. 140ar und 140br

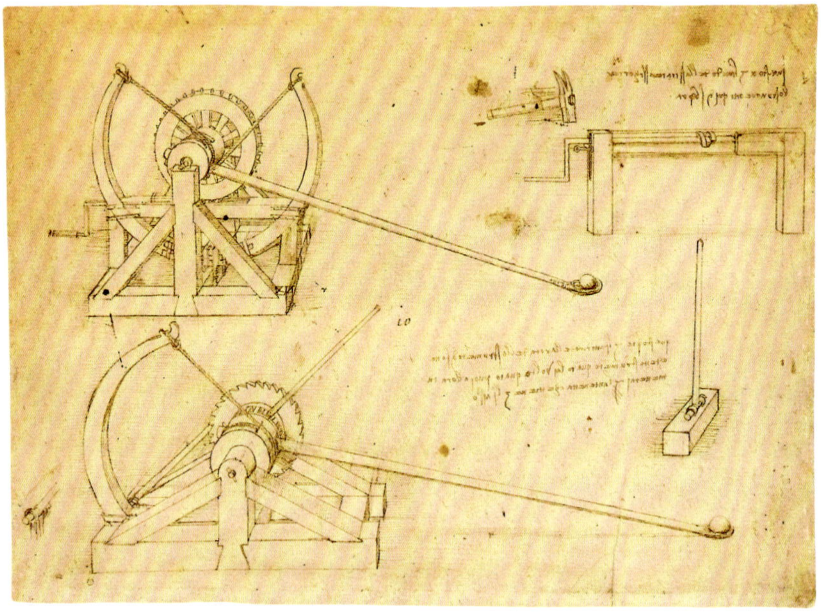

1

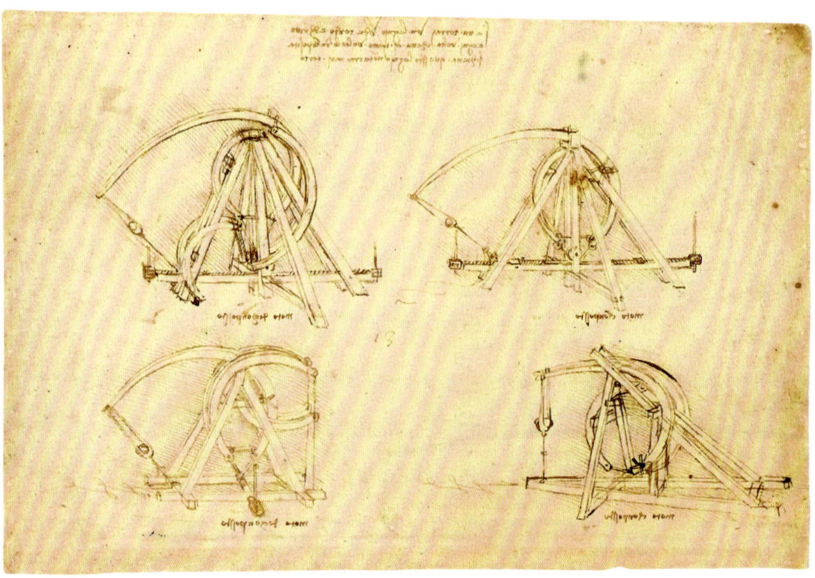

2

Katapult

3

Leonardo vereinte die Entwürfe für Federkatapulte auf dem vorliegenden Blatt. Sie stammen aus der Zeit um 1485–1490 und sind heute in zwei Blätter aufgeteilt. Aus konzeptueller Sicht sind sie besonders interessant, da sie einerseits Elemente aus Leonardos frühen Studien vereinen und andererseits Merkmale der 1490er-Jahre aufweisen, als Leonardos Forschungen in vielen Bereichen eine besondere Ausgewogenheit erreichten und er oft revolutionäre praktische Lösungen zu seinen theoretischen Überlegungen fand.

Der Inhalt der Zeichnungen erinnert an Leonardos Frühzeit: Es geht um Katapulte und andere Schleudern, die schon damals altbekannte Kriegsmaschinen darstellten. Sie wurden neben den aufkommenden Feuerwaffen immer noch häufig eingesetzt und riefen auch das Interesse von Leonardos Zeitgenossen hervor, da Schleuder- und Wurfmaschinen schon in der Antike weit verbreitet waren. Dieser Aspekt, der an Leonardos frühe Studien erinnert, wird aber übertroffen von der intensiven Reflexion über mögliche Konstruktionsalternativen, die sich, ausgehend von der ursprünglichen Funktionsweise, bieten; so geht es Leonardo um den Einsatz von Federn für die Entwicklung von Kriegsmaschinen. Im Grunde aber kreisen Leonardos Überlegungen nicht sosehr bloß um die Entwicklung eines neuen Katapults, sondern um das Prinzip des Federmechanismus selbst. Dieser Aspekt rückt die Katapult-Zeichnungen in die Nähe von Leonardos *Traktat über Maschinenelemente*, eine heute verschollene Handschrift, über die wir nur vage Kenntnis dank seiner Notizen im Codex Madrid I haben.

Die besondere Neuheit dieses Traktats fand sich in einem Abschnitt zu einer Studie über einzelne – fundamentale – mechanische Elemente wie das Rad, die Schraube und die Feder. Das verschollene Werk bildete einen Meilenstein der theoretischen Forschung zu mechanischen Elementen: Es zeigt, dass sich Leonardo losgelöst hatte von der Entwicklung einzelner Vorrichtungen und Maschinen und sich den grundlegenden Elementen, die sie bilden, zugewandt hatte. Schon der Stil und das Layout des Blattes spiegeln diese neue intellektuelle Dimension in Leonardos Beschäftigung mit mechanischen Elementen wider. Der verschollene *Traktat über Maschinenelemente* sollte neben Abschnitten mit theoretischen Überlegungen einen praktisch orientierten Teil enthalten, in dem die Gesetze der Mechanik und die verschiedenen mechanischen Elemente (Zahnräder, Federn, Kurbeln, Nocken, Flaschenzüge usw.) auf den Bau von Maschinen angewandt würden. Das vorliegende Folio vermittelt uns einen Eindruck davon, wie dieser Teil des Werkes ausgesehen haben dürfte und wie die Feder für den Bau von Kriegsmaschinen eingesetzt werden könnte.

Abb. 1 und 2
Zwei Blätter mit Darstellungen verschiedener Projekte zu Wurfmaschinen, die ihre Schleuderkraft durch die Energie beziehen, welche durch gekrümmte und angespannte Holzhebel freigesetzt wird.

Abb. 3
Das Katapult in der Schleuderphase.

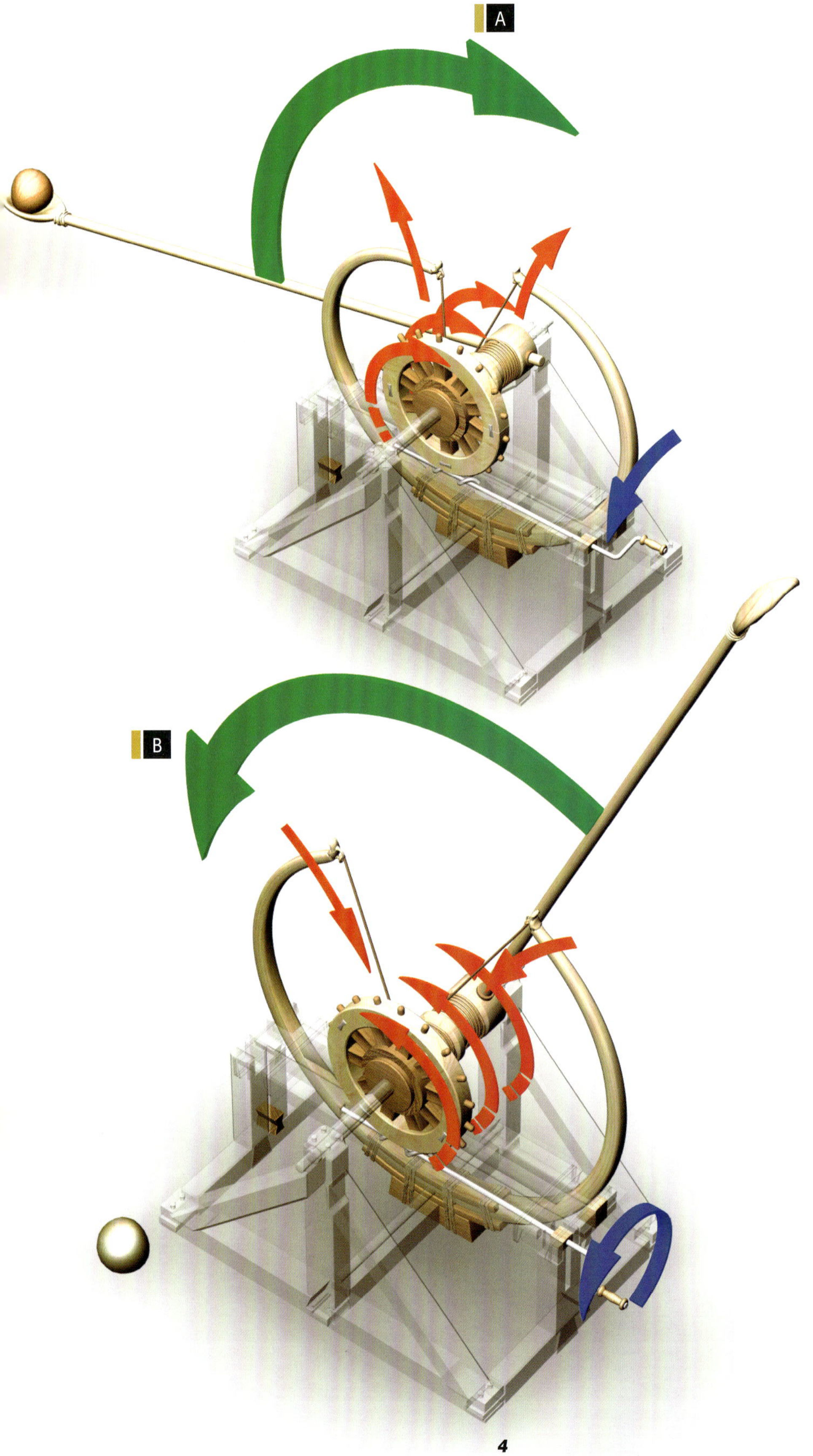

A Das Katapult besaß eine beträchtliche Reichweite und wurde daher bevorzugt zum Beschuss entfernter Ziele eingesetzt. Im vorliegenden Entwurf versucht Leonardo, die Schleuderkraft dieser Wurfmaschine zu vergrößern. Die zwei großen Blattfedern – vermutlich aus Bugholz hergestellt – entwickelten eine sehr große Spannkraft. Wenn die Blattfedern gespannt wurden, spannten sich auch die beiden hölzernen Arme und bogen sich zusammen. Dann wurde ein Geschoss sorgsam auf den Löffel des Wurfarms gelegt, und sobald das Katapult schussbereit war, genügte es, dass der Artillerist die Kurbel kräftig drehte. Nachdem die beiden Bögen freigelassen wurden, kehrten sie plötzlich in ihre Ruheposition zurück, wodurch der Wurfarm freigesetzt und das Geschoss abgefeuert wurde. Mit dem Katapult konnte man nicht nur Steine, sondern auch Brandsätze verschießen.

B Nach erfolgtem Abschuss konnte das Katapult in kürzester Zeit nachgeladen werden. Der Artillerist, der den Schuss ausgelöst hatte, drehte die Kurbel, sodass sich die zwei Holzbögen wieder schlossen. Leonardo hatte auch ein selbst blockierendes System für den Ladevorgang entworfen. Da die Federn äußerst rigide waren, konnte der Ladevorgang, d. h. das erneute Anspannen der Federn, nicht bloß durch Betätigung der Kurbel vorgenommen werden. Sie wäre unter der großen Spannkraft, die die Federn entwickelten, sicherlich zurückgeschnellt. Ein Zahnrad auf der Innenseite enthielt vermutlich eine oder mehrere gezahnte Sperren, die ein Zurückschnellen der hölzernen Bögen während des Ladevorgangs des Katapults verhinderten. Dieser wurde vom typischen Klickgeräusch der Sperre begleitet. Die freigewordene Energie war so gewaltig, dass das Gestell des Katapults mithilfe von Seilen und Pflöcken im Boden verankert werden musste.

Abb. 4
Darstellung der Abschuss- und Nachladephase. Der verwendete Mechanismus war denkbar einfach und die Blattfeder erlaubte das wiederholte Abfeuern von Geschossen innerhalb kürzester Zeit.

Abb. 5
Die Abschussphase in Zeitlupe und das Verhalten der Einzelteile.

Folgende Doppelseite, Abb. 6
So könnte ein möglicher Angriff mit Katapulten auf eine feindliche Festung ausgesehen haben.

KURBEL ZUM ABSCHIESSEN UND ANSPANNEN
GESTELL
VERANKERUNGSPFLÖCKE
ZAHNRAD
HÖLZERNE BÖGEN
GESCHOSSE
FLUGBAHN
WURFARM
LÖFFEL
5

Vinci, 1452 | 1460 | 1470 | 1480 | 1490 | 1500 | *1503–1505* | 1510 | **Amboise, 1519**

Codex Atlanticus, Fol. 1ar

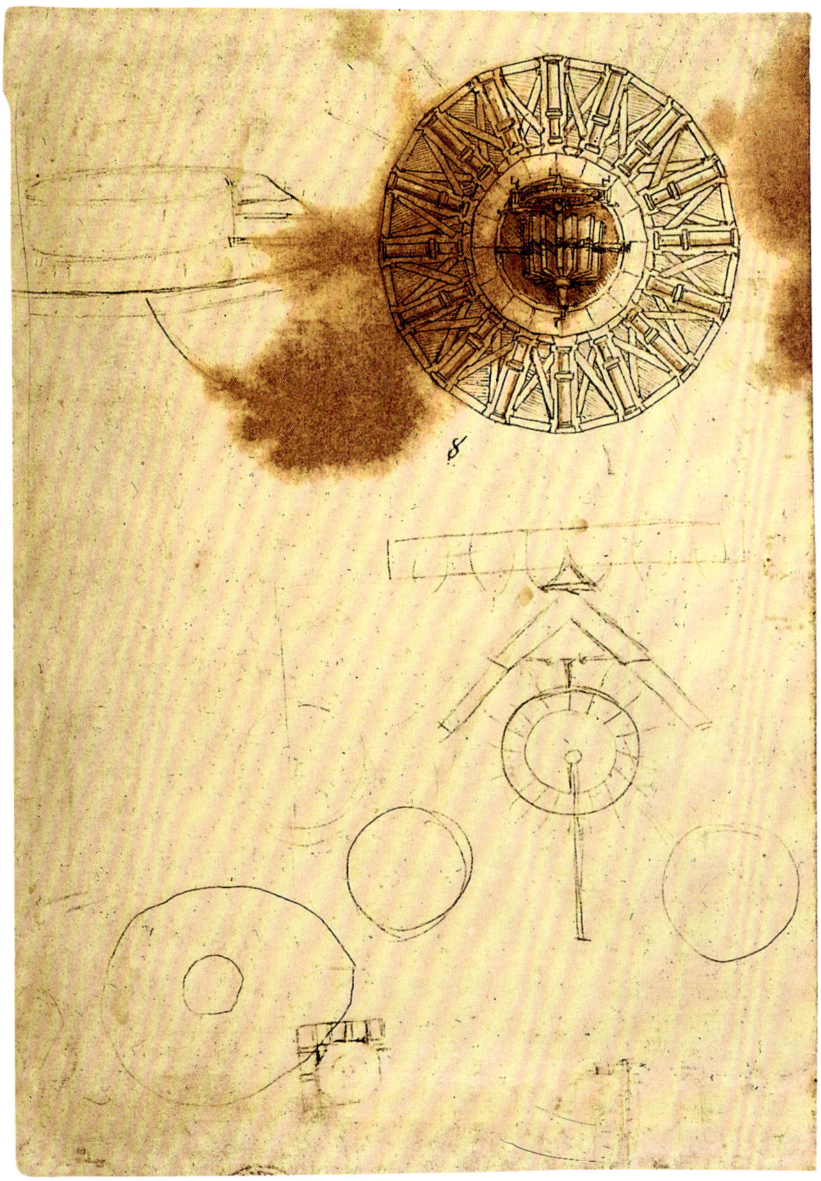

1

Sperrfeuerkanone

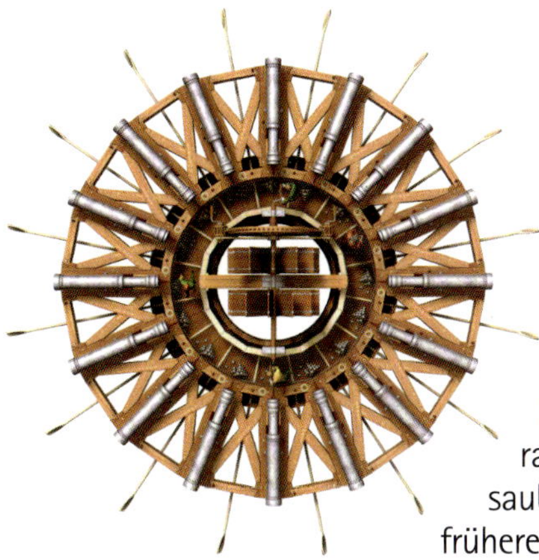

2

Dieses Folio eröffnet den Codex Atlanticus, eine Sammlung loser Blätter, die nicht von Leonardo, sondern lange nach seinem Tod, gegen Ende des 16. Jahrhunderts, zusammengestellt wurde. In der oberen rechten Ecke schuf er die herrliche Darstellung eines „Kreisblitzes", ein Ausdruck, den er auch zur Beschreibung einer anderen, ähnlichen Erfindung verwendet, die im Manuskript B vorkommt. Beim „Kreisblitz" handelt es sich um ein mehrläufiges Geschütz, dessen Rohre radial auf einer kreisrunden Plattform ruhen. Der Entwurf ist sauber und exakt ausgeführt und stellt sicherlich das Ergebnis früherer Skizzen und Ideen, gewissermaßen eine „Reinzeichnung" dar. Die Federzeichnung lässt klare Linien erkennen, die durch Schraffuren und Aquarellfarben ergänzt werden. Es ist offensichtlich, dass die Striche von einem Linkshänder stammen; dafür spricht schon die Neigung der Linien. Folgen wir ihrer Richtung, stellen wir fest, dass Leonardo, um sie auszuführen, das Blatt stetig gedreht hat. Mithilfe der Aquarellfarben verlieh er den Kanonenrohren Volumen. Diese Zeichnung lässt sich nicht exakt datieren. Eine ähnliche, aber schlichtere Darstellung eines „Kreisblitzes" findet sich bei dem Kriegsschiff auf einem Folio aus Manuskript B aus der Zeit um 1485–1489. Diese Zeichnung zeigt aber nicht dieselben regelmäßigen, feinen Merkmale, wie sie für Leonardo in jenen Jahren typisch sind. Stattdessen strahlt sie die Kraft aus, die an seine Arbeit an der *Schlacht bei Anghiari* aus der Zeit um 1504 erinnert. Der vorliegenden, so vollendet wirkenden Zeichnung war jedenfalls nicht viel Glück beschieden, denn irgendwann wurden mehrere, nicht mit ihr zusammenhängende flüchtige Skizzen auf demselben Blatt eingefügt, von denen lediglich eine – jene mit einem Architektursujet – Leonardo zugeschrieben werden kann.

Die Zeichnung strahlt eine Kraft aus, die ihren Inhalt – eine mechanische Vorrichtung – bei weitem übertrifft. Zur Darstellung der Waffe entscheidet sich Leonardo für die Draufsicht, also für einen Blickwinkel, der senkrecht auf die Vorrichtung fällt. Auf diese Weise schafft er eine Gesamtansicht, ohne die Details und die Strenge der Formen aus dem Auge zu verlieren. Schraffur und Aquarellfarben dienen dazu, eine räumliche Wirkung zu schaffen. Gleichzeitig besticht die Darstellung durch ihre Klarheit, ähnlich der einer geometrischen Zeichnung – eines Kreises, von dessen Mittelpunkt sternförmig Strahlen ausgehen –, und suggeriert anschaulich eine reale Struktur. Die Form der Kanonenrohre und der sie verbindenden Strukturen schafft zugleich eine visuelle Regelmäßigkeit. Die Arbeitsweise dieser Sperrfeuerkanone, die Serien von Salven, die aus den vielen Rohren gefeuert wurden, scheint ins Bildhafte und zu einem visuellen Rhythmus umgewandelt worden zu sein. Erst viele Jahre später, gegen Mitte des 16. Jahrhunderts, gelang es Michelangelo, mit seinem Entwurf zu den Tambours der Kuppel des Petersdoms, diesen Rhythmus ähnlich kraftvoll zu vermitteln.

Abb. 1
Dieser Entwurf einer Sperrfeuerkanone findet sich auf dem ersten Blatt des Codex Atlanticus, wobei die bekannteste und zugleich auffälligste Zeichnung in der rechten oberen Ecke des Folios steht. Die anderen, nicht so deutlich sichtbaren Linien auf demselben Blatt wirken geheimnisvoll und geben Anlass zu Mutmaßungen und unterschiedlichen Deutungen.

Abb. 2
Draufsicht des Leonardo-Entwurfs, wie er auf dem vorliegenden Blatt erscheint.

2

A

3

A In der oberen rechten Ecke des Folios steht Leonardos sauber und präzise ausgeführte Zeichnung, die das Blatt dominiert. Außerdem finden sich auf dem Blatt weitere Skizzen, die aber durch ihren unfertigen, flüchtigen Charakter Anlass zu verschiedenen Deutungen geben. Aus waffenhistorischer Sicht wurde bisher immer vermutet, dass es sich bei dem vorliegenden gewaltigen Entwurf um eine Art Bombarde handelt, die auf einem Festungsturm oder auf einem zivilen Gebäude aufgestellt werden konnte. Bei genauerer Betrachtung des Entwurfs kann eine Art Abdeckung oder Schutzvorrichtung erkannt werden, die eigentlich nicht zur Konzeption dieser Kriegsmaschine passt. Auch scheint es feine, doppelte Striche unmittelbar neben den strahlenförmig verlaufenden Konstruktionen zu geben. Eine mögliche Erklärung für diese extrem feinen, aber dennoch klar erkennbaren Striche wäre, dass es sich hierbei um Ruder zum Manövrieren der Konstruktion im Wasser handelt. Für einen Einsatz im Wasser spricht auch der zentrale Mechanismus, bestehend aus Schaufelrädern; sie würden nämlich kaum Sinn machen bei einem Einsatz der Konstruktion auf einem Turm. Die letztgenannte Verwendung wäre auch problematisch angesichts des großen Gewichts und der Abmessungen der ganzen Konstruktion. Dennoch ist der Einsatz dieser Sperrfeuerkanone auf dem Wasser nur eine von mehreren möglichen Interpretationen.

B Das Bild zeigt die verschiedenen Phasen des Zusammenbaus der Sperrfeuerkanone. Die Geschützrohre werden auf einem widerstandsfähigen Gestell fest verankert. Bevor Leonardo die Schutzverkleidung anbringt, die in der Zeichnung links oben angedeutet ist, baut er das dafür notwendige Gerüst auf. Das Bild unten zeigt die Sperrfeuerkanone, wie sie nach Abschluss der Montagearbeiten ausgesehen haben muss.

B

4

Abb. 2, 3 und 4
Die einzelnen Schritte der Montagearbeiten für die komplexe Konstruktion der Sperrfeuerkanone, wie sie von der flüchtigen Skizze oben links auf dem Folio angedeutet werden.

Abb. 5
Explosionszeichnung eines Ausschnitts der Sperrfeuerkanone. Sie bestand aus insgesamt 16 Abschnitten, die zusammengefügt werden mussten.

5

Abb. 6 und 7
Darstellung des Antriebsmechanismus in einer Explosionszeichnung und nach dem Zusammenbau. Die Interpretation dieses Mechanismus ist der spannendste Aspekt der gesamten Vorrichtung.

Abb. 8
So muss die fertig montierte, für den Einsatz im Wasser bereite Sperrfeuerkanone ausgesehen haben.

A Die Interpretation, wonach diese Kriegsmaschine zum Einsatz auf dem Wasser bestimmt gewesen sein könnte, stellt den interessantesten Aspekt der gesamten Diskussion dar. Erhärtet wird diese Vermutung durch den inneren Mechanismus, den Leonardo zur Fortbewegung und Lenkung im Wasser entwarf. Durch Verwendung eines Systems ähnlich dem eines Bootes mit Schaufelradantrieb, konnte die Sperrfeuerkanone, die ein großes Gewicht hatte, im Wasser geradeaus fahren, besaß zugleich aber auch recht gute Wendeeigenschaften und konnte sich sogar um die eigene Achse drehen. Dazu genügte es, dass einer der bedienenden Männer ein Schaufelrad anhielt bzw. dass beide Schaufelräder sich in die entgegengesetzte Richtung bewegten.

B Zwei Männer bedienten das große Antriebsrad, indem sie jeweils an einer Kurbel drehten und so das Geschütz in Gang setzten. Wegen des extrem hohen Gewichts und der damit verbundenen Anfangsträgheit war dies gar nicht einfach, zudem hätte die Gefahr bestanden, dass das Antriebsrad und die Kurbeln zerbrechen. Leonardo ersann daher ein Untersetzungssystem, das die gesamte Vorrichtung nur allmählich in Gang setzte. Er entwarf dazu zwei kleine, durch Kurbeln betätigte käfigförmige Getriebe. Nachdem die Konstruktion in Gang gesetzt war und sich der Wasserwiderstand verringerte, betätigten sie fortan das große Antriebsrad. Die Sperrfeuerkanone konnte eine für ihre Größe und Masse beträchtliche Geschwindigkeit entwickeln.

6

7

Abb. 9
Explosionszeichnung mit der Darstellung sämtlicher Bauteile der Sperrfeuerkanone. Der Zusammenbau und das Aussetzen auf dem Wasser müssen zeitaufwändige und kostenintensive Unterfangen gewesen sein, und zwar sowohl was die dafür notwendige Arbeitsleistung anbelangt, als auch hinsichtlich der benötigten Baumaterialien wie Holz und vor allem Metall zum Gießen der Kanonenrohre.

Folgende Doppelseite,
Abb. 10
Leonardo selbst befindet sich an Bord der Sperrfeuerkanone auf ihrer Jungfernfahrt. Es ist jedoch fast sicher, dass diese komplexe Kriegsmaschine nie gebaut wurde.

9

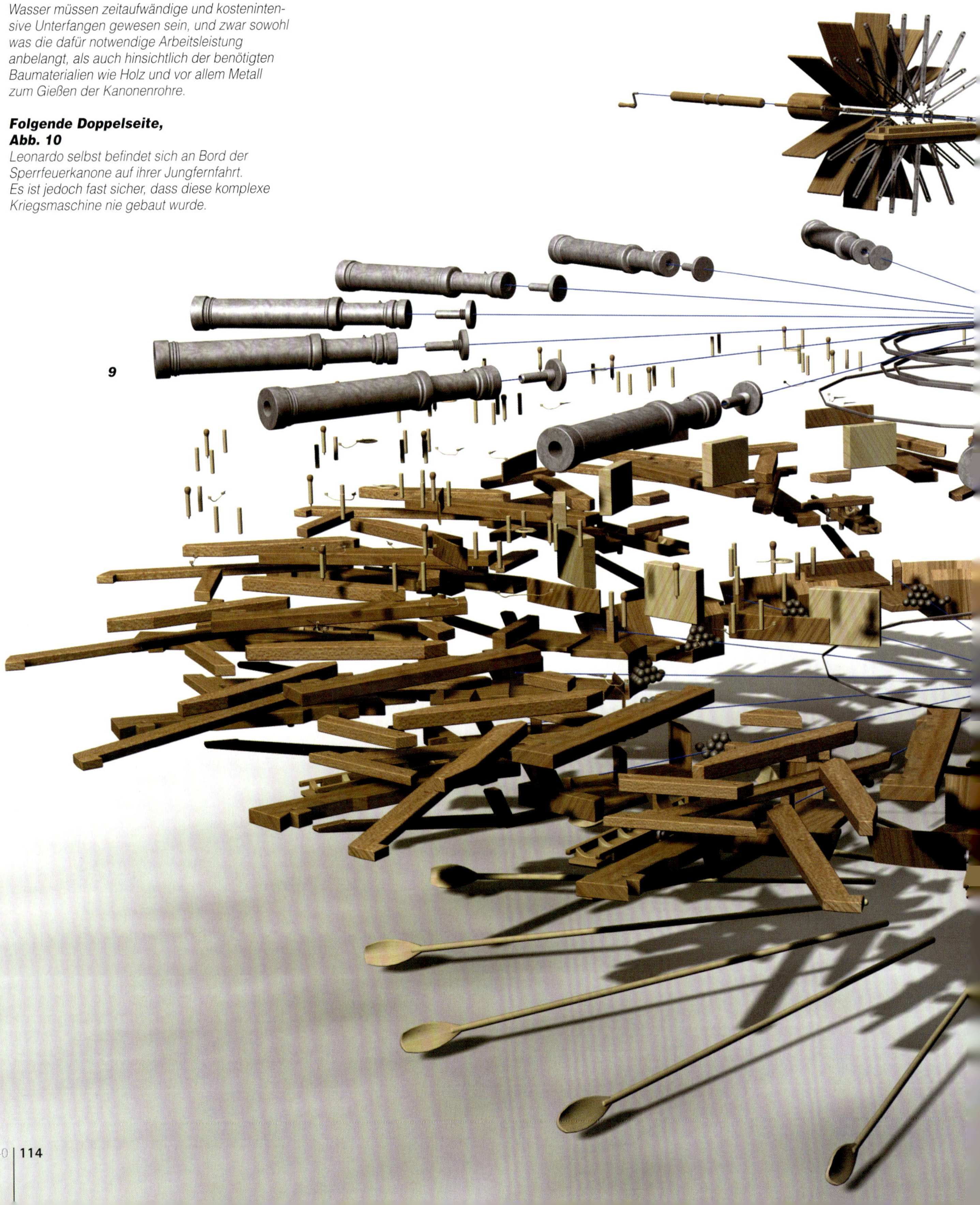

Vinci, 1452 | 1460 | 1470 | 1480 | 1490 | 1500 | um 1504 | 1510 | Amboise, 1519

Codex Atlanticus, Fol. 33r

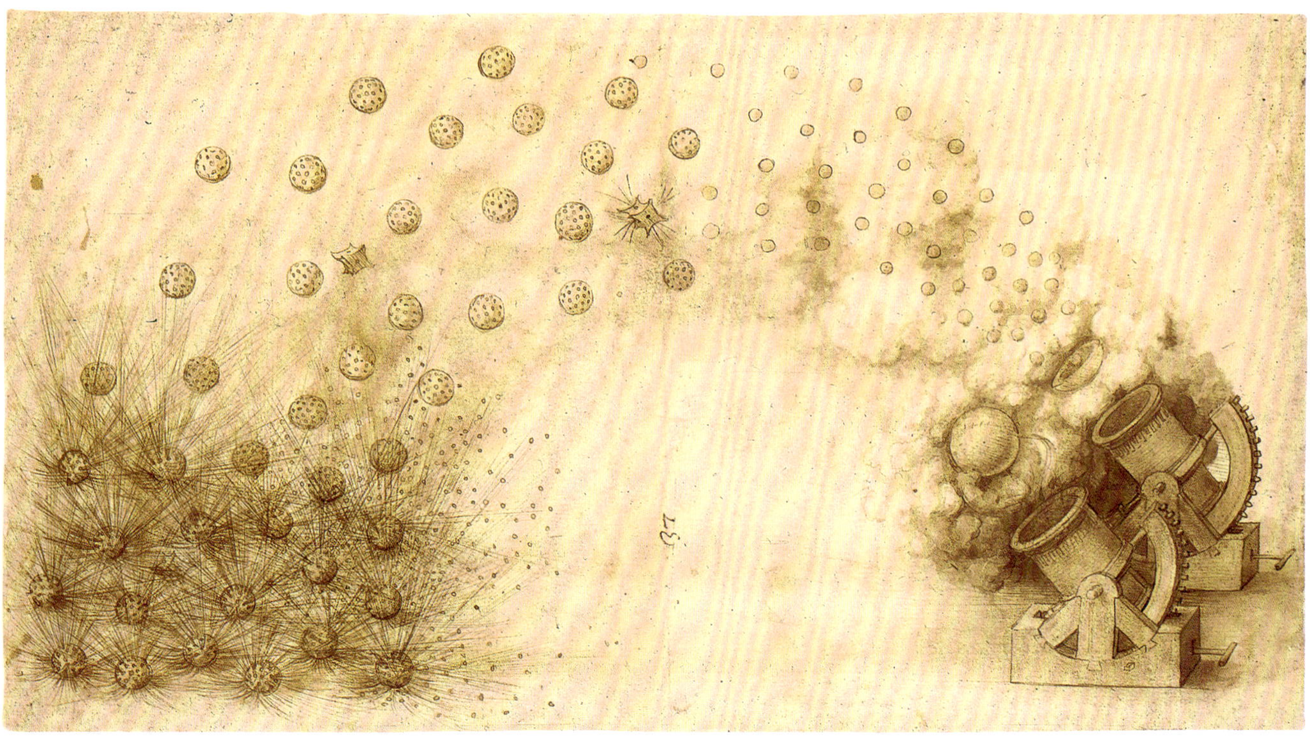

1

Feuernde Mörser

2

Dieses Blatt aus dem Codex Atlanticus zeigt keine nur persönlichen Notizen, es war vielmehr eine Präsentation für einen Auftraggeber. Dafür sprechen der vollendete Stil der Zeichnung und ihre technische Komplexität, ihre Ausführung in Feder und Tusche mit Aquarell sowie das Fehlen jeglicher Anmerkungen. In Präsentationszeichnungen ließ Leonardo häufig Notizen ganz weg oder fügte sie in gewöhnlicher Schrift, das heißt von links nach rechts verlaufend, ein, um den Betrachtern das Lesen zu erleichtern. Leonardo war nicht der Einzige, der technische Zeichnungen zu Präsentationszwecken schuf. Mit seinen Studien zu Maschinen stand Leonardo in der Tradition der Militärarchitekten des Quattrocento. Die Manuskripte seiner Vorgänger Francesco di Giorgio Martini und Mariano di Jacopo (genannt „il Taccola") waren sicherlich keine Handbücher für die Arbeit in der Werkstatt, sondern eher Sammlungen von Illustrationen und (lateinischen) Textkommentaren für ein gebildetes Publikum. Wir wissen nicht, für wen diese Zeichnung eines Mörsers in Aktion und der explodierenden Sprenggeschosse bestimmt war. Hinzu kommt, dass eine Datierung des Blattes nicht leicht fällt. Sein auffälliger Charakter erinnert an die frühen Jahre und die übersichtliche Blattgestaltung an die 1490er-Jahre, als Leonardo sich intensiven Ballistikstudien widmete. Die Stilmerkmale führen dennoch in die frühen 1500er-Jahre, als Leonardo als Militärberater für verschiedene Auftraggeber tätig war (wie Cesare Borgia in der Romagna und für die Republik Florenz in der Toskana).

Ein wichtiges Element stellt jedoch einen Bezug zu anderen um 1504 angefertigten Studien über Mörser in Aktion (Windsor Castle, no. 12275, und Codex Atlanticus, Fol. 72r) her: die künstlerische Schilderung der Wirkungen der Sprenggeschosse. Im Grunde ist die Zeichnung um die parabolische Flugbahn der Geschosse und (auf der linken Seite des Blattes) um die Streubreite der großen Geschosskugeln nach ihrer Explosion und der Freisetzung von kleinen Kugeln herum angeordnet. Anstatt zu zeigen, wie eine große Kugel explodiert und kleine Kugeln mit Schrapnellladungen freisetzt, zieht es Leonardo vor, diese Wirkung durch eine Vielzahl feinster, sternförmig ausgehender Linien anzudeuten. Indem er diese feinen Striche als Symbol der gewaltigen Sprengkraft der Geschosse benutzt, erkennen wir, dass hier ein scharfer Beobachter, ein Forscher am Werk war, der die Gesetze der Ballistik anhand der Wechselwirkung der Geschosse mit der Luft ergründen wollte. Zugleich zeichnen sich diese Striche durch eine einzigartige künstlerische Anmut aus. Diese Mechanik-Zeichnungen nehmen innerhalb seiner Ballistikstudien dieselbe Stellung ein wie seine künstlerisch vollendeten Zeichnungen von Wasserstrudeln innerhalb seiner wissenschaftlichen Studien über das Wasser. Hier wie dort ist ein scharf beobachtender Forschergeist am Werk, der wissenschaftliche Erkenntnisse in ein künstlerisch erhabenes Bild kleidet, wie es in dieser Vollendung nur Leonardo gelang.

Abb. 1
Leonardos Zeichnung auf dem Folio 33r aus dem Codex Atlanticus.

Abb. 2
Teile eines Sprenggeschosses.

A Der Mörser war eine zu Leonardos Zeiten bereits bekannte Feuerwaffe. Die interessantesten Aspekte an seinem Entwurf sind vor allem die herausragende Qualität der Zeichnung, die durch ihre Genauigkeit und Anschaulichkeit des Mörsers in Aktion beeindruckt, sowie die Studien zu den explodierenden Sprenggeschossen mit ihrer tödlichen Wirkung. Ansonsten besticht der Mörser auf diesem Folio nicht durch besondere Neuerungen. Das riesige Geschütz musste aufgrund seines großen Eigengewichts und der gewaltigen, durch den Schuss freigesetzten Energie auf einem soliden Gestell montiert und im Boden durch Pflöcke und Seile zusätzlich verankert werden.
Der Mörser feuerte seine Salven in eine einzige Richtung ab, wobei die Rohrneigung von einem Artilleristen über eine Handkurbel durch die Zahnsegmente erfolgte. Die Schussrichtung hing ausschließlich von der Ausrichtung des Unterbaus ab, und weil dieser im Boden verankert war, konnte die Gefechtsstellung des Geschützes nur sehr umständlich verändert werden. Um einen Beschuss aus verschiedenen Richtungen und damit ein breiter gestreutes Feuer zu gewährleisten, wurden auf dem Schlachtfeld vermutlich mehrere dieser riesigen Mörser aufgestellt.

B Die Höhenneigung des Rohrs und damit des Schusses ließ sich durch Drehen einer Handkurbel mühelos und mit hoher Genauigkeit einstellen. Die Handkurbel trieb eine Schneckenwelle an, die in die Zähne eines halbkreisförmigen Metallbogens griff und die Höhenneigung des Rohrs regulierte. Präzision war das wichtigste Element in dieser vorbereitenden Phase, zumal wegen des dicken, aber kurzen Rohrlaufs des Mörsers die Feuersalven recht ungenau waren.

A

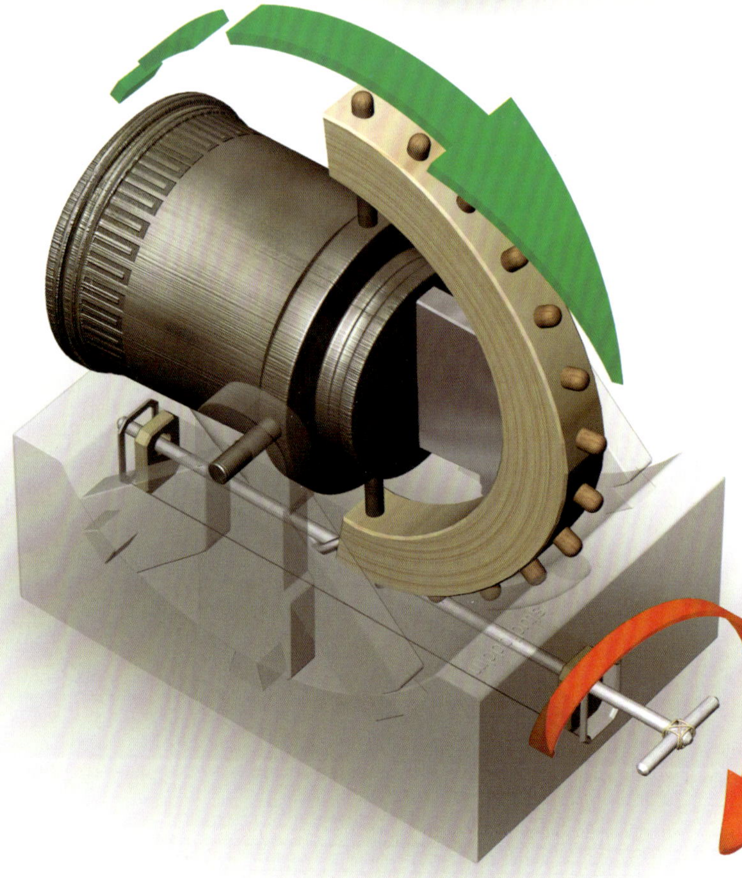

B

3

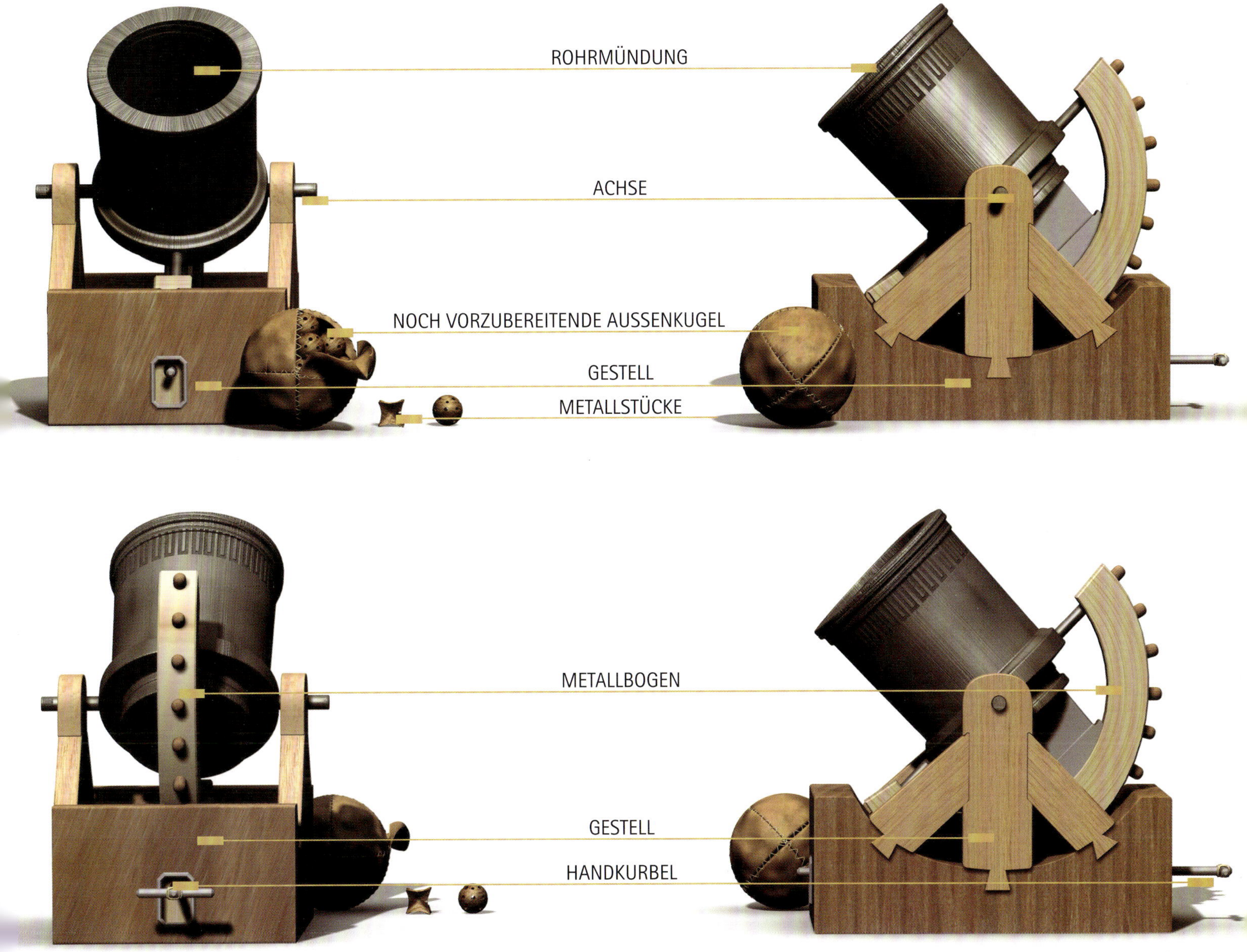

4

Abb. 3
Schema der Höhenneigung des Geschützrohrs und ihre Arbeitsweise.

Abb. 4
Maßstabsgerechte Darstellung und Beschreibung der Bauteile.

Folgende Doppelseite, Abb. 5 und 6
Explosionszeichnung des Mörsers und der Sprenggeschosse.

A Darstellung des inneren Aufbaus der Sprenggeschosse. Die kleinen, sternförmigen und scharfkantigen Metallstücke hielten die Schrapnellladung – durchlöcherte, kleine pulvergefüllte Kugeln – zusammen, die ihrerseits in einer großen Außenkugel steckten. Leonardos System des Geschossaufbaus war nicht das effektivste, doch zu seiner Zeit gab es nicht viele Alternativen dazu.

B Sobald die Innenteile zusammengefügt waren, wurde der Mantel der großen Außenkugel an den Fugennähten vernäht.

C Das Vernähen des Mantels der Außenkugel erfolgte von Hand und musste sehr umsichtig ausgeführt werden.

D Nach dem Vernähen war die Kanonenkugel bereit zum Verschießen und wurde ins Geschützrohr geladen.

E Explosionszeichnung des Mörsers. Sie illustriert überaus anschaulich den Aufbau des schweren Geschützes und sein Funktionsprinzip, z. B. den Handhebel mit dem Schneckengewinde zur Einstellung der Höhenneigung des Rohrs.

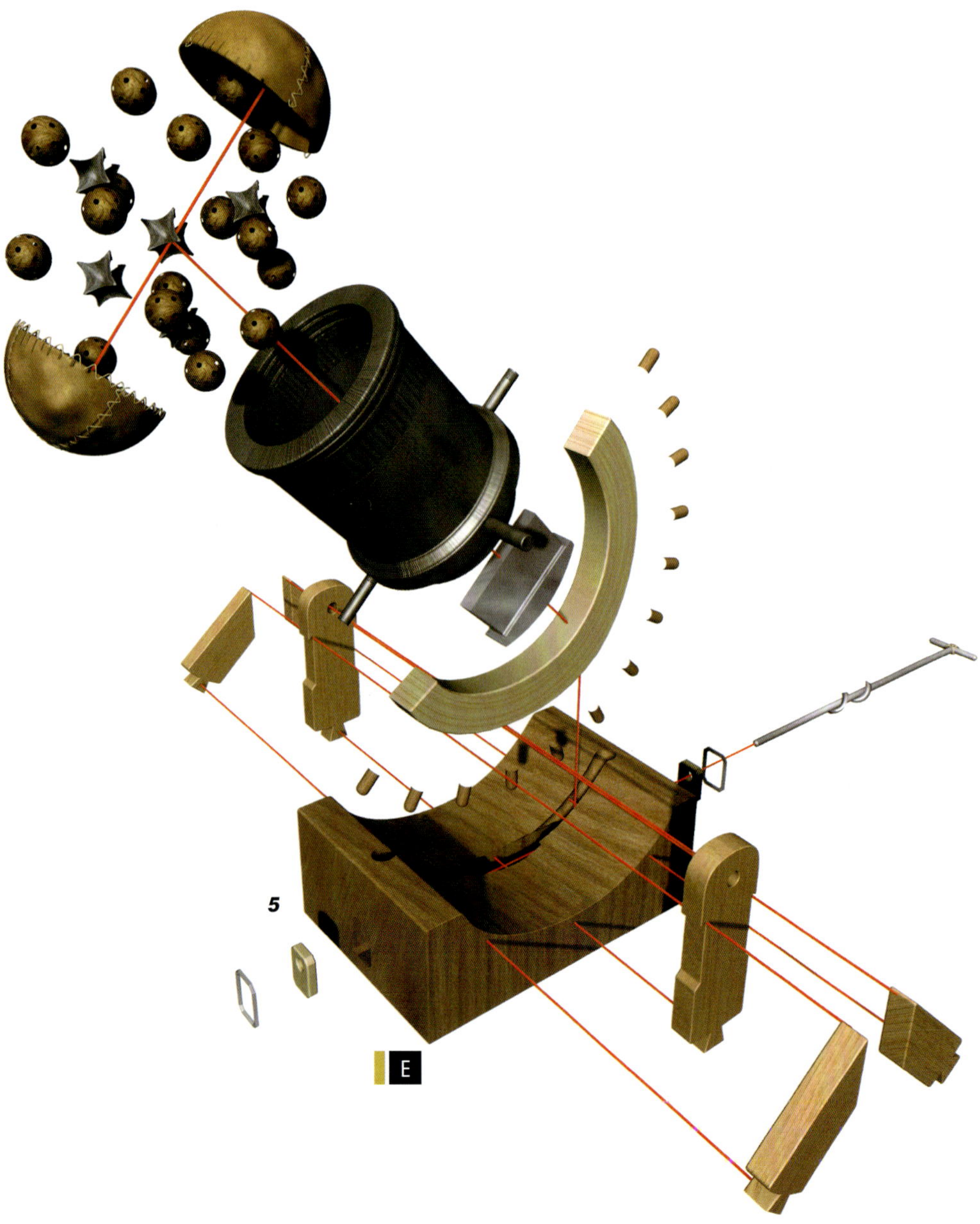

5

E

A

B

C

6

D

Abb. 7
Ansicht eines Mörsers in Schussposition.

Abb. 8
Das auf dem Folio ruhende Modell eines Mörsers ist eine getreue Nachbildung von Leonardos Entwurf und hält auch die von ihm gezeigte Neigung des Kanonenrohrs ein, sodass die Darstellung dank ihrer Klarheit jegliche andere Kommentare überflüssig macht.

STERNFÖRMIGE METALLSTÜCKE
DREHACHSE
GESCHÜTZROHR
METALLBOGEN
HANDKURBEL
HAKEN ZUR VERANKERUNG
SEILE
8

Vinci, 1452 1460 1470 1480 1490 1500 *1507–1510* 1510 **Amboise, 1519**

Codex Atlanticus, Fol. 117r

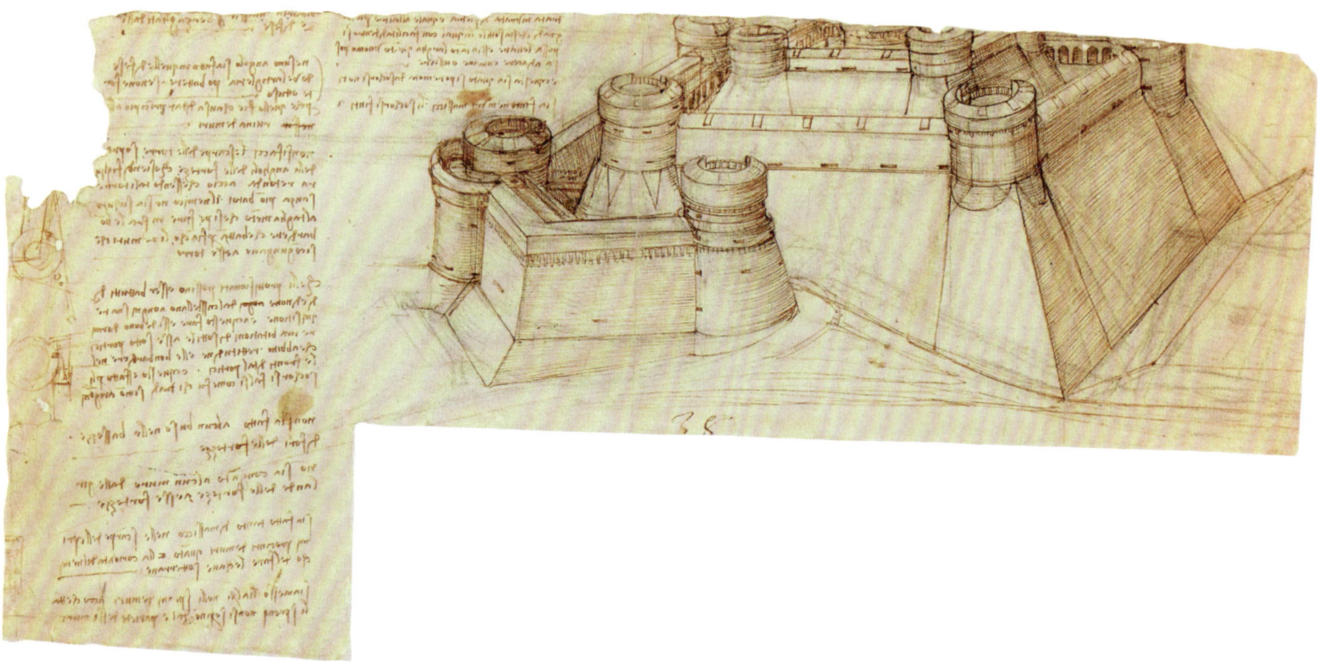

1

Festungsbau

2

Der Festungsentwurf auf diesem Blatt des Codex Atlanticus stammt aus der Zeit von Leonardos zweitem Aufenthalt in Mailand um 1508. Mittlerweile hatte sich die politische Lage grundlegend verändert: Nach der Vertreibung der Sforza hatte sich Frankreich in Mailand als Besatzungsmacht eingerichtet. Leonardo, der zuvor im Dienst der Sforza gestanden hatte, erhielt nun seitens der Franzosen bedeutende Aufträge. Er wurde zum „ingénieur ordinaire" ernannt, und vermutlich wurde der vorliegende Entwurf einer Festung auch für die Franzosen ausgeführt, die ihren eroberten Neubesitz auch militärisch festigen mussten.

Es war nicht das erste Mal, dass Leonardo als Militäringenieur tätig wurde. Abgesehen von einigen vermutlich kleineren Aufträgen seitens der Sforza-Familie war Leonardo auch als Militärberater der venezianischen Behörden tätig gewesen und hatte auch Cesare Borgia auf dessen Eroberungszug durch die Romagna begleitet. Kurz davor (1502, unmittelbar vor Beginn der Arbeiten an der *Schlacht bei Anghiari*, die ja auch ein Kriegsthema künstlerisch verarbeitet) hatte er begonnen, sich systematisch mit dem Thema der Feuerwaffen, der bedeutendsten militärischen Neuheit jener Zeit, zu beschäftigen. Er widmete sich eingehend ballistischen Studien, entwarf Handfeuerwaffen sowie Feldgeschütze und – zu Verteidigungszwecken – gedrungene Festungen mit abgerundeten, stromlinienförmigen Mauern, die der feindlichen Artillerie eine möglichst geringe Angriffsfläche boten.

Der in diesen Jahren entwickelte Festungsentwurf weist einen widersprüchlichen Charakter auf. Leonardo wandte einerseits einige seiner in früheren Jahren entwickelten architektonischen Lösungen an; so etwa entspricht das Profil einiger Bergfriede diesem neuen Konzept. Andererseits blieb er der mittelalterlichen Grandeur und Wucht einer Festung verpflichtet und behielt ihren polygonalen Grundriss bei. Ursprünglich hatte er der Außenmauer (jenseits des Haupttors) eine nach außen hin konvexe Wölbung verleihen wollen. Später jedoch gab er diesen Gedanken auf und plante eine polygonale, von angewinkelten Mauern bestimmte Konstruktion. Dies war auch die Form, die sein Vorgänger, der berühmte Baumeister und Militäringenieur Francesco di Giorgio Martini, bevorzugte und vielerorts in Italien in seinen Festungsbauten umsetzte. Es könnte sein, dass er Leonardo diesbezüglich auch beeinflusste. Unmittelbar nach 1500 bot sich Leonardo die Gelegenheit, ein Exemplar von Giorgio Martinis *Trattato dell'archittetura* zu studieren. Er hielt darin sogar einige seiner Gedanken in Notizen fest. Möglich wäre auch, dass der Entwurf der Festung, die zwar innovative, aber doch weniger revolutionäre Züge aufweist, auf ausdrücklichen Wunsch der Auftraggeber so gestaltet wurde.

Abb. 1
Folio mit der exakten Zeichnung einer Festung nebst einigen Anmerkungen zu einer wahren Begebenheit über einen militärischen Verrat.

Abb. 2
Draufsicht des Modells einer Festung.

A

Die Festung sollte vermutlich in einer gebirgigen Landschaft stehen, etwa auf der Kuppe eines Hügels oder auf einer Bergspitze, und durch ihre gewaltigen Ausmaße und die unverwechselbare Form ihrer Mauern praktisch uneinnehmbar sein. Der äußere Mauerring schützte den Kernbereich der Anlage, in dem der Burgherr mit seinem Hof lebte. Mitte des 15. Jahrhunderts begann der Siegeszug des Schießpulvers, sodass sich sämtliche Verteidigungssysteme, einschließlich Burgen und Festungen, an die neue, von Feuerwaffen unterstützte Angriffsform anpassen mussten. Leonardo entwarf Mauern mit einem verbesserten Verhältnis zwischen ihrer Höhe und Stärke. Derartig verstärkte schräge Mauern konnten besser den Beschuss durch Feuerwaffen abwehren, die eine erheblich stärkere Durchschlagkraft als herkömmliche Waffen hatten. Eine zweite, von Leonardo hier angewandte Neuerung betraf das Fehlen der traditionellen Zinnen: Die gedrungenen Festungen mit ihren winkelförmig angelegten Bastionen (Sternschanzen), den runden Türmen und schrägen Außenmauern konnten dank ihrer Form der feindlichen Artillerie besser standhalten. Zudem boten die winzigen Schießscharten den Verteidigern optimale Möglichkeiten, die Lage zu kontrollieren und das feindliche Feuer zu erwidern.

B

Der geometrische Grundriss der gesamten Bastion ist völlig neuartig und wohl durchdacht. Leonardo war überzeugt, dass die Mauern uneinnehmbar seien, und sah deshalb auf einer Seite überhaupt keinen schützenden Graben vor. Er war im Gegenteil bestrebt, das Gelände rund um die Festung freizuhalten, um jeglichen Rückzug des Feindes zu erschweren. Nachdem die Angreifer erkannt hätten, dass die Festung nicht erstürmt werden könnte, wären sie zum Rückzug gezwungen gewesen, ohne jedoch dafür irgendeine Deckung nutzen zu können.

Abb. 3
Die Festung war so wuchtig und in ihrer Anlage so konzipiert, dass jeder Versuch sie einzunehmen zum Scheitern verurteilt war.

3

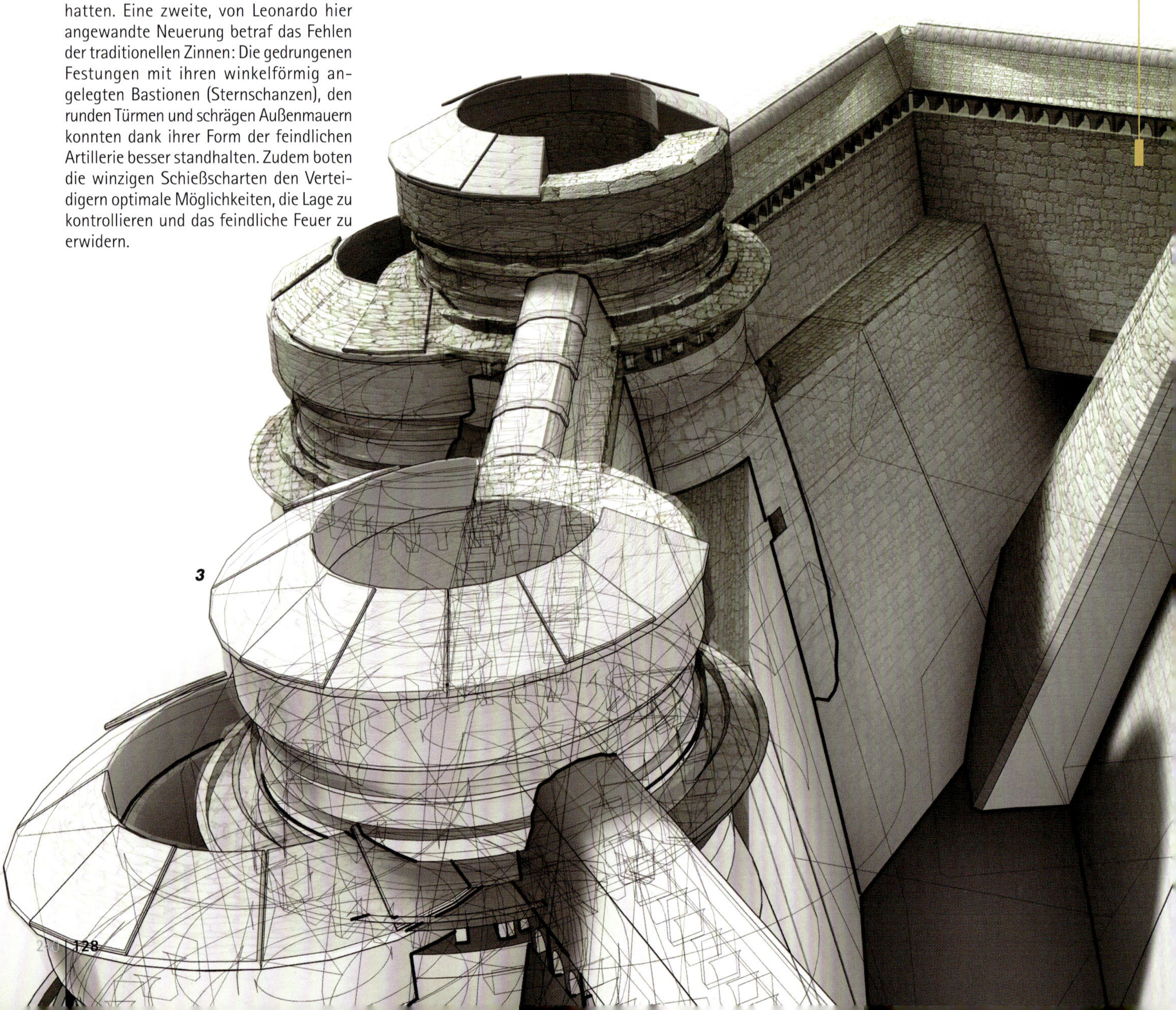

TÜRME
BRUSTWEHR
NEIGUNG DER MAUERN
BERGFRIED
WOHNRÄUME
INNENBEREICH
EINGANG
A
B

003 Hydraulische Vorrichtungen

Mechanische Säge
Schaufelradboot
Drehbrücke
Schwimmbagger

Leonardo kombinierte häufig seine Wasserstudien mit jenen über die Luft und entwarf sowohl Fluggeräte als auch hydraulische Vorrichtungen und Anlagen. Er beobachtete den Wellengang auf einem See, um daraus auf das Verhalten der Lüftströmungen zu schließen, und in der Tat erinnern einige Fluggeräte in Form und Mechanik an Boote (Codex Atlanticus, Fol. 156r und 860r). In anderen Hinsichten jedoch bestehen zwischen diesen beiden Bereichen grundlegende Unterschiede. Die Pläne zu den Fluggeräten gehören zu Leonardos „privaten" Forschungen, denn es gibt keine Anhaltspunkte dafür, dass sich je ein Auftraggeber für diesen Bereich interessiert hätte. Uns scheint es, dass Leonardo dazu neigte, diesen Aspekt seiner erfinderischen Tätigkeit bewusst zu verbergen. Die Hydraulikstudien hingegen zählen zu den Schwerpunkten seiner Arbeit; davon zeugen nicht nur seine Notizen und Entwürfe, sondern auch die Aufträge, die er von den Herrschern erhielt, an deren Höfen er jeweils wirkte.

Vasari berichtet, dass Leonardo schon während des ersten Aufenthalts in Florenz bei einem öffentlichen Projekt beratend tätig war: Es ging um die mögliche Umleitung des Arno mithilfe eines künstlichen Kanals, um ihn zwischen Florenz und zum Meer befahrbar zu machen. „Als er noch jung war, war er der Erste, der vorschlug, den Arno zu einem schiffbaren Kanal zwischen Florenz und Pisa zu machen." Es ist daher leicht nachvollziehbar, weshalb die Hydraulikstudien jener Bereich waren, in dem Leonardo am engsten mit Auftraggebern arbeitete (und der sogar noch seine Tätigkeit als Militäringenieur übertraf). Wasser war zu Leonardos Zeiten mehr als bloß ein für die Siedlungen lebenswichtiges Element und die Hauptantriebskraft für verschiedenste Maschinen und Vorrichtungen; es bildete zugleich den schnellsten Beförderungsweg für Handelsgüter. Leonardo wirkte in zwei Städten – Florenz und Mailand –, die weit entfernt vom Meer, dem wichtigsten Transportweg überhaupt, waren. In beiden Zentren wurde alles Erdenkliche unternommen, um diesen Standortnachteil durch Kreativität und Geld wettzumachen. Leonardo beteiligt sich an den Versuchen zur Lösung dieses Problems, das schon Generationen von Ingenieuren beschäftigte. Einerseits zeigte er Interesse für bestehende Vorschläge und Lösungen, andererseits schlug er neue Lösungen vor. Mailand besaß das Netz der Navigli, jener künstlichen schiffbaren Kanäle, und die hier angewandten raffinierten Lösungen sollten Leonardo später nachhaltig beeinflussen. Ähnliches galt für Florenz: Filippo Brunelleschi hatte, wenn auch mit wenig Erfolg, das Problem der Binnenschifffahrt auf dem Arno in Angriff genommen. Er entwarf einen seltsamen, breiten Lastkahn, den „Badalone" (Vagabund), der sich für den Transport schwerer Marmorblöcke aus den unweit vom Meer gelegenen Steinbrüchen nach Florenz eignen sollte. Dazu sind uns keine Zeichnungen des jungen Leonardo überliefert, aber einer Hypothese zufolge könnte die Zeichnung von Fol. 90v aus dem Codex Atlanticus, auf der mehrere Schleusen entlang eines Kanals skizziert sind, auf ein frühes, von Vasari erwähntes Projekt Leonardos hinweisen.

Wir besitzen hingegen, vor allem im Codex Atlanticus, frühe Zeichnungen zu Aspekten der Hydraulik und besonders Skizzen mit mechanischen Vorrichtungen zur Wasserhebung, unter denen die sicherlich berühmteste die Archimedes-Schnecke ist. Bei der klassischen Form handelte es sich um eine Schraube, die in einem langen Zylinder festsaß und bei richtiger Neigung das Wasser aufsteigen ließ. Auch in diesem Fall greift er auf die technischen Leistungen seiner toskanischen Vorgänger zurück. Leonardo studiert die von ihnen entwickelten Lösungen, beginnt aber zugleich eigene Wege zu gehen. Seine Hydraulikentwürfe bringen es daher mit sich, dass sich Leonardo eingehend mit dem dynamischen Verhalten des Wassers an sich und in Beziehung zu anderen Elementen sowie mit den physikalischen Gesetzen beschäftigt, die sich hinter den Phänomenen rund ums Wasser verbergen. In seinen späteren Jahren in Florenz und kurz nach dem Umzug nach Mailand (1482–83) faszinieren ihn die Ähnlichkeiten zwischen dem Verhalten von Wasser und Luft. Er beobachtet Lebewesen, die sich diesen beiden Elementen angepasst zu haben scheinen, wie etwa den fliegenden Fisch, und entwirft, davon ausgehend, mit einer Membran überzogene Flügel, die sich zum Fliegen und zum Schwimmen eignen (die Handschuhe mit Schwimmhäuten auf Fol. 81v aus Manuskript B, um 1486–89). Abgesehen von der Beschäftigung mit den theoretischen (noch nicht hinreichend geklärten) Aspekten zur Hydraulik und zum Wasser widmet sich Leonardo auch der praktischen Seite: Er lässt seiner Fantasie freien Lauf und entwirft ein Unterseeboot sowie ein komplexes System zum Anbohren feindlicher Schiffe unter dem Wasser (Manuskript B, Fol. 81v, und Codex Atlanticus, Fol. 881r).

Später, im Jahre 1500, arbeitet Leonardo wieder an einem konkreten Projekt, nachdem er 1499 Mailand verlassen hatte und nach Venedig gereist war. Hier hatte ihn die „Serenissima" beauftragt, ein effizientes System zur Verteidigung ihrer östlichen Grenzen zu entwickeln, die der wachsenden osmanischen Bedrohung ausgesetzt waren. Leonardo entwirft ein Verteidigungssystem mit Palisaden am Fluss Isonzo (Codex Atlanticus, Fol. 638dv und 215r). Dabei berücksichtigt er häufig die öffentliche Dimension dieser Projekte, wie wir einem Folio (Windsor 12680) entnehmen können, in welchem er den Lauf des Arno in der Umgebung von Florenz nebst einer Reihe von Sperren zur Stauung der Fluten aufgezeichnet hat, die die Ufer beschädigen. Die Begleittexte zu den Skizzen sind nicht in Leonardos üblicher Spiegelschrift verfasst, sondern verlaufen wie die Normalschrift von links nach rechts – ein Hinweis darauf, dass diese Entwürfe auch den Auftraggebern zur Ansicht gezeigt werden konnten. Jetzt, in den frühen 1500er-Jahren, kehrt Leonardo nach Florenz zurück, wo ihn die Behörden in mindestens drei große Wasserbauprojekte einbinden: erstens der Ausbau des Arno, um ihn zwischen Florenz und dem Meer schiffbar zu machen, zweitens der Plan, den Arno vor der feindlichen Stadt Pisa umzuleiten, um deren Wasserversorgung zu unterbinden (wobei Leonardo, ähnlich wie in Venedig, Hydraulikstudien mit militärtechnischen Entwürfen kombiniert), und drittens die Regulierung des Arno bei Florenz.

Ab 1508 hält sich Leonardo wieder in Mailand auf, das nun unter französischer Besatzung steht, und wird zum „peintre et ingénieur ordinaire" des Königs von Frankreich ernannt. Unter anderem übernimmt er die Planung zur Schaffung eines Wasserwegs zwischen Mailand und dem Comer See im Norden unter der teilweisen Nutzung des Laufs des Adda. Dazu entwarf Leonardo Schleusen und hydraulische Vorrichtungen, die allesamt mehr oder weniger originell und mehr oder weniger durchführbar waren. In dieser Zeit (1508–10) intensiver Beschäftigung mit neuen Hydraulikvorrichtungen belegen seine Studien – sie finden sich im Codex Leicester und in Manuskript F –, dass er zu originellen, wegweisenden Ergebnissen kam. Selbst in persönlichen Studien verschmelzen oft theoretische Fragen mit praktischen Lösungen. Häufig verlaufen diese beiden Aspekte parallel, und diese Simultaneität bildet eine der faszinierendsten Facetten in Leonardos Tätigkeit.

Das treffendste Beispiel dafür liefern mehrere Zeichnungen und Begleittexte, in denen Leonardo wiederholt von einem praktischen Problem (z. B. der Erfindung einer Vorrichtung zur Trockenlegung eines Sumpfes) zu eher theoretischen und experimentellen Überlegungen wechselt. In Manuskript F (Fol. 13v und 15r) entwirft er eine Maschine zum Abpumpen von Wasser aus einem Sumpf mittels einer Zentrifuge, die durch Räder (hydraulische Räder, vom Flusswasser in Bewegung gesetzt, oder auf Booten aufgestellte Räder, die von Zugtieren in Gang gesetzt werden) angetrieben wird, sodass das Wasser infolge der entstehenden Strudel und Wirbelströmungen „aufgesaugt" wird. Der Entwurf einer solchen Vorrichtung setzt fundierte theoretische Kenntnisse über die Bildung und das Verhalten von Wasserstrudeln voraus. Diese wiederum veranlassen ihn, die zu theoretischen Experimenten notwendigen Zentrifugen zu entwerfen. Er ersinnt Vorrichtungen, die beim Einlassen ins Wasser Strudel erzeugen, sodass er die Wirbelströmungen beobachten kann. Auf Fol.16r des Manuskripts F bezeichnet er sie als „künstliche Wirbel". Wir haben es somit mit Hydraulikmaschinen zu Versuchszwecken zu tun – ein Merkmal, das später, als Galileo Galilei Hilfsvorrichtungen und Instrumente zu seinen Forschungen entwarf, entscheidend zur wissenschaftlichen Revolution beitragen sollte.

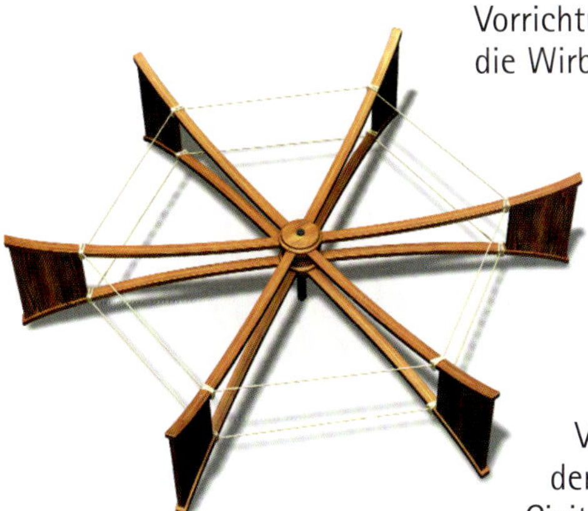

In seinen letzten Schaffensjahren – zwischen Rom (1513–16) und Frankreich (1517–19) – erhält Leonardo weiterhin bedeutende Aufträge für hydrotechnische Projekte und mechanische Vorrichtungen. In Rom widmet er sich Plänen zur Trockenlegung der Pontinischen Sümpfe (Windsor 12684) und für den Hafen von Civitavecchia. Etliche Blätter aus seiner Zeit in Frankreich (Codex Atlanticus, Fol. 69br, 574, 790r, 810r, 1016r) enthalten Erfindungen für das raffinierte Hydrauliksystem eines Brunnens, der vermutlich für einen glanzvollen Festzug in Romorantin zu Ehren des französischen Königs Franz I., Leonardos Gönner im Alter, bestimmt war.

Vinci, 1452 1460 1470 *um 1478* 1480 1490 1500 1510 **Amboise, 1519**

Codex Atlanticus, Fol. 1078ar

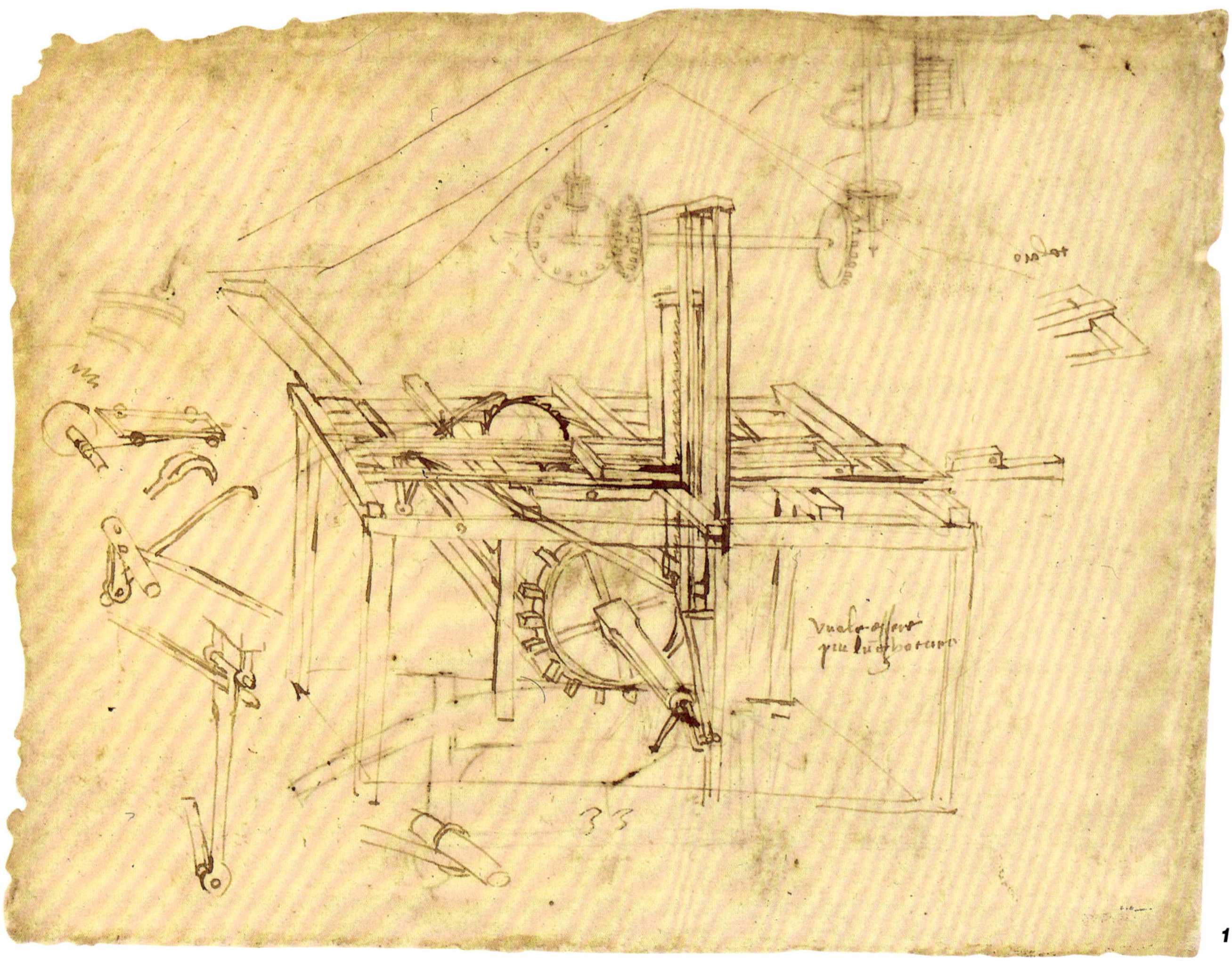

1

Mechanische Säge

Abb. 1
Das Folio 1078ar aus dem Codex Atlanticus mit dem Entwurf einer mechanischen Säge.

Abb. 2
Dreidimensionales Modell der mechanischen Säge, auf dem Folio aus Abb. 1 ruhend.

Unter den Blättern des thematisch bunt gemischten Codex Atlanticus treten gelegentlich mechanische Zeichnungen von minderer Qualität auf, in denen sich nur schwerlich die Hand Leonardos wiedererkennen lässt, stünden sie nicht neben Notizen oder Skizzen, die eindeutig ihm zuzuordnen sind. Ein Beispiel dafür ist die mechanische Säge auf diesem Blatt. Die in Feder und Tusche gezogene Rahmenkonstruktion der Vorrichtung ist fein ausgearbeitet. Der Urheber dieser Zeichnung scheint nicht sosehr eine Erfindung festzuhalten, als eher eine Kopie anzufertigen, so als würde er eine gesehene Vorrichtung oder eine von fremder Hand angefertigte Skizze Strich für Strich aus dem Gedächtnis nachzeichnen. Die letztgenannte Hypothese scheint plausibler, vor allem wenn wir die Zeichnung Leonardo zuschreiben. Ihre perspektivische Darstellung ist recht ungenau und erinnert an die technischen Zeichnungen in der Art der meisten Ingenieure des Quattrocento. Diese überholten Darstellungsweisen sollten nur einen allgemeinen Eindruck der betreffenden Vorrichtung oder Maschine liefern, wobei sie visuelle Konventionen anwandten, die die korrekte Perspektive und räumliche Darstellung missachteten.

Blättert man in den Traktaten von Autoren wie Mariano di Jacopo („il Taccola"), entdecken wir viele Skizzen, die jenen des Codex Atlanticus ähneln. Die Vermutung, dass unsere Zeichnung eine (leicht veränderte) Kopie nach einer zu Leonardos Zeiten bestehenden Vorrichtung bzw. nach einer Zeichnung ist, wird erhärtet durch die Illustration einer ähnlichen Maschine, die sich in Venedig in einer Handschrift von Lorenzo und Benvenuto della Golpaja, zwei berühmten Ingenieuren jener Zeit, befindet. Die Zuschreibung der vorliegenden Skizze an Leonardo stützt sich nicht sosehr auf grafische oder Qualitätsmerkmale als vielmehr auf ihr Umfeld. Im oberen rechten Teil findet sich eine Detailzeichnung mit dem Vermerk „telaio" (Rahmen) in der für Leonardo typischen Spiegelschrift. Die Versoseite (1078av) enthält eine Zeichnung, die kaum mehr als eine flüchtige Skizze ist, aber die sichere Strichführung aus Leonardos Zeichnungen zeigt. Die auf unserer Zeichnung lesbare Notiz „vuole essere più lungo tutto" (Alles müsste länger sein) verweist vermutlich auf eine Änderung der Skizze und ist in normaler, von links nach rechts verlaufender Schrift verfasst, so wie es Leonardo tat, wenn er den Entwurf jemandem zeigen wollte. Außerdem enthält ein ursprünglich zu diesem Folio gehörendes Blattfragment (1078bv) Skizzen der für Brunelleschi typischen Spannschrauben (die dieser beim Bau des Florentiner Doms Santa Maria del Fiore einsetzte), die ebenfalls von Leonardo stammen könnten, aber auch Buchstaben und Schnörkel, die auf eine fremde Hand hinweisen. Anlage und Zweck des vorliegenden Entwurfs sind eindeutig: Es ist eine Studie aus Leonardos ersten Jahren als Forscher, noch vor seiner Zeit als Erfinder, als er zusammen mit einem anderen jungen Kollegen die Traditionen seiner berühmten Vorgänger studierte.

2
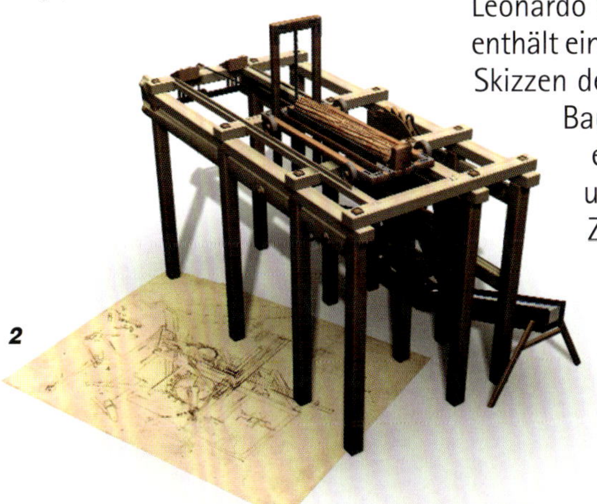

A Der zu zersägende Baumstamm wird auf dem mit Rädern versehenen mobilen Schlitten entlang einer Führung in Schnittrichtung gezogen und von dem senkrechten Sägeblatt in Längsrichtung zersägt.

B In dem Maß, in dem sich das Sägeblatt durch den Stamm vorarbeitet, wird der zu bearbeitende Baumstamm über ein System von Flaschenzügen, die an eine Kurbelwelle angeschlossen sind, automatisch und schrittweise vorwärts gezogen.

C Das unterschlächtige Wasserrad wird durch Wasser in Gang gesetzt, das am Fuß der Säge durch ein schmales Gerinne fließt. Die Rotationsbewegung erzeugt die notwendige mechanische Energie, die in verschiedenen Stufen an das sich auf- und abwärts bewegende Sägeblatt weitergegeben wird.

Abb. 3
Ansicht der mechanischen, durch Wasserkraft angetriebenen Säge, wie sie von Leonardo entworfen wurde.
Die Strukturelemente sind transparent dargestellt; die eigentliche Sägevorrichtung sowie das Wasserrad und der Mechanismus, der die erzeugte Energie an die Sägevorrichtung überträgt, wurden – in dunkler Farbe – hervorgehoben.

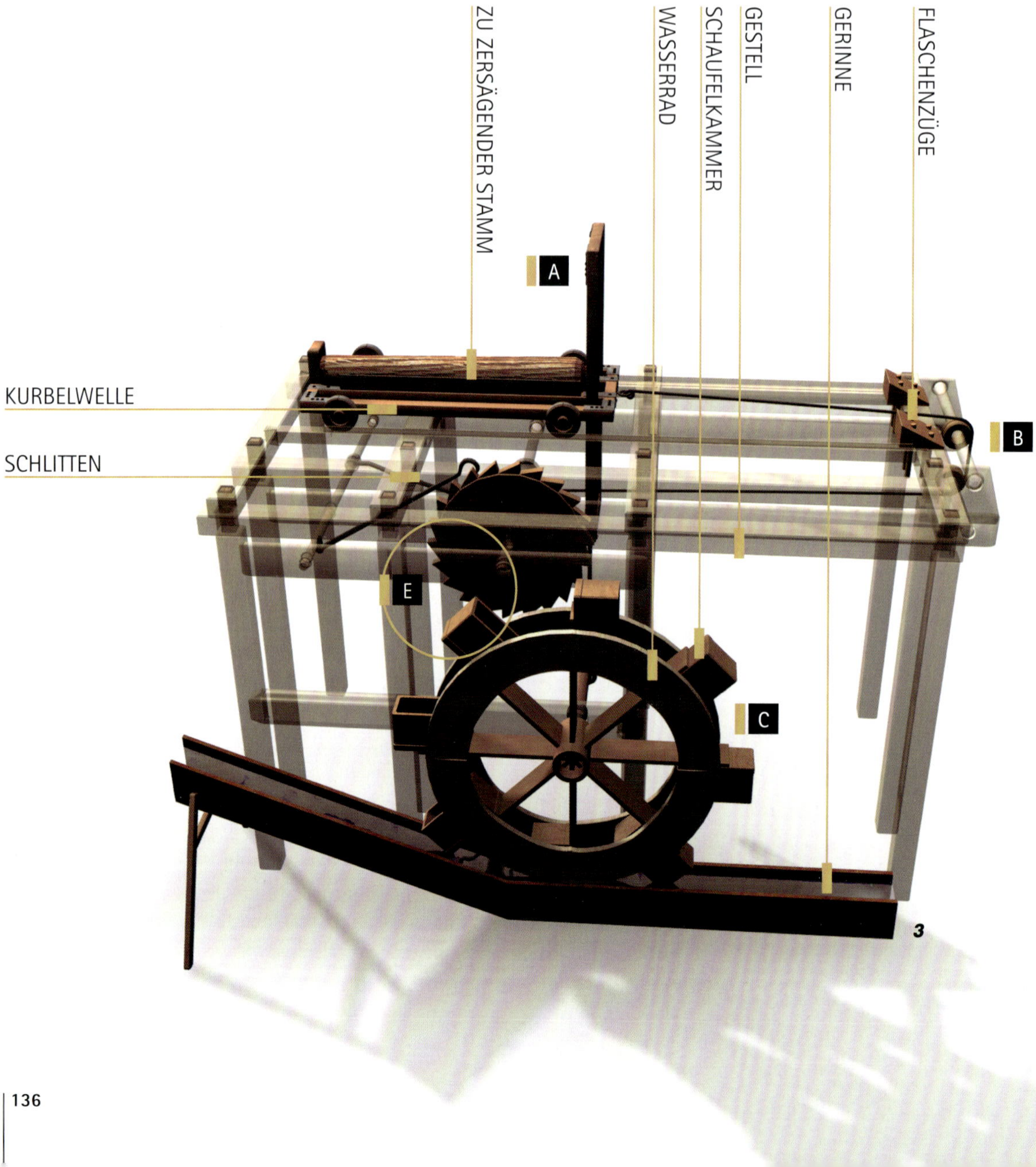

3

Abb. 4
Vorderansicht der mechanischen Säge mit dem Mechanismus, der die kontinuierliche Drehbewegung in eine lineare Auf- und Abwärtsbewegung (des Sägeblatts) umwandelt.

Abb. 5
Darstellung der Funktionsweise der hydraulisch angetriebenen mechanischen Säge.

D Das Wasserrad mit den Schaufelkammern wird durch das im Gerinne fließende Wasser in Gang gesetzt. Die Radwelle überträgt die durch Drehung erzeugte Energie an die anderen Mechanismen.

E Dieser Mechanismus wandelt die hydraulische Drehbewegung in die Energie um, die nötig ist, um die Rollen und Seile in Gang zu setzen, die den Schlitten mit dem Baumstamm mit konstanter Geschwindigkeit in Schnittrichtung vorwärtsziehen.

F In dieser Phase wird die ursprüngliche kontinuierliche Drehbewegung in eine lineare Auf- und Abwärtsbewegung umgewandelt, sodass sich das Sägeblatt auf und ab bewegt. Ein von einem Flaschenzug bewegtes Seil ist am Schlitten befestigt, der sich auf Rädern entlang einer Führung fortbewegt.

4

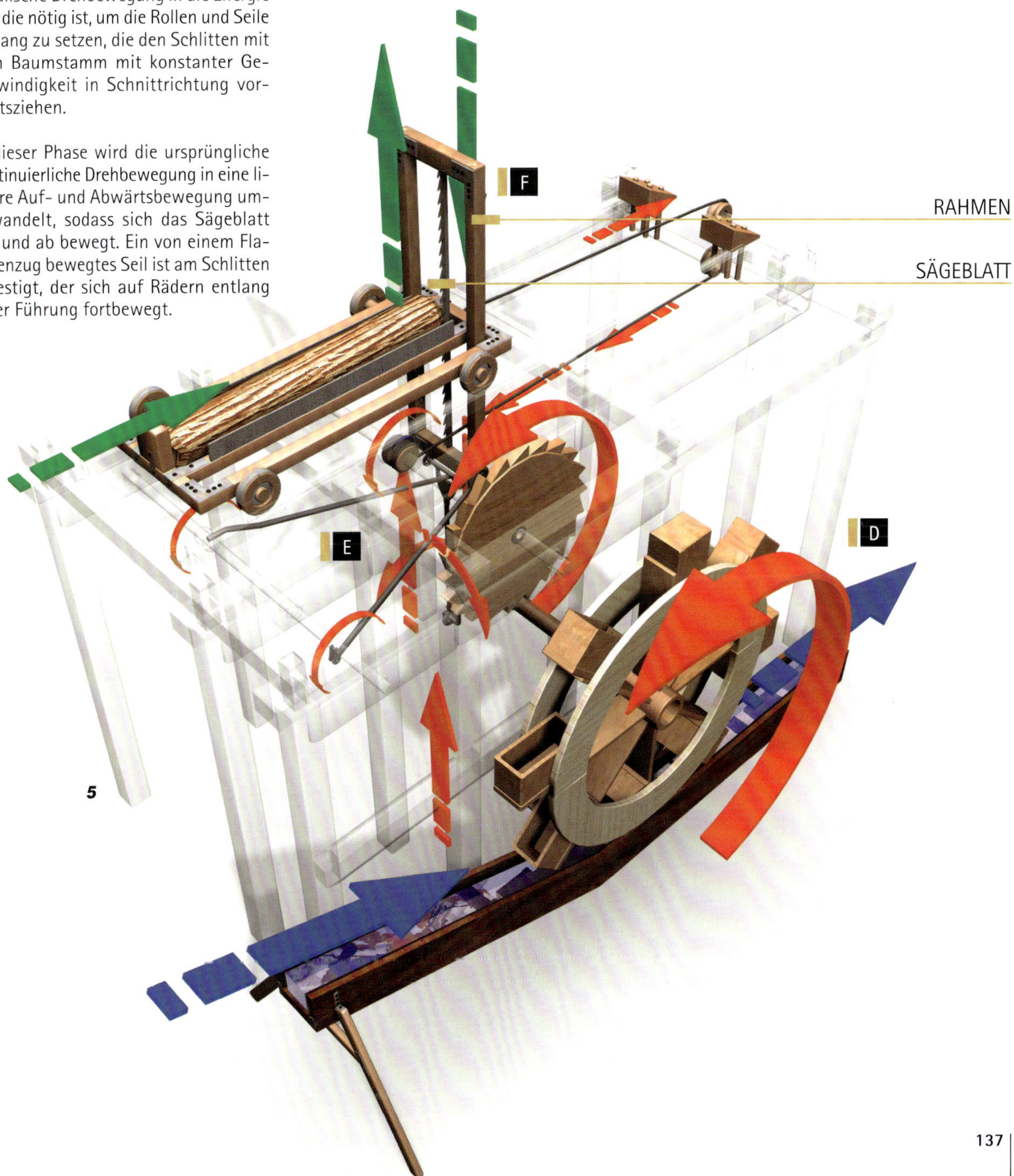

5

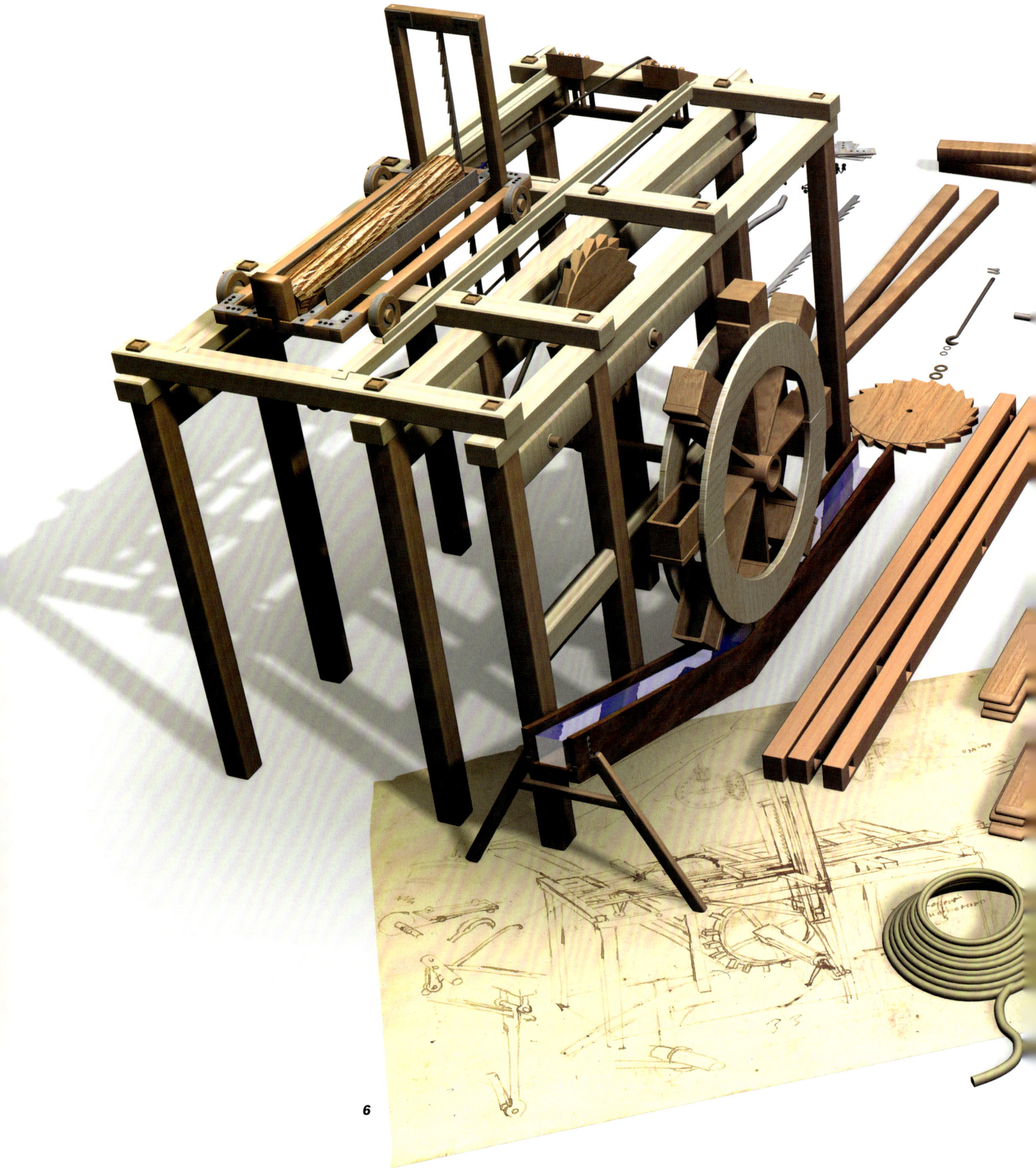

6

Abb. 6
Die Abbildung zeigt die mechanische Säge in montiertem Zustand sowie umgeben von ihren Einzelteilen, darunter Wellen, Gelenke, Verbindungsstücke und Träger.

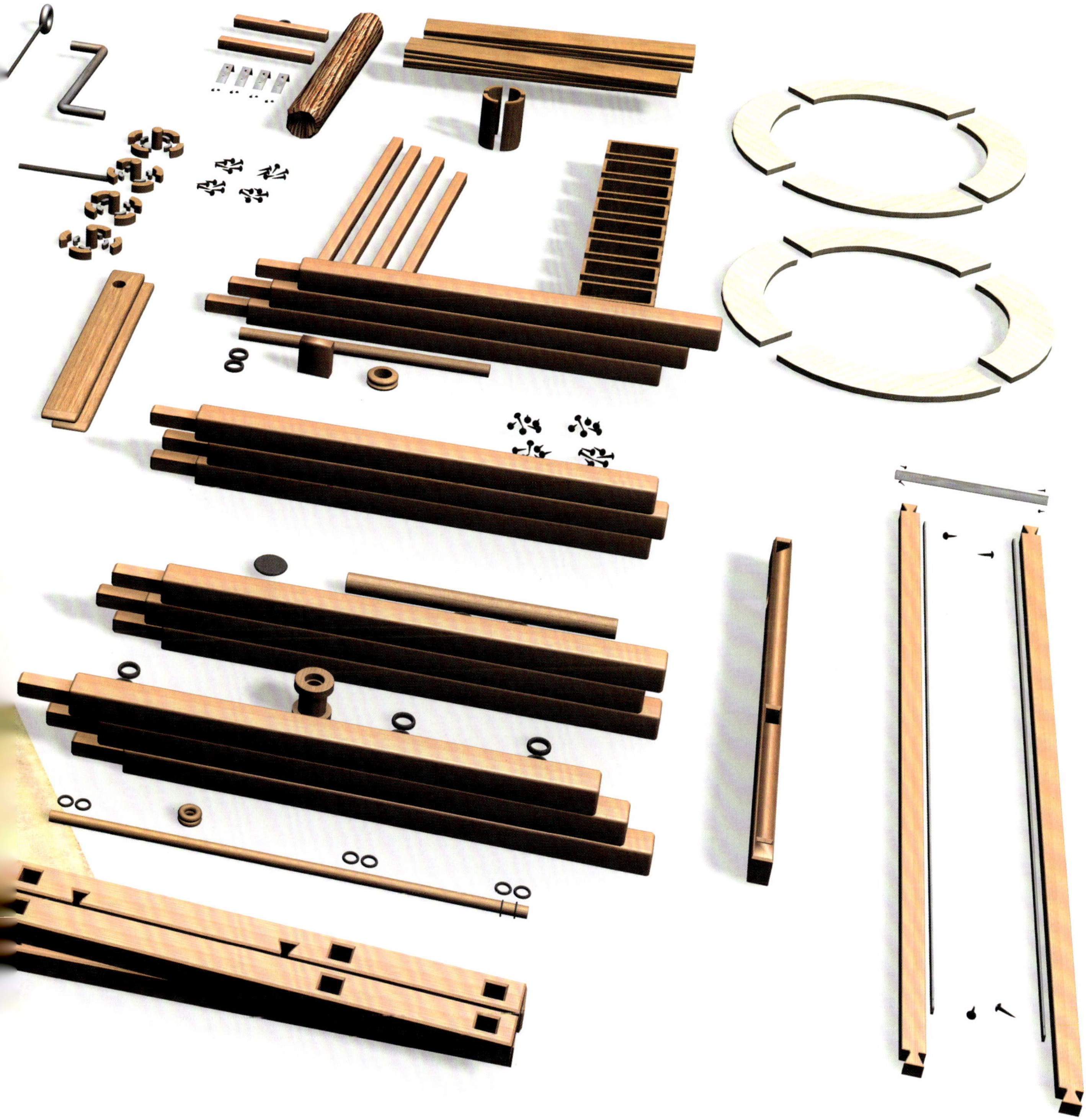

Vinci, 1452

1460

1470

1480

1487–1489

1490

1500

1510

Amboise, 1519

Codex Atlanticus, Fol. 945r

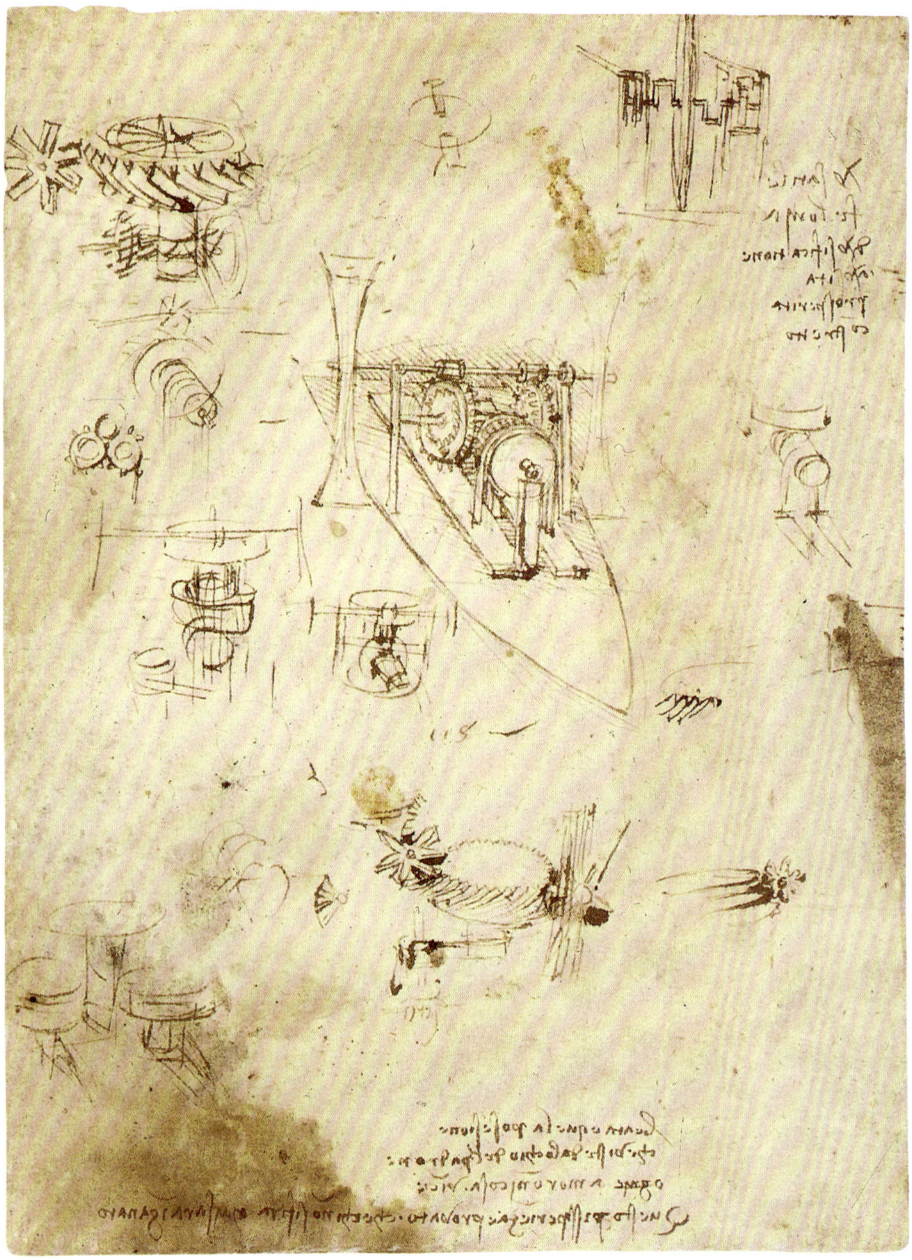

1

Schaufelradboot

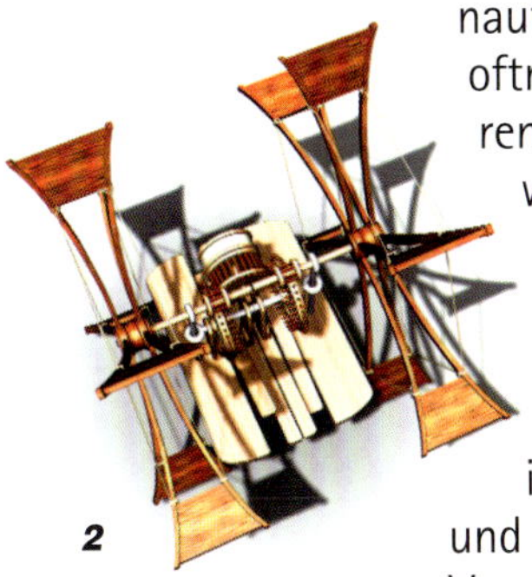

2

Boote mit neuen Antriebssystemen, Taucheranzüge, Schwimmringe, Unterseeboote, Vorrichtungen zum Abbohren von Schiffen unter der Wasseroberfläche – sie alle belegen Leonardos lebhaftes Interesse für nautische Forschungen und die originellen Lösungen, zu denen er hierbei oftmals gelangte. Die Hochsee- und (wo möglich) Binnenschifffahrt waren zu jener Zeit die schnellsten und günstigen Transportwege. Städte wie Mailand und Florenz, die keinen direkten Zugang zum Meer besaßen, hatten dadurch mit erheblichen Nachteilen zu kämpfen, die sie mithilfe ihrer politischen und wirtschaftlichen Macht zu überwinden versuchten. Ihre diesbezüglichen Bemühungen betrafen sowohl militärische Aspekte – z. B. Mailands expansionistische Ambitionen in Richtung der ligurischen Küste oder die Dauerfehde zwischen Florenz und Pisa – als auch hydrotechnische Bauten. Mitunter überstiegen diese Versuche die Grenzen des damals Machbaren, wie etwa im Fall des Versuchs von Florenz, den Arno für die Binnenschifffahrt bis zum Meer auszubauen. Angesichts des stetig wachsenden Bedarfs an Handels- und Kriegsschiffen schenkten die Ingenieure der Renaissance der Entwicklung neuer Schiffstypen größte Aufmerksamkeit. Das Modell eines von Schaufelrädern angetriebenen Bootes geht bereits auf Vorläufer Leonardos wie Taccola und Francesco di Giorgio Martini zurück. Leonardo führt aber eine Reihe von wesentlichen Verbesserungen beim Antriebsmechanismus der Schaufelräder durch und bietet dafür einen neuen Lösungsansatz. Anhand von ungeordnet wirkenden, aber überaus anschaulichen visuellen Darstellungen können wir jede von Leonardo entworfene bauliche Änderung oder Erfindung mühelos nachvollziehen. In den Handschriften von Leonardos Zeitgenossen finden sich im Allgemeinen meist nur die „Reinzeichnungen" von Schaufelradbooten in ihrer endgültigen Form, ohne jegliche Informationen zu den Überlegungen, die dahinter stecken, oder anderen Forschungsaspekten.

Leonardo befand sich erst seit kurzer Zeit in Mailand, als er die vorliegende Zeichnung anfertigte. Es gibt mehrere Anhaltspunkte, die auf die Jahre zwischen 1487 und 1489 hinweisen. Dazu zählen etwa die lombardischen Namen auf der Rückseite des Folios, die nicht von Leonardos Hand stammen. Es ist eines jener vielen Blätter aus dem Hauptbuch für den Mailänder Dom, die in Leonardos Besitz gelangten. Leonardo benutzte das Blatt und fügte auf den unbeschriebenen Flächen seine Zeichnungen und Notizen ein. Ein weiteres Element, das für diese Datierung spricht, ist die Folge von Wörtern in der oberen rechten Ecke: „Fellonia. Diversificazione. Avversità […]". (Schurkerei, Verschiedenartigkeit, Widerwärtigkeit). Die langen Wörterlisten in den Handschriften dieser Zeit (Manuskript B und Codex Trivulzianus) belegen die Tatsache, dass Leonardo, der keine höhere Bildung genossen hatte, nach seiner Ankunft in Mailand sich dem Sprachenstudium, einschließlich dem Lateinischen, zu widmen begann, um Zugang zu den kulturellen Quellen seiner Zeit zu erhalten.

Abb. 1
Das Folio 945r des Codex Atlanticus. In der Mitte des Blatts befindet sich eine überaus wichtige Vorrichtung des Schaufelradbootes: der Tretmechanismus mit Pedalen, der es in Gang setzt. Er wird von Skizzen anderer Bauteile sowie mehreren handschriftlichen Notizen Leonardos umgeben.

Abb. 2
Die Pedale des Tretmechanismus aktivierten die beiden drehbaren Schaufelräder. Die Schifffahrt auf Flüssen und Kanälen stellte die Konstrukteure vor andere Probleme als auf offener See. Nachdem das Problem der Schwimmfähigkeit gelöst war, musste das Schiff über ein Antriebssystem verfügen, das ihm erlaubte, sich sowohl einen Fluss stromaufwärts als auch auf Kanälen mit niedrigem Wasserstand fortzubewegen. Der Einsatz von Schaufelrädern schien dabei Leonardo geeigneter als der von Rudern. Die grundlegende Innovation Leonardos bestand bei diesem Projekt darin, dass er die Ruder durch Räder ersetzte und dabei ein der Funktionsweise von Mühlenrädern entgegengesetztes Prinzip anwandte: Nicht die Aktion des Wassers setzte ein Rad in Bewegung, sondern die manuelle Betätigung der Schaufelrades gewährleistete die Fortbewegung im Wasser.

Abb. 3
Explosionszeichnung mit der Darstellung sämtlicher Teile, die die Auf- und Abwärtsbewegung sichern.

Abb. 4
Schautafel mit der Funktionsweise des Tretmechanismus des Schaufelradbootes. Die Vorrichtungen für den Antrieb des linken Schaufelrades sind transparent dargestellt, während die des rechten Blocks, die erläutert werden, farblich hervorgehoben wurden. Interessant ist der Einsatz eines Systems zur Umwandlung der linearen Auf- und Abwärtsbewegung in eine kontinuierliche Kreisbewegung. Das System ähnelt einer Vorrichtung Leonardos von Fol. 30v aus dem Codex Atlanticus, wobei einige Teile vertauscht wurden.

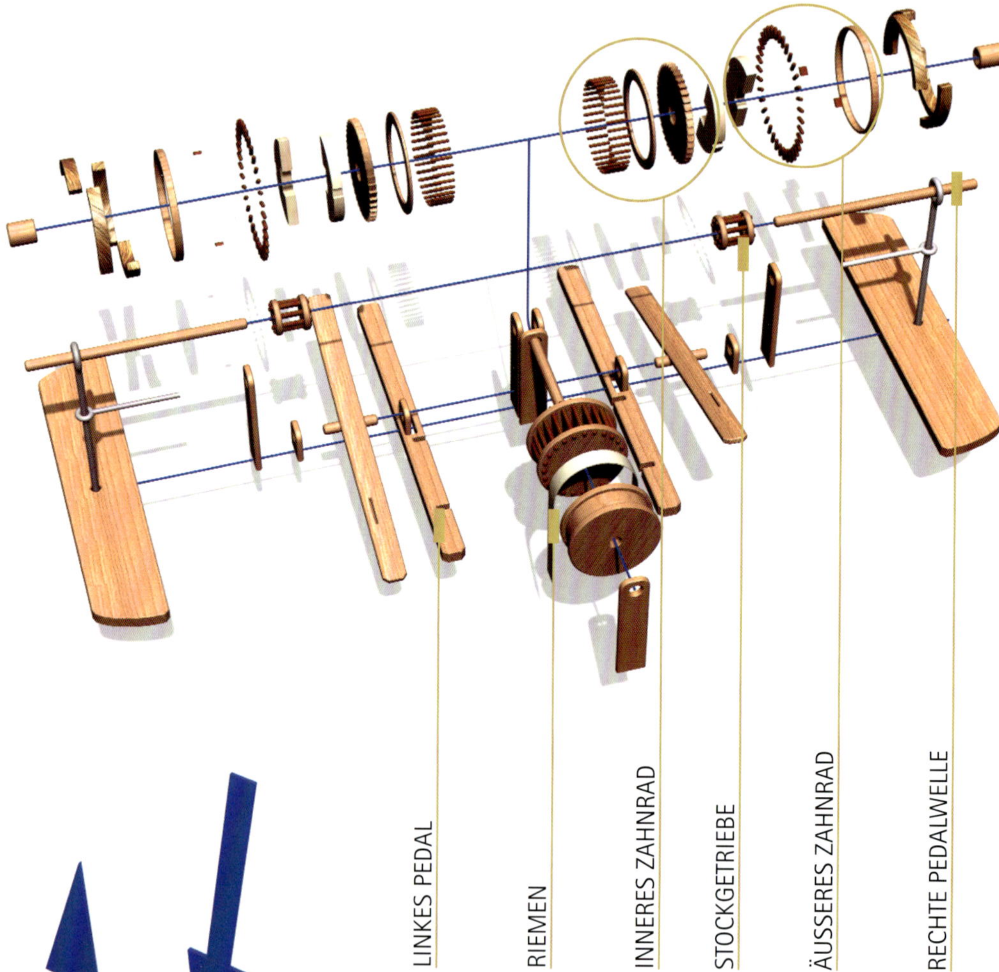

3

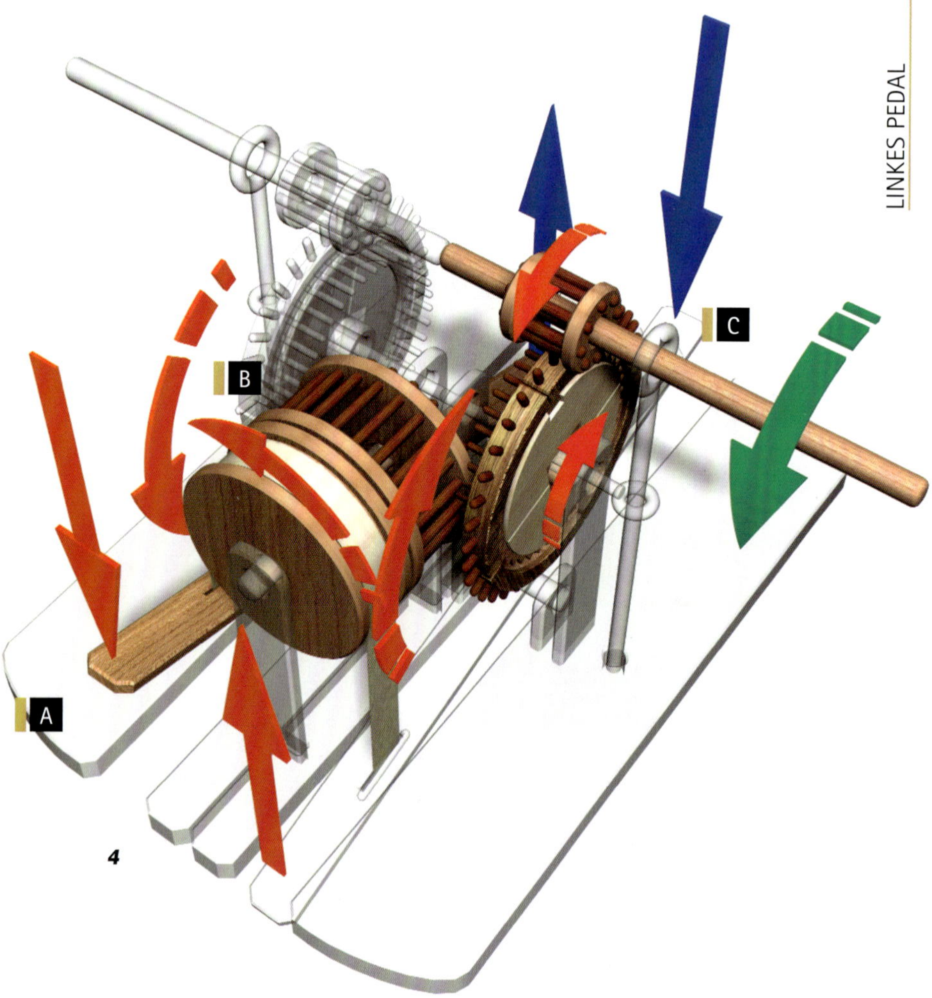

4

A Ein oder mehrere Männer auf dem Boot treten das linke Pedal auf und nieder. Dadurch setzt sich der um die mittlere Walze führende Riemen in Bewegung, der den zentralen Mechanismus (das Walzengetriebe) antreibt.

B Das Walzengetriebe, das durch den Riemen in Bewegung gesetzt wird, dreht sich in Uhrzeigersinn und überträgt seine Bewegung ans innere Zahnrad des Motorblocks. Zwei innere Federn bewegen sich in Uhrzeigersinn, sodass das Getriebe ins äußere Zahnrad greift und dieses antreibt.

C Das äußere Zahnrad (äußerer Ring) überträgt die Kreisbewegung an das obere Getriebe, das sich gegenläufig zum Uhrzeigersinn zu drehen beginnt. Diese Bewegung wird dann an die rechte Welle des Schaufelrades weitergeleitet, die sich gegen den Uhrzeigersinn (grüner Pfeil) dreht. Danach wird das rechte Pedal auf und nieder getreten und es wiederholt sich derselbe Vorgang, nunmehr jedoch mit dem linken Schaufelrad.

Folgende Doppelseite, Abb. 7
Visuelle Umsetzung des Entwurfs eines Schaufelradbootes (beschrieben im Codex Atlanticus auf Fol. 1063v, in der Version des Antriebs durch Armbewegungen), wie es sich Leonardo vorgestellt haben dürfte, gesehen vom Torre del Falconiere des Castello Sforzesco in Mailand mit Blick auf den inneren Burggraben.

5

Abb. 5
Vorderansicht der Schaufelräder, die durch einen Tretmechanismus angetrieben werden.

Abb. 6
Gesamtansicht des Schaufelradbootes.

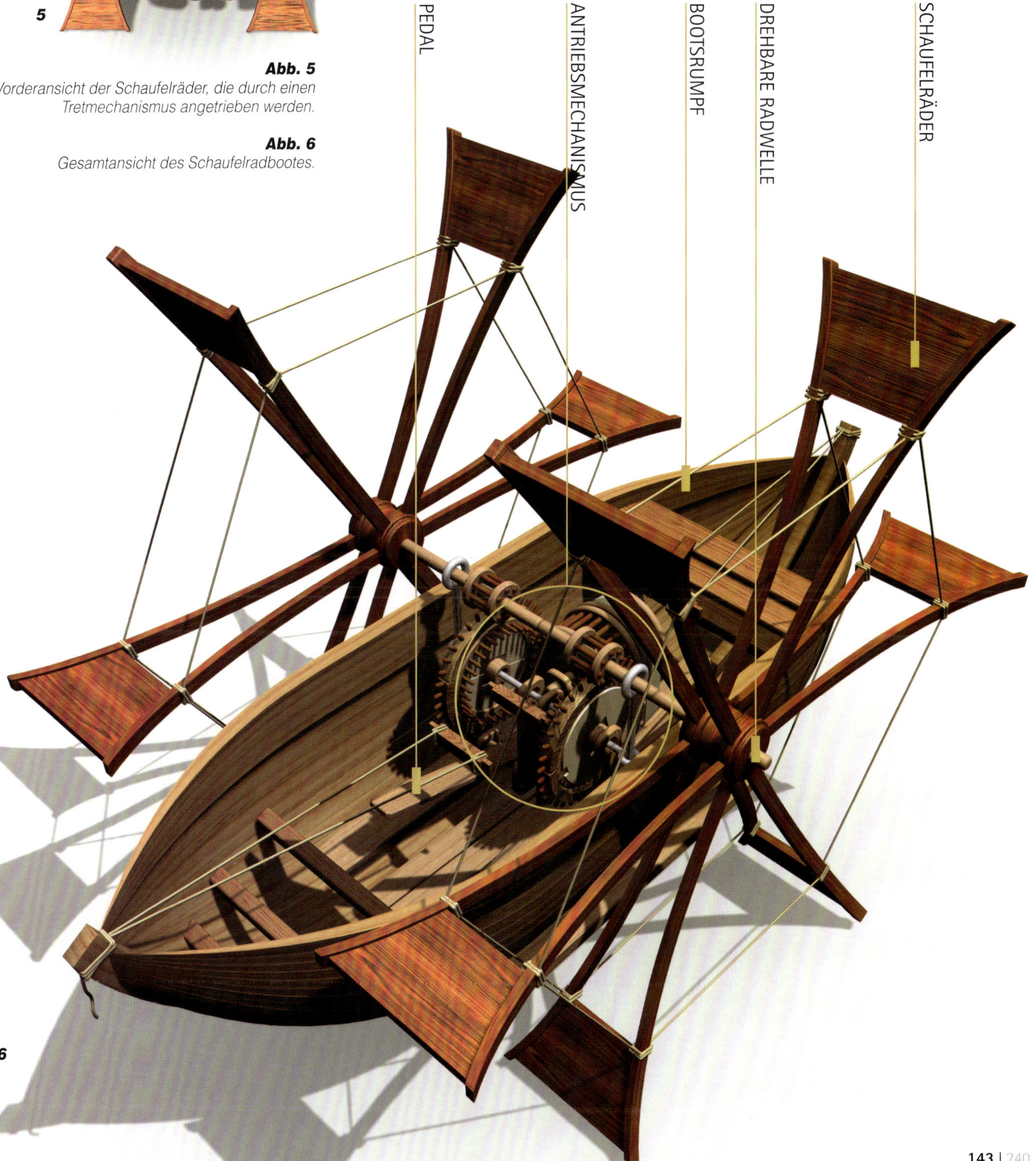

6

Vinci, 1452 | 1460 | 1470 | 1480 | 1487–1489 | 1490 | 1500 | 1510 | Amboise, 1519

Codex Atlanticus, Fol. 855r

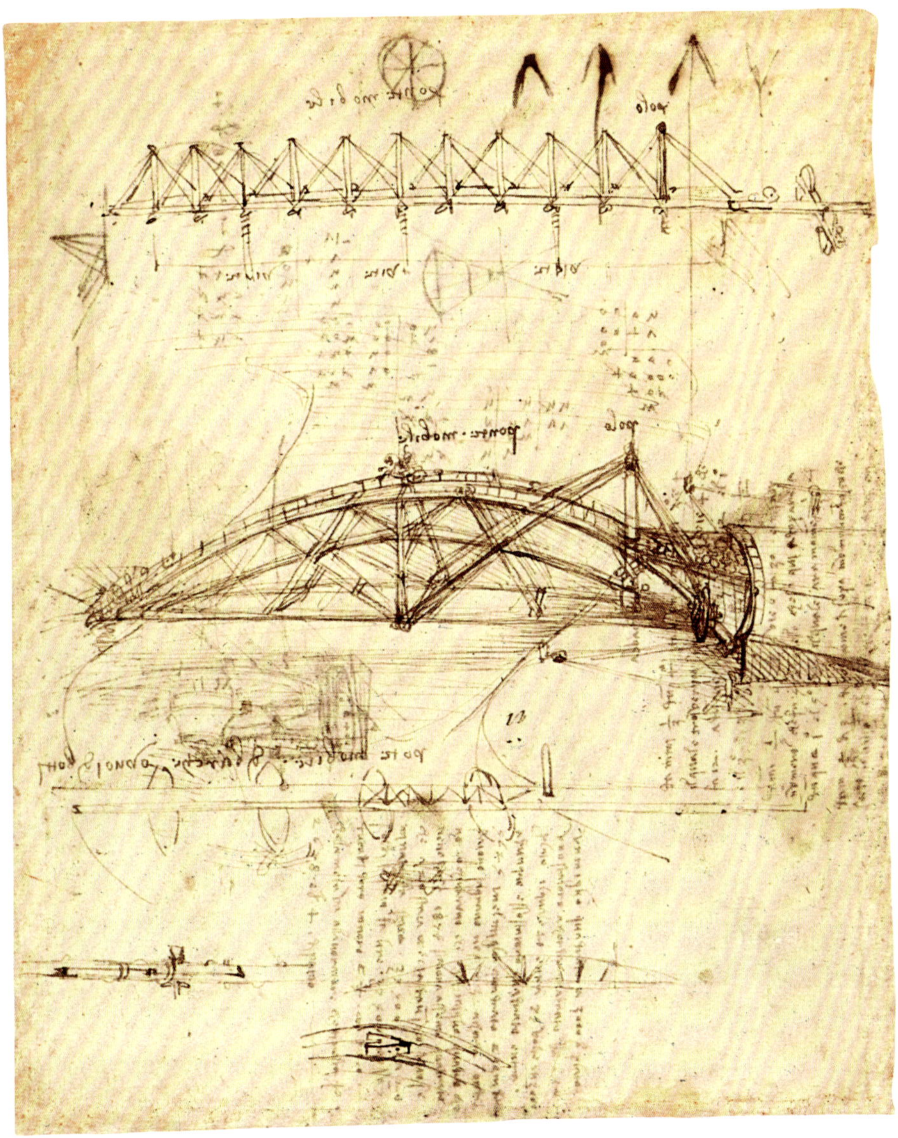

1

Drehbrücke

Eines der interessantesten Kapitel in Leonardos Schaffen ist der Entwurf von Brücken, die vor allem für den Einsatz in Kriegszeiten gedacht waren. In seinem Brief, mit dem er sich 1482, nach dem Weggang aus Florenz, bei Ludovico il Moro vorstellt, erwähnt er, er habe „Pläne für sehr leichte, aber dabei starke Brücken". Wir wissen nicht, ob Ludovico il Moro den jungen, ehrgeizigen toskanischen Ingenieur auf die Probe gestellt hat. Sicherlich finden sich unter Leonardos zahlreichen Blättern auch Skizzen von Brücken, die sich dank ihrer Bauweise vor allem in Kriegszeiten bewährten. Er entwarf mobile Brücken (wie die hier rekonstruierte), die „leicht und bequem abgebrochen und errichtet werden können". Besonders interessant ist eine Aussage von Luca Pacioli, dem großen Mathematiker und Freund Leonardos. In seinem Werk *De viribus quantitatibus* spricht Pacioli von einem „edlen Ingenieur", der für Cesare Borgia Notbrücken für Kampfeinsätze entwickelt hatte, die man ohne Seile und Metall auf- und abbauen konnte. Es ist nicht sicher, ob er damit Leonardo meinte, es hätte aber durchaus sein können, zumal dieser damals als Militäringenieur im Dienst von „il Valentino" stand. Die drei Entwürfe dieses Folios zeigen drei Brückenvarianten: eine leicht aufzubauende Brücke mit Verstrebungen, eine Drehbrücke und eine auf Kähnen aufgebaute Pontonbrücke. Es sind flüchtige Skizzen, Überlegungen, die Leonardo zeichnerisch festhielt, um sie zu einem späteren Zeitpunkt weiterzuentwickeln. Das Manuskript B enthält etliche solcher Zeichnungen, und unser Folio datiert sicherlich aus jener Zeit kurz nach Leonardos Eintreffen in Mailand.

Wie so häufig bei Entwürfen zu Kriegszwecken greift Leonardo zum Teil auf die Tradition zurück, so etwa bei der Pontonbrücke, was jedoch kein Zeichen mangelnder Erfindungsgabe ist: In jenen Jahren war er bestrebt, sich am Mailänder Hof einen Ruf aufzubauen, und wie bei anderen Kriegsfürsten jener Zeit verschmolzen auch bei Ludovico il Moro die Fähigkeiten und Bedürfnisse im Bereich der Kriegskunst mit dem Bestreben, das Vermächtnis der Antike auf diesem Gebiet neu zu beleben. Und es wäre nur zu Leonardos Vorteil gewesen, wenn er in seinen innovativen Projekten dabei an das antike Erbe angeknüpft hätte. Aber selbst in solchen Fällen und vor allem im Bereich von Drehbrücken überwiegen die neuen Elemente. Bemerkenswert sind vor allem Leonardos Notizen zu Aspekten der Statik im Brückenbau. Er benutzt den Ausdruck „Pfeiler" für den senkrechten Pylon, um den sich die ganze Brückenkonstruktion dreht, und andere Vorrichtungen (wie der Caisson, der als Gegengewicht wirkt) lassen auf seine profunden theoretischen Kenntnisse schließen. Die Lehre „de ponderibus", also das Studium des dynamischen und statischen Verhaltens der Körper, zählt zu den ersten theoretischen Bereichen, denen sich Leonardo nach seiner Ankunft in Mailand widmete. Seinen Beitrag dazu leistet er in Form der angewandten Wissenschaft, die sich bis dahin auf theoretische Spekulationen beschränkte, und durch die Entwicklung praktischer mechanischer Vorrichtungen.

Abb. 1
Folio 855r aus dem Codex Atlanticus. Die drei Studien auf diesem Blatt zeigen – von oben nach unten – drei Brückenversionen: eine (leicht auf- und abzubauende) Brücke mit Verstrebungen, eine Drehbrücke und eine auf Brückenkähnen ruhende Pontonbrücke.

Abb. 2
Draufsicht der Drehbrücke.

2

Der Entwurf zu dieser Brücke stammt aus der Zeit von Leonardos erstem Aufenthalt in Mailand und könnte, wie andere Zeichnungen auch, zu jenen Projekten zählen, die er in seinem Brief an Ludovico il Moro erwähnt, in dem er sich und seine Fähigkeiten als Ingenieur für militärische und zivile Projekte empfahl. Das augenfälligste Merkmal der Brücke ist die Tatsache, dass sie sehr schnell geöffnet und geschlossen werden konnte und dabei ein Vordringen des Feindes wirkungsvoll stoppte.

Abb. 3
Das Modell der Drehbrücke liegt auf dem Folio 855r aus dem Codex Atlanticus, in dem sich der entsprechende Entwurf findet.

Abb 4
Die Ansicht der Drehbrücke von unten lässt einige Strukturelemente sowie die entsprechenden mechanischen Vorrichtungen zu ihrer Betätigung erkennen.

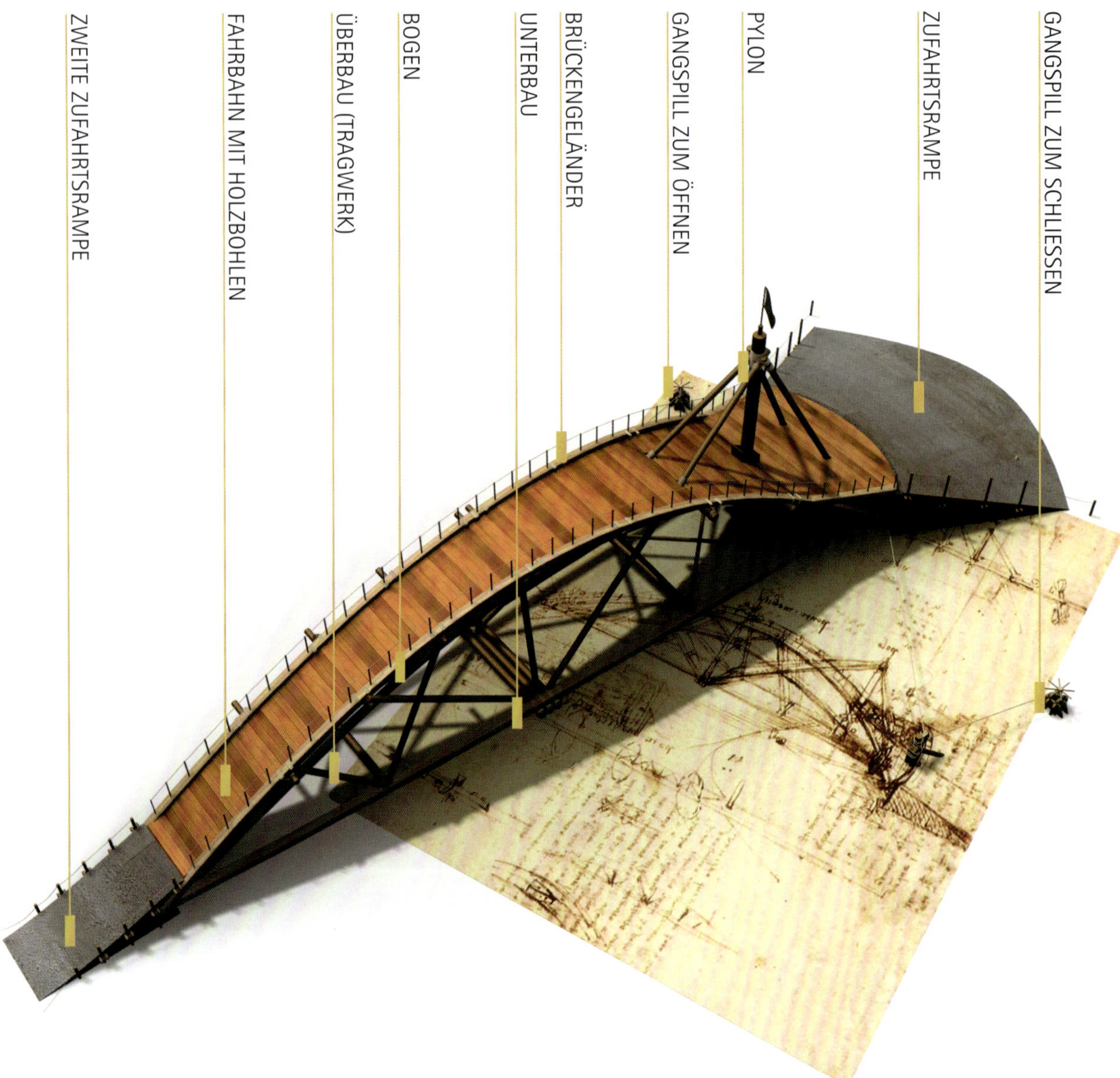

3

4

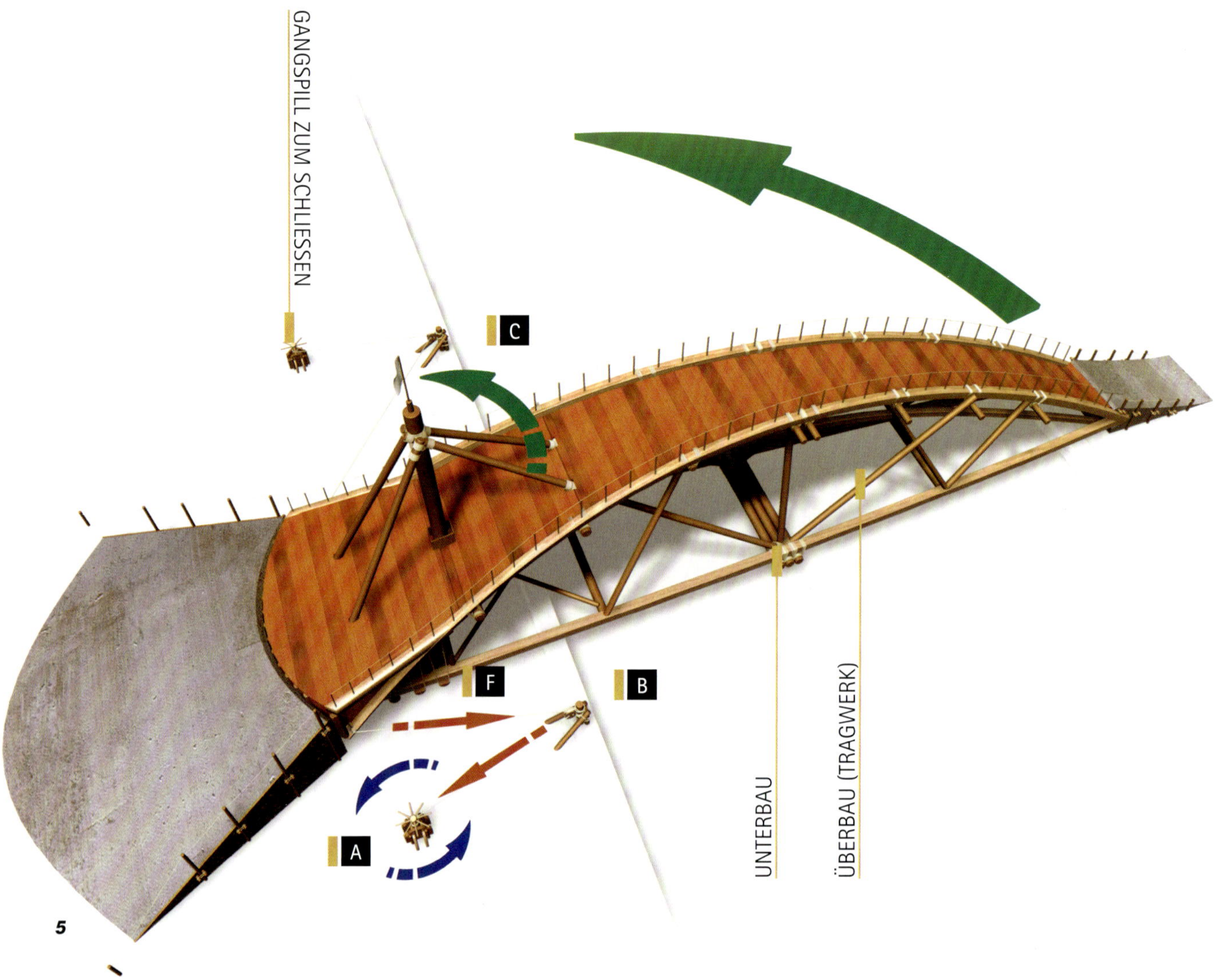

Die als einbogige Brücke konzipierte Konstruktion stützt sich an einem Ufer auf einem mächtigen senkrechten drehbaren Pylon, an dem das Tragwerk aus fachwerkartig verstrebten Bogenträgern abgehängt ist. Über ein System von Winden, Seilen und Rollen kann die Brücke gedreht werden, sodass Schiffe den Wasserlauf passieren bzw. ein Flussufer isoliert wird.

A Gangspill zum Öffnen der Brücke: Durch seine Drehung wird das mit der Brücke verbundene Seil auf der Winde aufgerollt.

B Ein am Ufer verankertes System von Flaschenzügen verhindert das Weggleiten des Seils und optimiert die Zugbewegung und Drehung der Brücke, die notwendig ist, damit sie sich öffnet.

C Durch Ziehen der Seile dreht sich die Brücke um den senkrechten schwenkbaren Pylon und gibt den Weg für die Durchfahrt der Schiffe und Kähne frei. Der Pylon erfüllt dabei die Aufgabe eines senkrechten Zapfens, Königsstuhl genannt, um den sich der Überbau dreht.

Abb. 5
Darstellung des Öffnungsvorgangs der Drehbrücke.

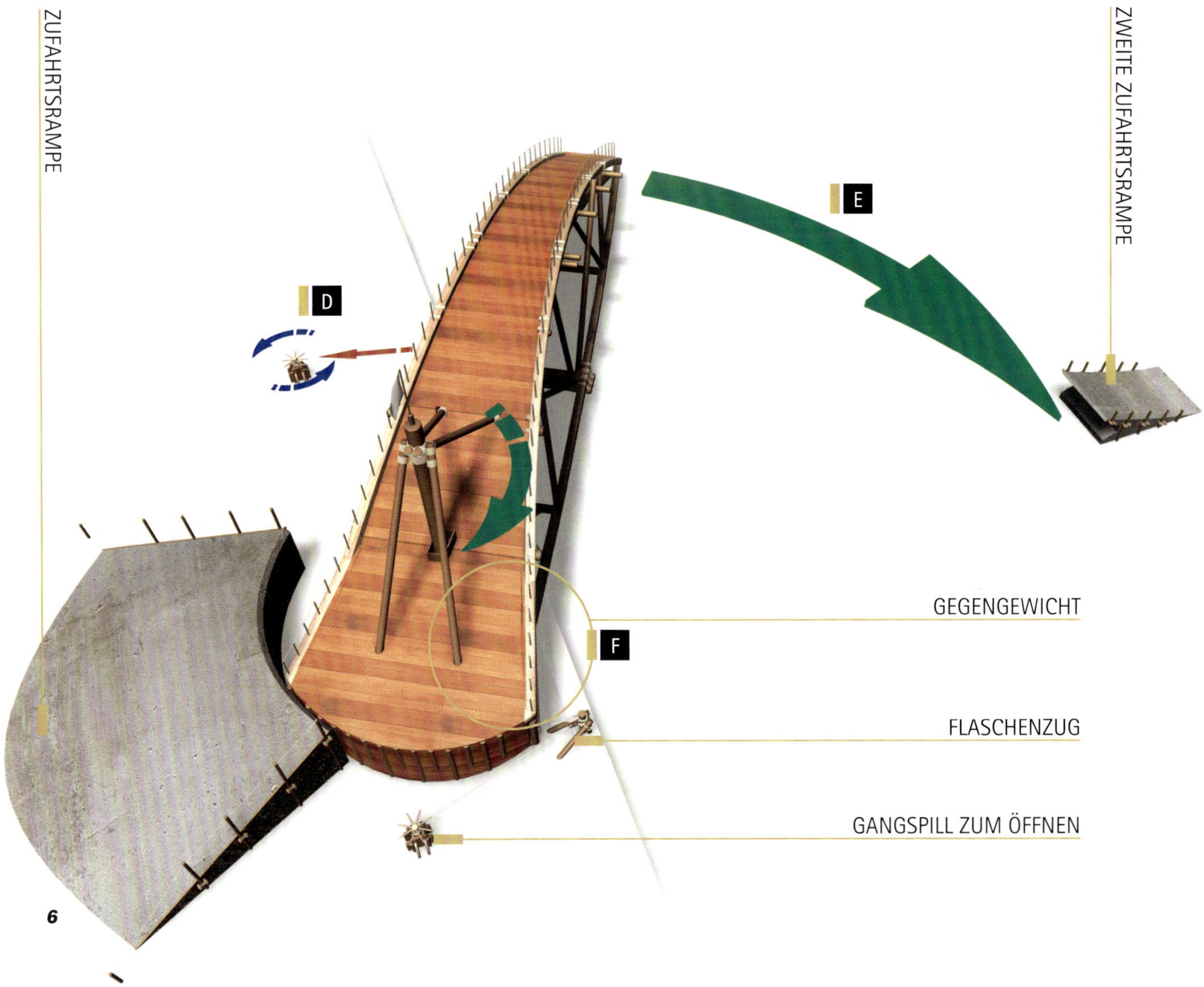

Abb. 6
Darstellung des Schließvorgangs der Drehbrücke.

Nächste und übernächste Doppelseite, Abb. 7 und 8
Hypothetisches computergrafisches Modell der Drehbrücke, die an einem Flussufer aufgestellt ist. Abb. 7 zeigt die Drehbücke im aufgebauten Zustand und daneben – in einer Transparentdarstellung – sämtliche Bauteile. Auf der Abbildung der übernächsten Doppelseite sieht man die Brücke in geschlossenem Zustand, wie sie sich Leonardo vielleicht vorgestellt hat.

D Um die Brücke zurück in die ursprüngliche Position zu bringen, sodass sie zum Überqueren des Wasserlaufs genutzt werden konnte, wurde das vom Pylon entferntere Gangspill betätigt. Darauf befand sich das aufgerollte Seil, dessen Ende an der Brücke befestigt war.

E Das Brückenende schließt durch Drehung der Brücke wieder an die zweite Rampe an, die sich auf dem dem Pylon entgegengesetzten Ufer befindet.

F Um das Öffnen der Brücke zu erleichtern, hatte Leonardo einen steinernen Caisson vorgesehen, der die Rolle eines Gegengewichts übernahm, das das Schweben der Brücke in geöffnetem Zustand ausglich.

Vinci, 1452 · 1460 · 1470 · 1480 · 1490 · 1500 · 1510 · 1513–1514 · Amboise, 1519

Manuskript E, Fol. 75v

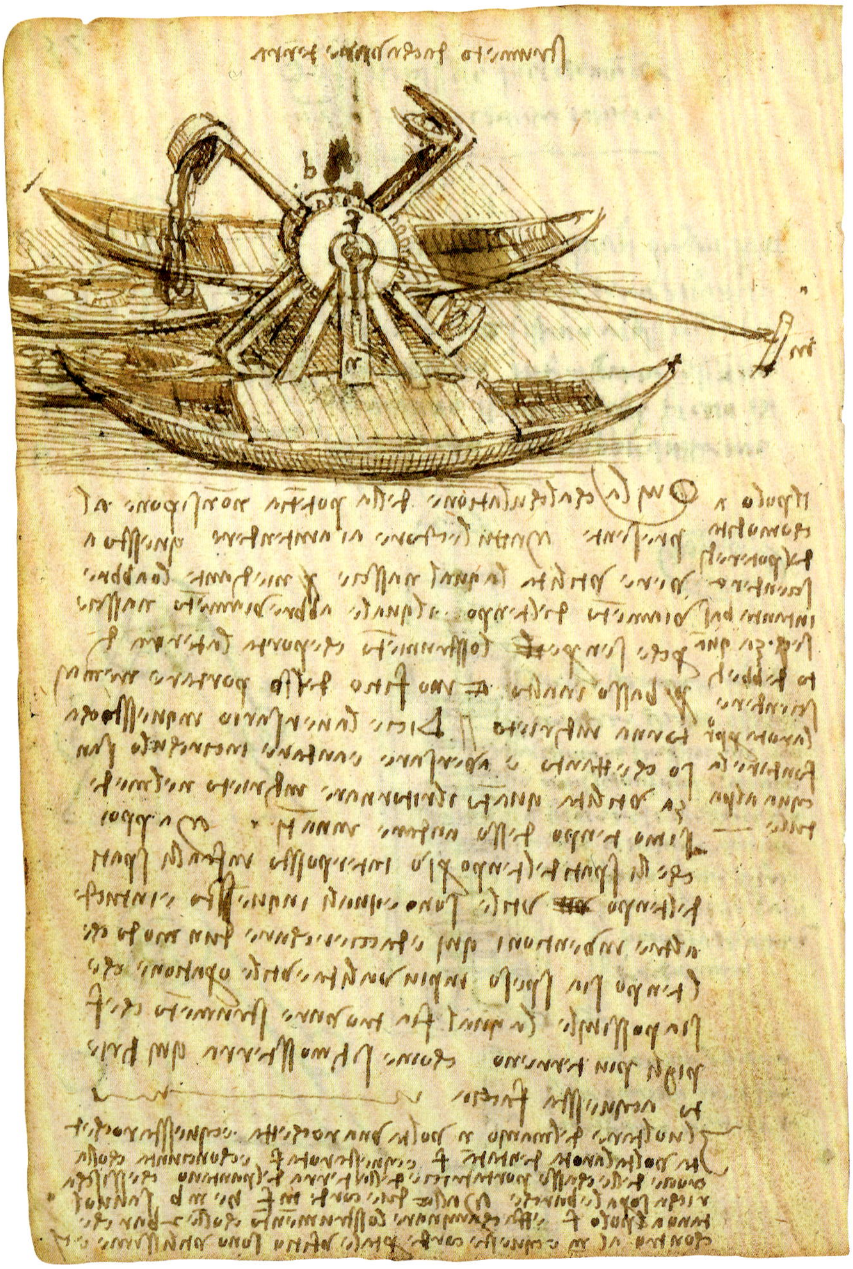

1

Schwimmbagger

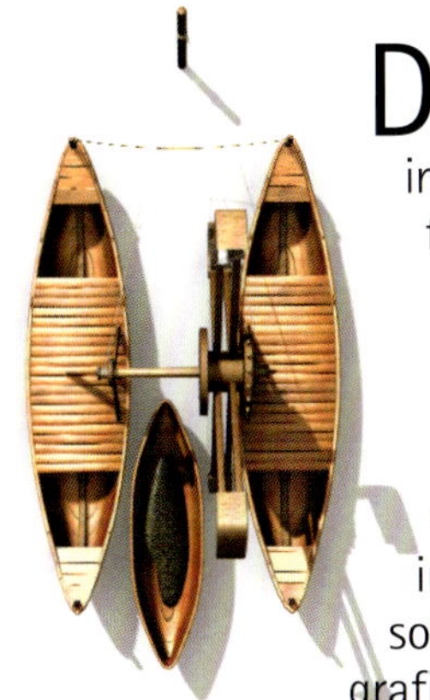

2

Die Studie zur dieser Vorrichtung zum Ausbaggern von Schlick und Schlamm vom Grund eines Kanals oder schiffbaren Flusses findet sich in einer der Handschriften aus Leonardos letzten Lebensjahren. Das kleinformatige Manuskript umfasst 96 Blätter und ähnelt damit zwei anderen Kodizes aus derselben Zeit, den Manuskripten G und F. Offensichtlich schienen diese Ausmaße und die Blattzahl Leonardos Vorstellungen von Handlichkeit und bequemem Mitführen völlig zu entsprechen. Er war oft unterwegs, sodass es für ihn besonders wichtig war, seine Notizbücher – seine unerlässlichen Arbeitsinstrumente –, stets mitführen zu können, um Gedanken und Ideen sofort festzuhalten. Manuskript E enthält eine aufschlussreiche biografische Notiz über Leonardos Weggang von Mailand nach Rom im Jahre 1513. Können wir daraus schließen, dass auch der Entwurf zum vorliegenden Schwimmbagger aus der Zeit seines Rom-Aufenthalts stammt? Das lässt sich nicht eindeutig belegen. Das Vorhandensein einer Datumsangabe schließt nicht aus, dass er irgendwelche Notizen in jenem Manuskript nicht schon früher begonnen hatte. Sicher ist, dass Leonardo während seines Aufenthalts in Rom an einem Vorhaben mitwirkt, für welches Vorrichtungen wie dieser Bagger äußerst nützlich gewesen wären: das groß angelegte Projekt der Trockenlegung der Pontinischen Sümpfe südlich von Rom, zwischen Sermoneta und Terracina, unweit des Tyrrhenischen Meeres. Im Jahr 1514 beauftragt Papst Leo X. seinen Bruder Giuliano de' Medici mit dem Beginn der Landgewinnung. Eine Urkunde erwähnt die „besonders fähigen Landvermesser", also jene Gruppe von Ingenieuren, die mit diesem Projekt betraut wurden. Giuliano de' Medici, der einflussreiche Bruder des florentinischen Papstes, war Leonardos Auftraggeber in Rom. Unter den Blättern aus der Sammlung der Königlichen Bibliothek von Windsor findet sich eine herrliche Zeichnung (Windsor RL 12684), die aus der Vogelperspektive eine Gesamtansicht der Pontinischen Sümpfe rund um den Monte Circeo, also des geplantes Entwässerungsgebietes, bietet. Leonardos Lösungsvorschlag enthielt sogar die dafür notwendigen Arbeiten: Ausbaggern des Rio Martino, der immer noch regelmäßig über die Ufer trat, sowie weitere Arbeiten wie Ausheben von Kanälen und Schaffung von Entwässerungsgräben. Könnte es sein, dass der vorliegende Schwimmbagger auch Teil dieses Vorhabens war? Leonardo hatte sich nämlich vor seiner Ankunft in Rom, als er noch in Mailand weilte, im Auftrag des französischen Königs mit dem Ausbau der Wasserwege in Norditalien beschäftigt. So wäre es durchaus möglich, dass der Entwurf für den Schwimmbagger, wenn er nicht während Leonardos Rom-Aufenthalt entstanden war, sich schon in Mailand bewährt haben könnte.

Nachdem er die Zeichnung ausgeführt und (oben) den Titel sowie die Hauptnotizen darunter niedergeschrieben hatte, geriet Leonardo offensichtlich in Platznot und musste in kleinerer Schrift am unteren sowie am rechten Blattrand seine übrigen Anmerkungen einfügen.

Abb. 1
Folio 75v aus dem Manuskript E. Der obere Teil des Blattes enthält eine sorgfältig ausgeführte Zeichnung eines in Betrieb befindlichen Schwimmbaggers. Darunter befinden sich ausführliche Notizen zu den einzelnen baulichen Elementen des Baggers und zu dessen Funktionsweise.

Abb. 2
Draufsicht des Schwimmbaggers. Deutlich sichtbar ist sein Aufbau: Zwischen den beiden Lastkähnen ist die Vorrichtung zum Ausheben der Erde montiert, die ihm, ähnlich wie bei einem modernen Katamaran, zusätzliche Stabilität auf dem Wasser verleiht.

3

4

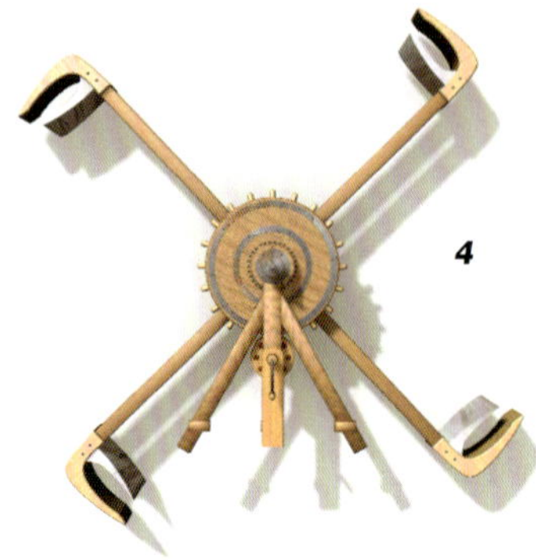

Abb. 3
Darstellung der Arbeitsweise des Schwimmbaggers.

Abb. 4
Zahnrad mit den Aushubschaufeln.

Abb. 5
Ansicht des Schwimmbaggers während der Aushubarbeiten in einem Flussbett mit einer Querschnittsdarstellung des verschlammten Flussbetts.

Abb. 6
Gesamtansicht des Schwimmbaggers in Aktion.

A Der Bagger bestand aus zwei parallel zueinander angeordneten Lastkähnen, zwischen denen in der Mitte ein großes Rad mit vier Schaufeln montiert war, die nacheinander den Schlick und Schlamm aus dem Flussbett aushoben und nach hinten in einen kleineren Lastkahn kippten.

B Leonardo entwarf ein Zahnrad, das auf der Achse des Heberades montiert war und über eine Kurbel oder Winde gedreht wurde, durch deren Betätigung ein Seil auf der Radnabe aufgewickelt wurde. Da das Seil mit einem Pflock immer noch am Ufer verankert ist, gleitet der Schwimmbagger von selbst vorwärts, sobald die Kurbel gedreht wird.

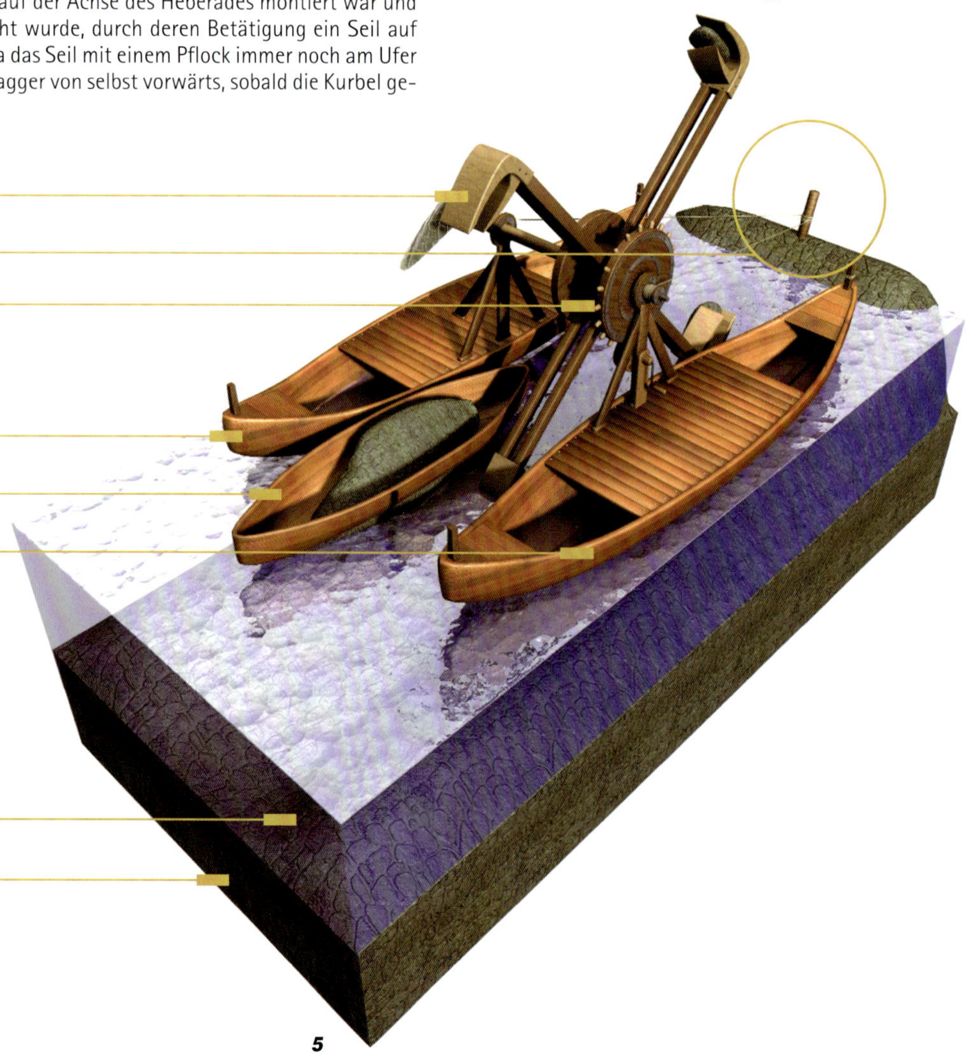

5

004 Arbeitsmaschinen

Maschine mit Hin- und Herbewegung
Feilenhaumaschine
Schleifmaschine für Hohlspiegel
Kanalbaumaschine

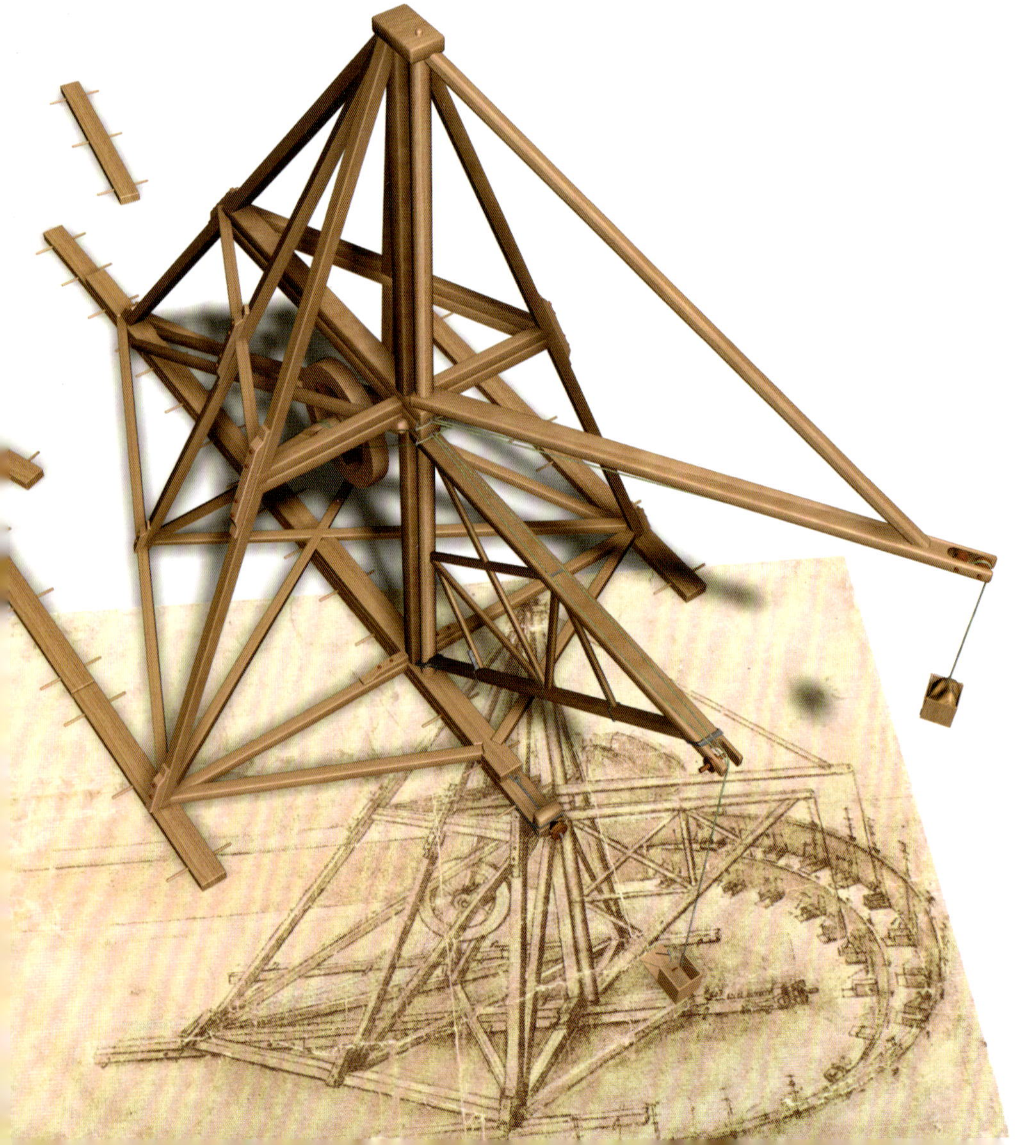

Vorrichtungen zur Metallbearbeitung, Winden zum Heben und dem Transport von Lasten, Maschinen für das Textilhandwerk – sie alle stehen stellvertretend für die unterschiedlichsten mechanischen Projekte, die Leonardo zeit seines Lebens beschäftigten, um die Effizienz der Arbeit zu steigern. Wie in anderen Forschungsbereichen musste Leonardo, bevor er innovative Lösungen erfand, den Dingen auf den Grund gehen, um sie zu verstehen. In den späten 1490er-Jahren kam er in Florenz in Kontakt mit zwei bedeutenden Ingenieurschulen: der Werkstatt von Verrocchio, in der er in die Lehre ging, und der Werkstatt von Brunelleschi, die mit dem Bau der Kuppel des Doms von Florenz beauftragt war. Am 27. Mai 1472 vollendete Verrocchio zur Verblüffung aller Anwesenden Brunelleschis kühnes Projekt, indem er auf der Laterne der Domkuppel eine kupfervergoldete Kugel aufsetzte. Das Gießen der Kugel – ein hoch komplexes Unterfangen – hatte im Beisein von Leonardo stattgefunden. Als Leonardo 40 Jahre später vor ähnlichen Problemen stand, schrieb er: „Erinnere dich an die Art und Weise, wie der Ball auf Santa Maria del Fiore mit in Stein eingelassenem Kupfer zusammengeschweißt wurde [...] ähnlich den Dreiecken dieses Balls" (Ms. G, Fol. 84v).

In Verrocchios Werkstatt entstanden nicht nur herrliche Bronzestatuen, sondern auch Gegenstände des Alltags wie Glocken und Rüstungen. Als Leonardo als Malerlehrling in die Werkstatt eintrat, fand er eine ungemein kreative Atmosphäre vor und lernte eine Vielzahl von Tätigkeiten kennen. Daher überrascht es nicht, dass schon der junge Leonardo Skizzen von Flammöfen und Hohlspiegeln (Codex Atlanticus, Fol. 87r) anfertigte. Ihr empirischer Zweck ist eindeutig: Die Hohlspiegel dienten dem Schmelzen oder Verschweißen von Metall durch Einsatz der durch Konzentration und Reflexion freigesetzten Hitze. Selbst die Flammöfen dienten dazu, durch Nutzung der von den Ofenwänden reflektierten Hitze indirekt Metall zu schmelzen. In jener Zeit interessierte das „Reflexionsgesetz" Leonardo auch aus einem anderen Grund. Der Optik und Perspektive lagen eine Vielzahl von Gesetzen der Optik und Geometrie bezüglich der natürlichen Raum- und gegenständlichen Darstellung zugrunde. Es ist sehr wahrscheinlich, dass Leonardos theoretisches Wissen über die Gesetze der Perspektive auch die eher theoretischen Studien zum Entwurf von Hohlspiegeln beeinflusste. So etwa untersucht er auf Fol. 87r des Codex Atlanticus eine Vorrichtung, die (mittels einer parabolischen Kurve wie in einem Kegelschnitt) konkaven Spiegeln (Hohlspiegeln) die exakte Krümmung verleihen soll.

Die von Brunelleschi verwendeten Maschinen, die entscheidend zum Gelingen des Baus des Doms von Florenz beitrugen, bilden die zweite bedeutende Schule, die der junge Leonardo durchlief. Erst die Erfindung neuer Maschinen und die Anwendung neuer bautechnischer Methoden ermöglichten den erfolgreichen Abschluss der gigantischen Kuppel, bei deren Bau Brunelleschi nicht das damals übliche Bodengerüst anwandte. Eine Reihe von Entwürfen aus dem Codex Atlanticus (z. B. Fol. 138r, 808r,

965r, 1083v) dokumentiert das Interesse des jungen Genies aus Vinci an diesen Vorrichtungen.

Leonardos wichtigste Entwürfe für das Textilhandwerk stammen aus seinen Mailänder Jahren. In Mailand wie in Florenz wurde der Rohstoff (Wolle) überwiegend aus Deutschland und Flandern eingeführt. Dessen Verarbeitung erfolgte in diesen beiden Zentren in drei großen Phasen: Waschen der Wollfasern, Spinnen (Verziehen, Strecken, Verdrehen und Aufwickeln auf der Spule) und Weben des Tuches. Das Färben war ein weiterer wichtiger Arbeitsvorgang. Für jede dieser Arbeiten waren spezielle Maschinen notwendig. Wie die Skizzen des Codex Madrid I (um 1495) und des Codex Atlanticus belegen, entwarf Leonardo vor allem Maschinen zum Spinnen. Auch hier widmet er sich, bevor er an neue Lösungen denkt, dem eingehenden Studium bestehender Vorrichtungen. So ist es denn durchaus möglich, dass eine reizvolle Zeichnung aus dem Codex Madrid I (Fol. 68v) nicht eine seiner Erfindungen zeigt, sondern eine sorgfältige Studie eines in einer Mailänder Weberei verwendeten Webstuhls ist. Andere Projekte dieses Manuskripts enthalten überaus raffinierte Lösungen, die weit über eine bloß künstlerische Darstellung hinausgehen und sich unmittelbar den mechanischen Aspekten der Vorrichtungen mit dem Ziel widmen, ihre Effizienz und Arbeitsgeschwindigkeit zu steigern. Leonardos Erfindung des Spinnflügels ermöglichte es ihm, ein Flügelspinnrad zu entwickeln, das drei Arbeitsgänge gleichzeitig ausführte, d. h., der Faden wurde in einem einzigen Arbeitsgang ausgezogen, verdreht und aufgespult.

Nach 1500, während seiner Reifephase, nimmt Leonardo mehrfach seine älteren Entwürfe über Metallbearbeitung, Kräne, Werkzeugmaschinen und Vorrichtungen für das Textilhandwerk wieder auf. Die jetzt entwickelten Projekte sind gegenüber früher weitaus komplexer und raffinierter. Einige von ihnen, darunter die Kanalbaumaschine und Lastenhebevorrichtungen (Codex Atlanticus, Fol. 3r und 4r), stammen fast sicher aus den frühen 1500er-Jahren. Eines der Geräte, das durch ein Tretrad angetrieben wird, ist etwas konventioneller und könnte als Vergleichsgrundlage für eine innovativere Vorrichtung gedient haben, bei der er das Problem der Kraft (zum Heben von Behältern mit Erdaushub) durch den Einsatz von Gewichten und Gegengewichten löste. Die Vorrichtung selbst ähnelt einem System riesiger Waagen und war das Ergebnis von Leonardos eingehender theoretischen Beschäftigung mit Gewichten, mit der Lehre „de ponderibus", der er sich mit wachsendem Interesse widmete. Sie geht über den empirischen Horizont von Brunelleschis Maschinen hinaus, da in ihr theoretische Kenntnisse mit praktischen Problemlösungen verschmelzen.

Wenige Jahre später, um 1513–16 während seines Rom-Aufenthalts, nimmt Leonardos Interesse für Metallurgie und Textilmaschinen eine neue Form an. Manuskript G enthält etliche Notizen betreffend den Bau von Hohlspiegeln (Brennspiegeln). Deutlicher und systematischer als in seinen

Jugendjahren in Florenz wird dieser Forschungsbereich Leonardos nun um theoretische Überlegungen bereichert. Leonardo unternahm umfassende Studien zur Reflexion (z. B. Codex Atlanticus, 750r) und entwickelte einen komplexen Zirkel zur exakten Bestimmung der parabolischen Form des Spiegels. Während des Aufenthalts im Vatikan musste Leonardo ein wachsames Auge haben auf die „unlautere Konkurrenz" seitens Giovanni degli Specchi („Johannes von den Spiegeln"), der ähnlich wie Leonardo im Auftrag von Giuliano de' Medici, dem Bruder von Papst Leo X., mit technischen Arbeiten beschäftigt war. An einer Stelle in seinen Aufzeichnungen über Hohlspiegel fügt Leonardo daher einige chiffrierte Wörter ein, um das Verständnis seines Projekts zu erschweren. Wir wissen nicht, wie fundiert die Kenntnisse von Giovanni degli Specchi waren. Die Tatsache, dass er Deutscher war, ist nicht ohne Belang. Im 15. Jahrhundert nämlich erfuhr die Metallurgie im deutschen Sprachraum eine tief greifende Entwicklung, und es erschienen dazu etliche Traktate. In Italien kamen die Abhandlungen des Sieneser Vannoccio Biringucci und natürlich jene von Leonardo erst später in Umlauf und trugen daher mit einer gewissen Zeitverzögerung bei, dass die Forschungen zur Metallverarbeitung neue Impulse erhielten. Die Anwesenheit eines nicht vertrauenswürdigen Deutschen, der im Umfeld von Leonardo herumschnüffelte, muss diesen natürlich beunruhigt haben. Was die Hohlspiegel, d. h. die konkaven Spiegel, anbelangt, so könnten diese für das Textilhandwerk bestimmt gewesen sein, das in Rom unter dem Medici-Papst eine Blütezeit erlebte. Interessant ist, dass Leonardo zumindest in einem Fall auch an eine andere Anwendung seiner Untersuchungen dachte, nämlich an die Astronomie und den Einsatz für ein Reflexionsteleskop (siehe dazu die Notiz im Codex Arundel, Fol. 279v). Leonardo erwähnt einen weiteren kulturellen Aspekt von Projekten mit Spiegeln, indem er berichtet, wie Archimedes diese bei der Verteidigung der Stadt Syrakus gegen die Römer einsetzte. Sogar die beiden Projekte zum Zusammendrehen von Seilen (Codex Atlanticus, Fol. 12r und 13r) weisen eine kulturelle Komponente auf. In jenen Jahren widmete Fra Giocondo eine Edition von Vitruvs Traktat *De architectura*, der Illustrationen von Maschinen enthielt, dem mächtigen Giuliano de' Medici. Leonardo seinerseits widmete seine beiden Projekte den Medicis, darunter sehr wahrscheinlich seinem Auftraggeber und Gönner Giuliano de' Medici. Auf einem der beiden Maschinenentwürfe gibt es einen Griff in Form eines mit einem Diamanten besetzten Ringes: eines der bekanntesten Erkennungssymbole der Medicis.

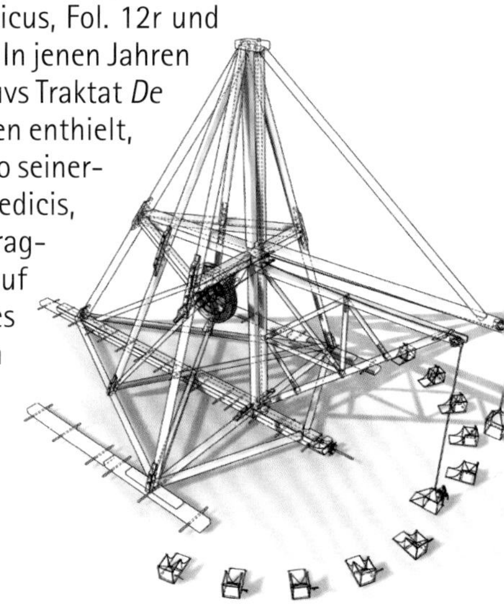

Vinci, 1452

1460

1470

1478–1480

1480

1490

1500

1510

Amboise, 1519

Codex Atlanticus, Fol. 30v

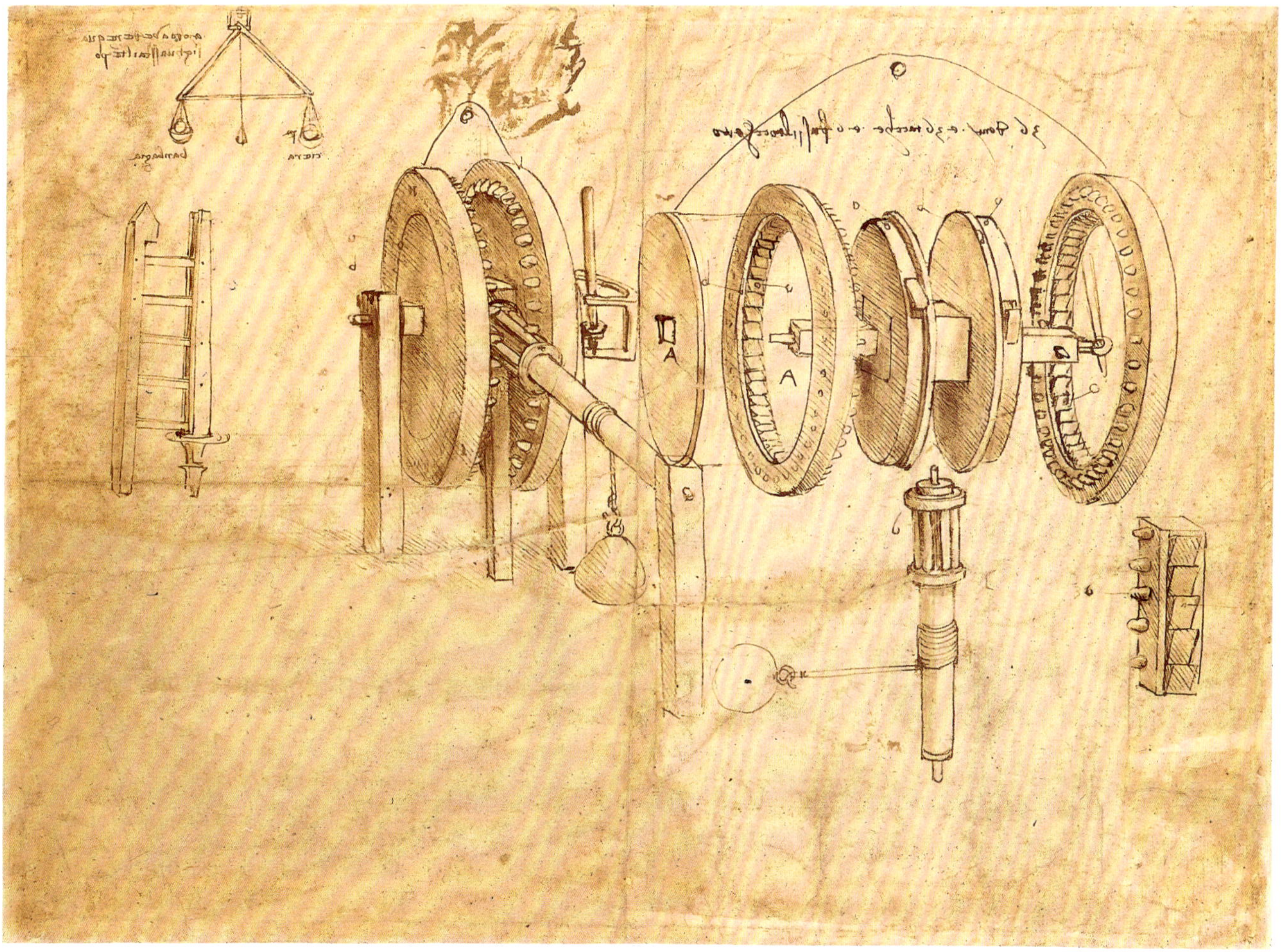

1

Maschine für Pendelbewegung

Sehr wahrscheinlich hatte Leonardo auf diesem Blatt ursprünglich nur zwei Entwürfe gezeichnet. Der erste zeigte einen durch eine Winde betätigten Mechanismus zur Umsetzung der Hin- und Herbewegung in eine Rotationsbewegung, der zum Heben schwerer Lasten bestimmt war. Der zweite war eine seltsam gebaute Leiter, die in keinerlei Zusammenhang zum erwähnten Entwurf stand. Beide sind in Tusche und mit Schraffuren ausgeführte „Reinzeichnungen" und zählen damit zu jenen Blättern, die dazu bestimmt waren, präsentiert zu werden, und eine, mitunter auch zwei großformatige Zeichnungen enthielten. (Ein weiteres Beispiel dafür findet sich im Codex Atlanticus, Fol. 24r.) Giorgio Martini stellte ebenfalls einen Band mit ähnlichen Skizzen zusammen. Auch hier stellt die fertige Zeichnung nur einen flüchtigen Moment in seinem Schaffen dar, und Leonardo fügt (als persönliche Anmerkung) eine Notiz in Spiegelschrift über die Winde hinzu. In der oberen linken Ecke skizziert er ein Hygrometer; es basierte auf der Verwendung einer porösen (feuchtigkeitsabsorbierenden) Substanz in der linken Waagschale und einer wasserabweisenden Substanz (Wachs) in der rechten Waagschale. Wenn die Luftfeuchtigkeit anstieg und Wasser absorbiert wurde, schlug die linke Schale nach unten aus und kündigte eine Verschlechterung des Wetters an. Bevor diese Ergänzungen hinzukamen, beherrschten zwei herrliche Maschinenzeichnungen das Blatt – eine traditionelle Vorgehensweise, der Leonardo dann seine innovativen Lösungen hinzufügte. Dies erkennt man am Entwurf der Winde: links eine exakte Zeichnung der montierten Vorrichtung und rechts in auseinander genommener Darstellung, sodass man genau erkennt, wie die einzelnen Teile ineinander greifen. Sie ist eines der ersten und gelungensten Beispiele einer Explosionszeichnung, und Leonardo setzte sie wiederholt und systematisch als innovatives ikonografisches Mittel vor allem in seinen anatomischen Studien ein. Das Vorkommen einer Explosionszeichnung in einem mechanischen Entwurf der Frühzeit wirft die Frage der wechselseitigen Einflüsse zwischen den Forschungsbereichen auf. Aus dieser Periode sind keine anatomischen Studien überliefert (obwohl einige Anhaltspunkte vermuten lassen, dass es sie gegeben hat). Aufgrund unserer Studie können wir aber davon ausgehen, dass das Zeichnen mechanischer Objekte schon früh recht entwickelt war und spätere Forschungen beeinflusste: Bevor Leonardo sich dem Studium der Anatomie der Tiere und Menschen hingab, widmete er sich der Anatomie der Maschinen. Die Beziehung zwischen Gesamtansicht und auseinander gezogener Darstellung ist nicht das einzige völlig neuartige ikonografische Mittel in dieser Studie. Rechts auf dem Blatt sieht man das Stockgetriebe und einen Ausschnitt des Zahnrades in leicht gedrehter und vergrößerter Darstellung, wobei drei Buchstaben die Stellen andeuten, an denen die Einzelteile zusammengefügt werden. Leonardos anschauliche visuelle Sprache macht jeglichen Textkommentar überflüssig.

Abb. 1
Dieses Blatt enthält eine der exaktesten und zugleich anschaulichsten Zeichnungen Leonardos. Auf der linken Seite des Blattes findet sich eine Gesamtansicht des zusammengebauten Mechanismus, während die Explosionszeichnung rechts die einzelnen Bauteile der komplexen Vorrichtung sichtbar macht.

Abb. 2
Leonardo beschäftigte sich intensiv mit dem Problem der Umsetzung einer Hin- und Herbewegung in eine Rotationsbewegung. Mithilfe des hier entworfenen Mechanismus wäre es möglich gewesen, Lasten von erheblichem Gewicht zu heben.

Folgende Doppelseite, Abb. 3
Darstellung der Arbeitsweise des Mechanismus.

Abb. 4
Computergrafische Illustration der auseinander gezogenen Einzelteile des Mechanismus zur Umsetzung der Hin- und Herbewegung in Rotationsbewegung, der Leonardos Entwurf nachempfunden ist.

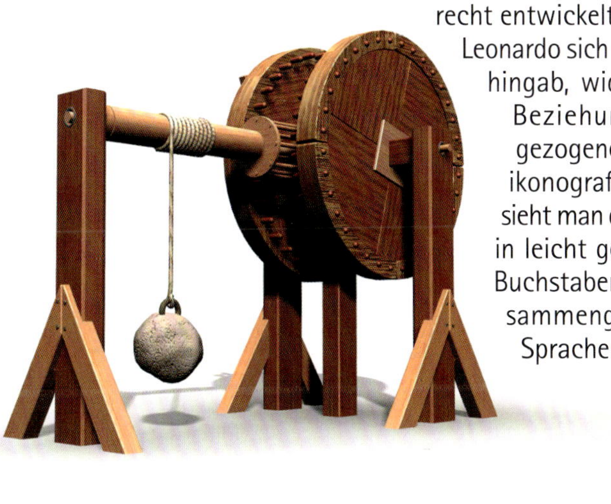

2

A

Im Wesentlichen diente der vorliegende Entwurf Leonardo als Arbeitswerkzeug und Studienobjekt: Er wollte einen optimalen praktischen Weg finden, die durch eine Person erzeugte Hin- und Herbewegung in eine kontinuierliche Rotationsbewegung umzusetzen. Im Fall dieses Entwurfs betätigte eine Person den senkrechten Kipphebel nach rechts und links, sodass jede dieser Hin- und Herbewegungen über die vierkantige Welle auf die beiden großen Räder und damit in eine Kreisbewegung übertragen wurde. Dabei schwingen die zwei Zahnräder stets abwechselnd, aber nie simultan in unterschiedliche Richtungen.

B

Die beiden großen Räder verbergen ein komplexes System konzentrischer Mechanismen, die in zwei kreisförmigen Gehäusen eingeschlossen sind. Jedes Rad besitzt an seinen Außenkanten Sperrklinken, und jeder dieser Haken bewegt sich in entgegengesetzter Richtung. Die Sperrstangen greifen in Sperren, d. h. in die Löcher der beiden äußeren Ringe. Auch diese sind mit Zahnradzähnen versehen, die an der letzten Welle in ein Stockgetriebe einrasten. Wird der Hebel vorgezogen, greift eine der Sperrklinken in ihr Sperrrad; wird der Hebel zurückgezogen, dann greift die andere Sperrklinke in ihr Sperrrad. Dabei ist jeweils ein Klickgeräusch zu hören.

C

Die gegenläufige Kreisbewegung der beiden großen Räder setzt das zwischen ihnen befindliche Stockgetriebe in Bewegung, das an der horizontalen Welle befestigt ist. Dieses Stockgetriebe dreht sich, abwechselnd von den beiden großen Rädern angetrieben, nur in eine Richtung. Dabei wickelt sich das Seil um die horizontale Welle, und die am Seil befestigte Last wird hochgehoben. Dieser Mechanismus ließ sich für eine Winde, einen Flaschenzug oder andere Projekte praktisch anwenden. Denkbar wäre auch sein Einsatz beim Bau eines großen Krans gewesen. Eine moderne Anwendung dieser Vorrichtung ist der mechanische Wagenheber.

3

HORIZONTALE WELLE
SEIL
HEBEL
STOCKGETRIEBE
BALKEN
GEHÄUSE
ZAHNRAD
SPERRSTANGEN
GEWICHT
SPERRKLINKE

4

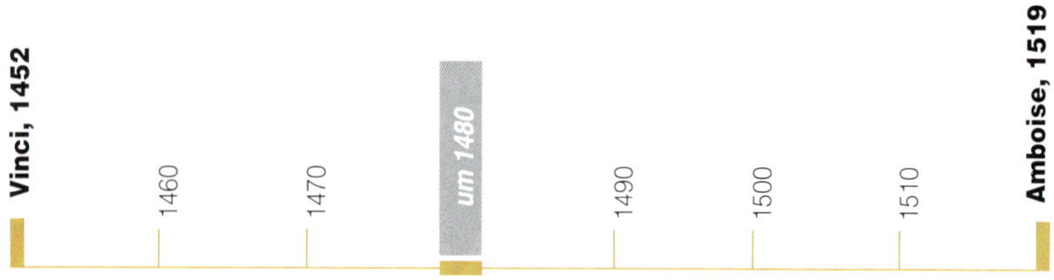

Codex Atlanticus, Fol. 24r

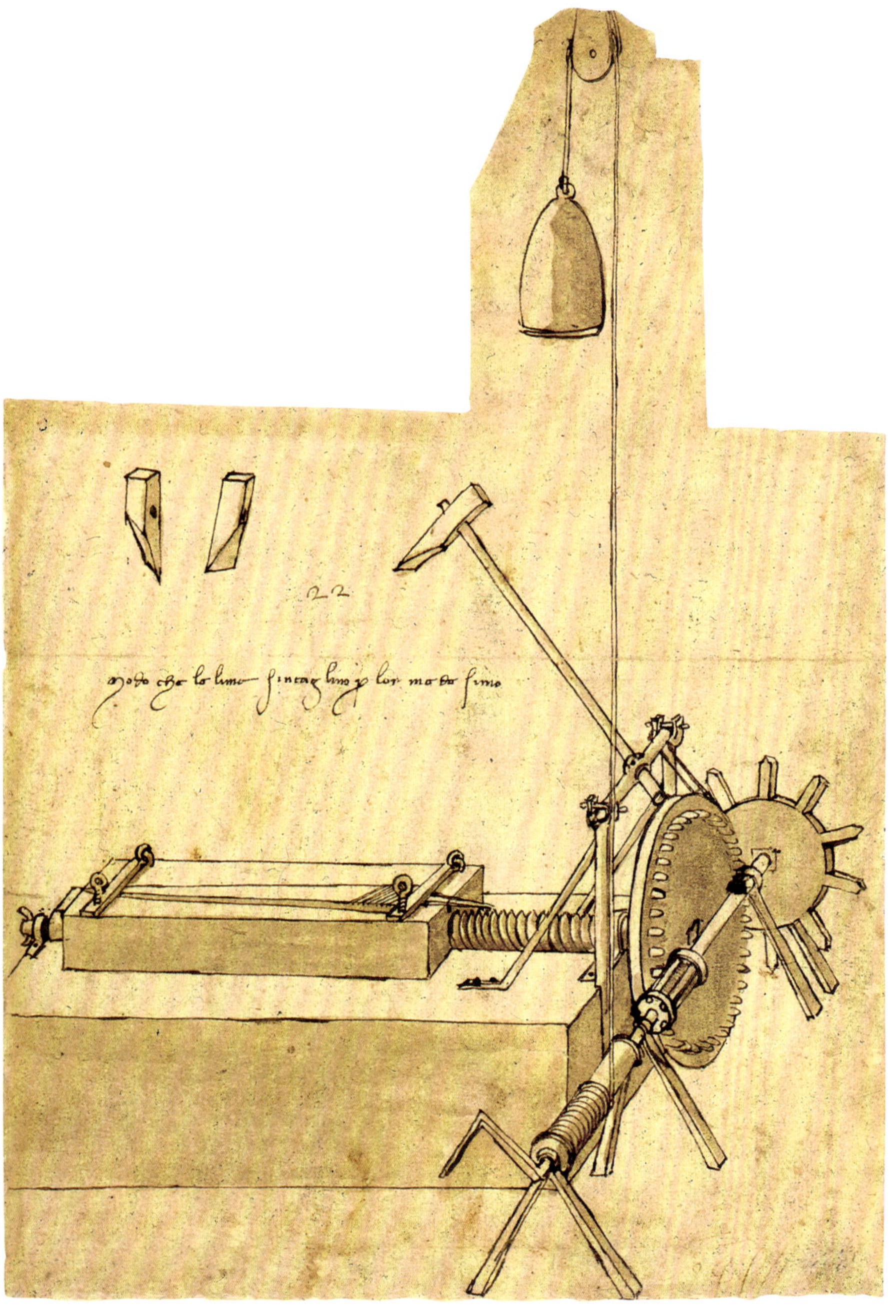

1

Feilenhaumaschine

Das Folio enthält einen einzigen großformatigen Entwurf, der fast die gesamte Blattfläche einnimmt. Es handelt sich um eine in Feder, Tinte und Tusche ausgeführte fertige Zeichnung (zu der es im Codex Atlanticus auf Fol. 1022v eine Vorstudie gibt). Es ist ein besonders gelungenes Beispiel für die Art, wie Leonardo in seiner frühen Schaffensphase mechanische Studien zeichnerisch festhielt. Obwohl das Blatt in mancherlei Hinsicht innovative Merkmale aufweist, belegt es, dass die unterschiedliche Präsentationsweise seiner Entwürfe in der langen Tradition mechanischer Zeichnungen verwurzelt ist. Wie bei Francesco di Giorgio Martini treten auch beim jungen Leonardo vier Darstellungsweisen mechanischer Vorrichtungen auf: die persönliche, private Notiz (in Form einer flüchtigen Skizze); die Platzierung einer einzigen Maschine als abgeschlossene Zeichnung auf einem Blatt; die Anordnung mehrerer abgeschlossener Zeichnungen von diversen Vorrichtungen auf einem Blatt (ähnlich einer Anthologie in Bildern); die Kombination solcher Illustrationen mit textlichen Anmerkungen. Leonardos Feilenhaumaschine ist der zweiten Gruppe zuzuordnen. Das *Opusculum de architectura* Giorgio Martinis, das dieser Federico da Montefeltro, dem Herzog von Urbino, gewidmet hatte, enthält etliche Blätter, auf denen jeweils ein einziger, zeichnerisch herausragender mechanischer Entwurf steht. Es kann sein, dass Leonardo, als er diese Zeichnung schuf, auch an einen derartigen Band dachte. Dafür, dass das Blatt zu Präsentationszwecken konzipiert wurde, spricht auch die Tatsache, dass die handschriftliche Notiz („Modo che le lime s'intaglino per lor medesimo"; Art, wie die Feilen sich von selbst einkerben) in normaler, d. h. von links nach rechts verlaufender Schrift verfasst ist.

Die zur Darstellung der Maschine verwendete Perspektive spielt eine Hauptrolle in der Präsentation der Illustration. Der Blickwinkel von oben rechts ermöglicht eine Gesamtansicht der Vorrichtung, sodass ihre Form und ihre Bauteile erkennbar sind. Die Verwendung der Perspektive in mechanischen Zeichnungen trug zur besseren Vermittlung des darzustellenden Inhalts bei, war aber auch kulturell von Belang. Ähnlich der Malerei profitierten auch die Maschinendarstellungen von der Anwendung der Gesetze der Perspektive, der Geometrie und Mathematik, wodurch ihre Aussagefähigkeit stieg. Dies ist eine der wesentlichen Neuerungen, die Ingenieure und Künstler wie Francesco di Giorgio Martini einführten. Zuvor wurden mechanische Vorrichtungen nach überlieferten ikonografischen Konventionen wiedergegeben. Giorgio Martini war der Erste, der die Darstellungsweise von Maschinen von Grund auf veränderte: Indem er die Perspektive einführte, konnte erstmals das Ineinandergreifen der Einzelteile eines Mechanismus veranschaulicht werden. Wie die vorliegende Zeichnung einer Feilenhaumaschine belegt, beschritt auch Leonardo diesen Weg, und mit ihm erreichte die neue Darstellungsweise einen ersten Höhepunkt.

2

Abb. 1
Leonardos Zeichnung, die durch Klarheit und Anschaulichkeit besticht, zeigt die Arbeitsweise der Feilenhaumaschine.

Abb. 2
Die Höhe des Flaschenzugs spielte eine wesentliche Rolle im einwandfreien Funktionieren der Vorrichtung zur Herstellung von Feilen.

A Damit die Maschine funktionierte, musste eine Person das Seil auf der Hauptwelle aufrollen, sodass das an einem Flaschenzug hängende Gewicht nach oben gezogen wurde. Je höher der Flaschenzug befestigt war, desto länger war die Maschine in Betrieb. Vermutlich brauchte man eine Person nur zum Bedienen der Kurbel; sobald das Seil aufgerollt war, haute die Maschine völlig automatisch die Hiebe in den Feilenkörper.

B Auch mit dem vorliegenden Projekt versuchte Leonardo, einen Arbeitsprozess zu mechanisieren und zu automatisieren, der bis dahin manuell und mit hohem Aufwand erfolgte. Die Maschine sollte der Feilenherstellung dienen. Dazu wurde der eiserne Feilenkörper mit zwei quer liegenden Schienen auf einem mobilen Block befestigt, der mit jedem Hammerhieb entlang einer langen Schraubenspindel langsam nach rechts rückte.

C Die Schraubenspindel bewegte sich langsam und griff mit ihrem Gewinde in den Block mit dem Feilenkörper, sodass sich der Block immer ein Stück weiter nach rechts bewegte.

D Ein langstieliger Hammer mit schräg nach rechts bzw. nach links gestellten Meißelflächen haute in bestimmten Zeitabständen die schrägen Hiebe in den Feilenkörper, bis auf dessen ganzer Länge alle Zähne hineingeschlagen waren.

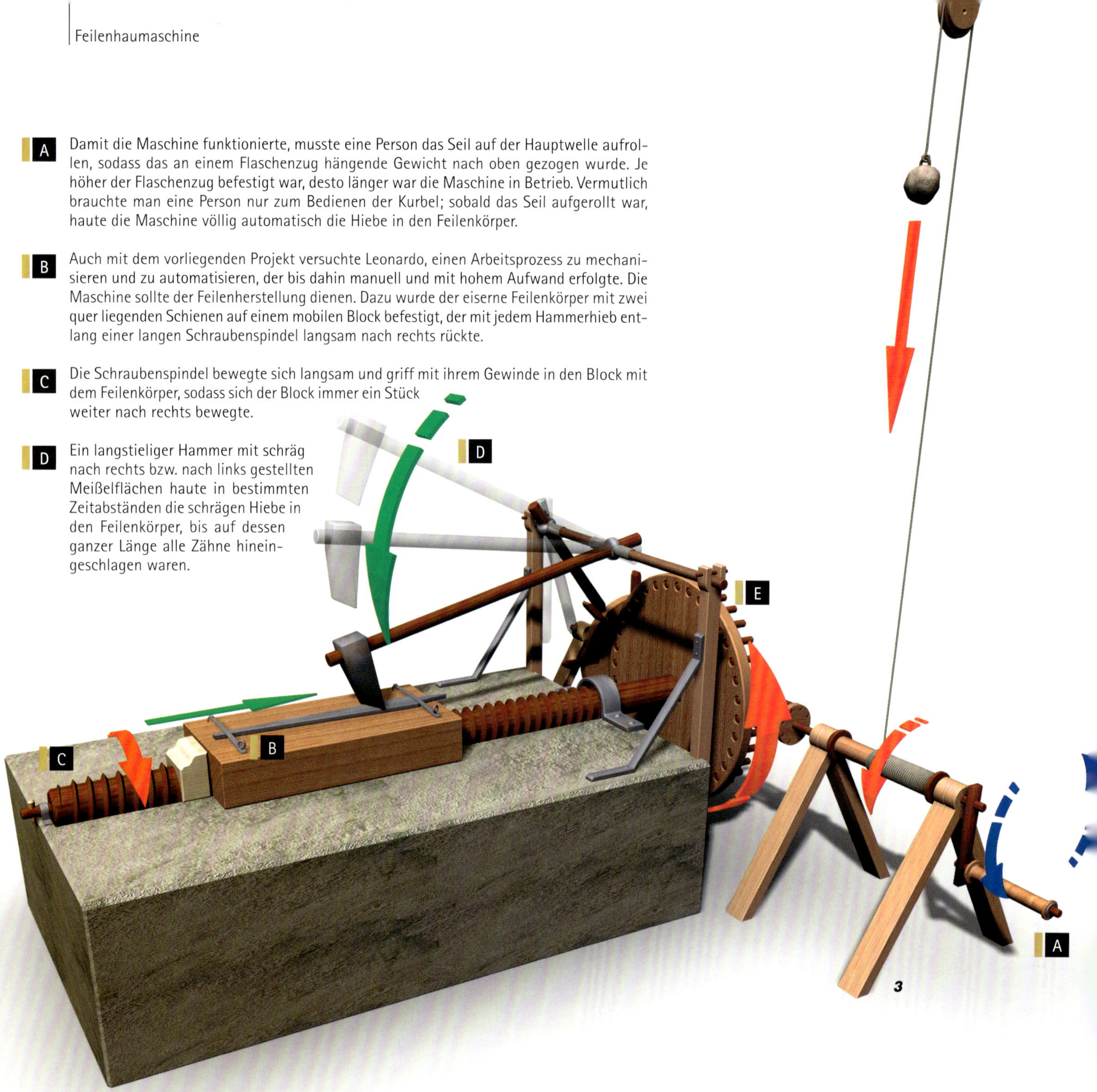

E Die Schläge des auf den Feilenkörper fallenden Hammers wurden durch ein komplexes System ähnlich dem eines Uhrwerkes, aber erheblich größer, geregelt: Ein auf der Hauptwelle steckendes Sternrad hob mithilfe des Hammerreglers den Hammer. Sobald das Sternrad, das auch als Hemmung diente, seinen Drehzyklus beendete, ließ es den Hammer durch die Schwerkraft auf den Feilenkörper fallen, sodass jeweils eine schräge Kerbe entstand.

Abb. 3
Schaubild mit der Arbeitsweise der Feilenhaumaschine.

Abb. 4
Die Feilenhaumaschine und ihre Hauptbauteile.

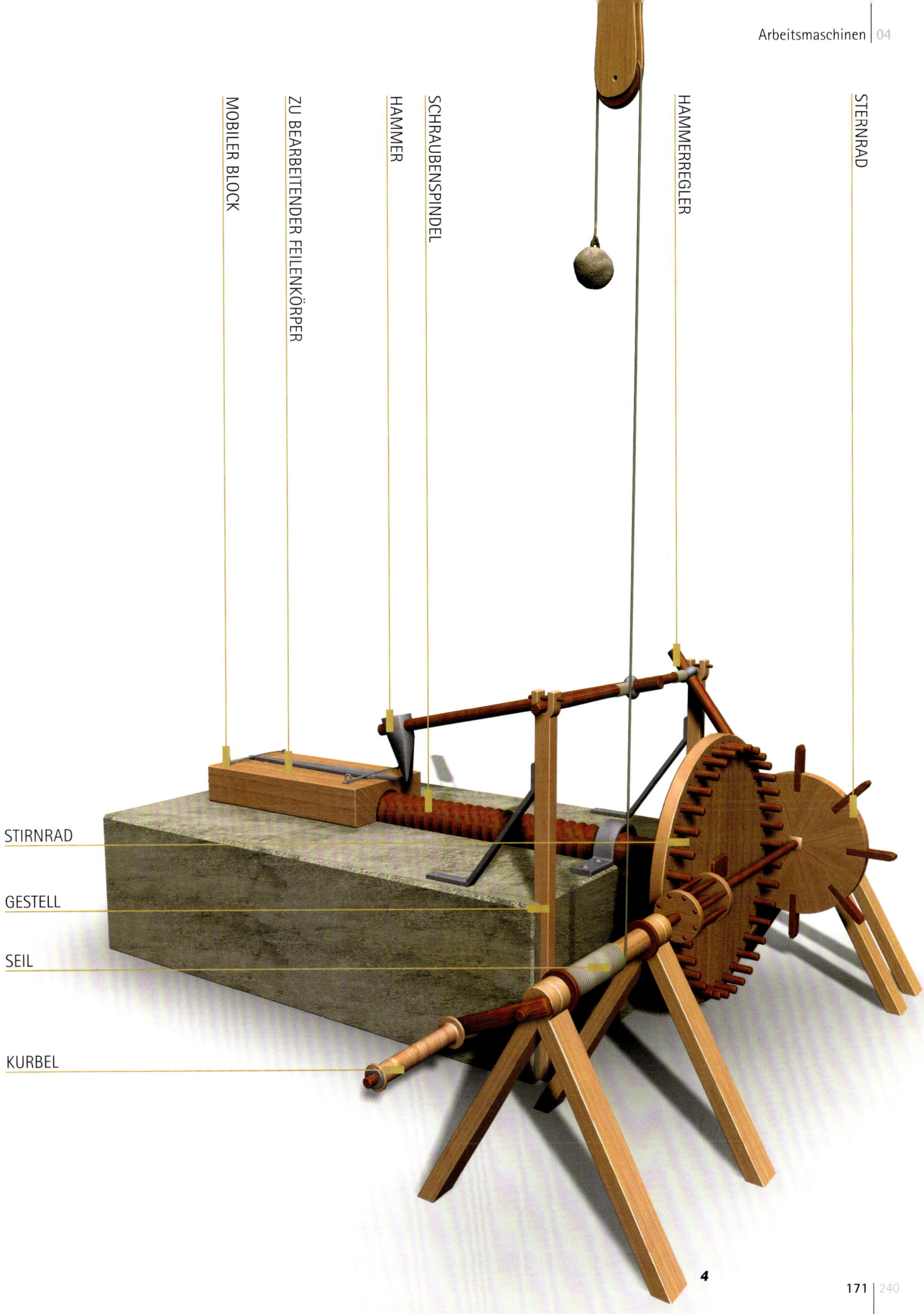
MOBILER BLOCK
ZU BEARBEITENDER FEILENKÖRPER
HAMMER
SCHRAUBENSPINDEL
HAMMERREGLER
STERNRAD
STIRNRAD
GESTELL
SEIL
KURBEL
4

Vinci, 1452 · 1460 · 1470 · **um 1480** · 1490 · 1500 · 1510 · **Amboise, 1519**

Codex Atlanticus, Fol. 87r

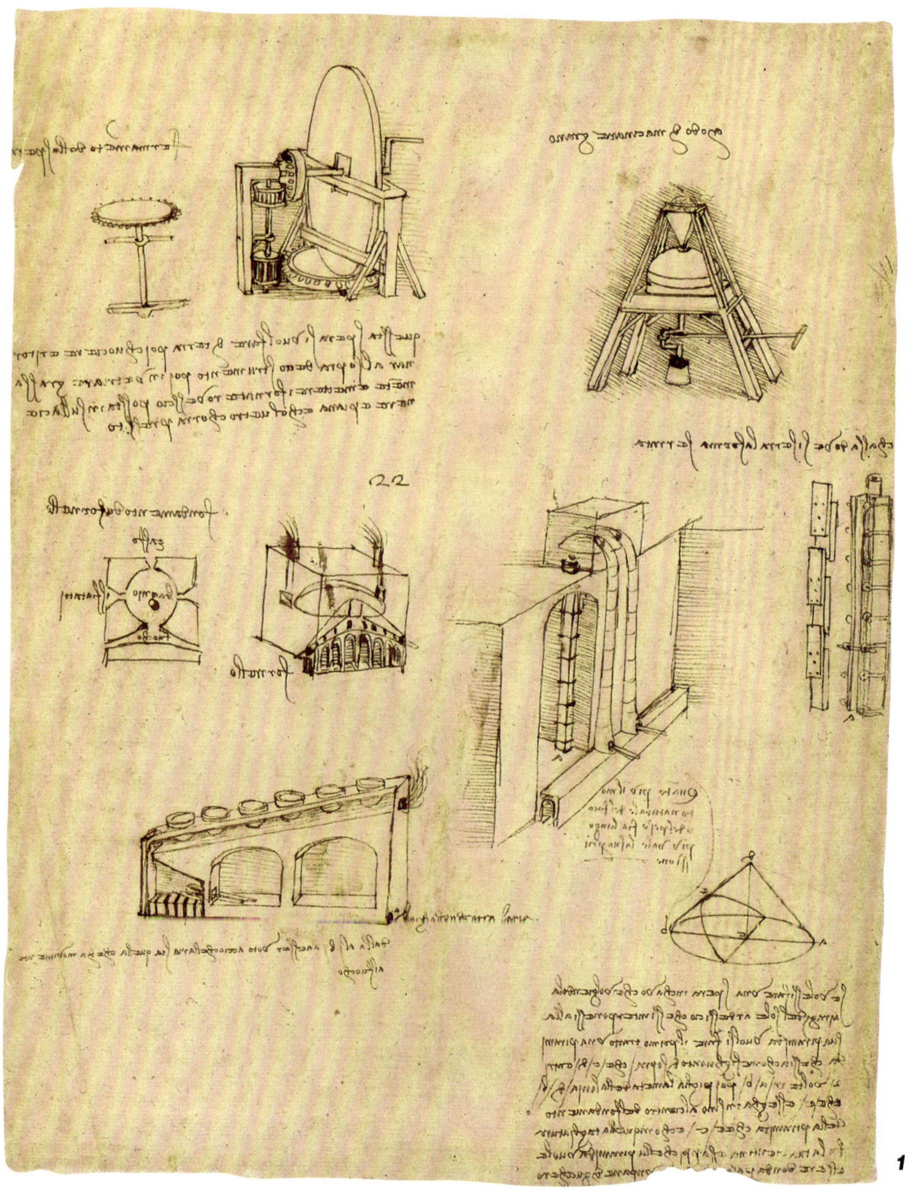

1

Schleifmaschine für Hohlspiegel

2

Dieses Blatt ist typisch für Leonardos frühe Jahre in Florenz, da es ähnlich einer Bilderanthologie eine Reihe fertiger Zeichnungen von diversen Maschinen vereint. So finden wir auf dem Folio eine Vorrichtung zum Schleifen von Hohlspiegeln, eine Schrotmühle sowie mehrere Öfen und Brenner. Die inhaltliche Vielfalt dieser Projekte belegt ihre frühe Entstehung und unreife Ausführung. Erst später verleiht Leonardo seinen Mechanikentwürfen eine solide theoretische Grundlage, aber in dieser Anfangszeit behandelt er jeden Entwurf noch als Einzelfall und folgt dem damals typischen empirischen Schema. Dennoch gibt es einige Elemente, die bereits auf Leonardos spätere Hinwendung zu den theoretischen Aspekten mechanischer Entwürfe hinweisen. Beim Projekt links oben geht es um die Herstellung von Hohlspiegeln, die man zu jener Zeit in allen florentinischen Werkstätten antraf. Verrocchios Werkstatt, wo Leonardo seine Lehre begann, hatte die riesige kupferne Kugel für die Kuppel des Doms von Florenz hergestellt und auf der Laterne montiert. Dabei wurden die Kugelteile mithilfe eines Hohlspiegels zusammengeschweißt. Jahre später, als er schon berühmt war und sich erneut dem Studium der Hohlspiegel zuwandte, fügte er im Manuskript G. eine Notiz über dieses denkwürdige Unterfangen von 1472 ein.

Die Maschine auf diesem Folio enthält natürlich einige neue Elemente gegenüber den Schleifmaschinen, wie sie auch in der Werkstätte von Verrocchio verwendet wurden. Noch überraschender erweist sich aber die Studie rechts unten: eine Zeichnung, die belegt, dass Leonardo versuchte, die Krümmung des Hohlspiegels, d. h. die parabolische Kurve, mithilfe der Geometrie zu bestimmen. Leonardo wusste, dass Parabolspiegel die einfallenden Lichtstrahlen reflektieren und sie im Brennpunkt, Fokus genannt, bündeln. Der Begriff „Brennpunkt" taucht auch in der perspektivischen Darstellung auf, die sich auf optische Gesetze stützt und für die Künstler des Quattrocento den unerlässlichen theoretischen Hintergrund bildete. So ist es denn verständlich, dass Leonardo bemüht war, die geometrischen Gesetze der Optik und Perspektive auf die Hohlspiegel anzuwenden. Ein Diagramm auf Folio 1055r aus dem Codex Atlanticus scheint eine Optikstudie zu sein. Tatsächlich ist es aber der Versuch, mithilfe der Geometrie die korrekte Krümmung eines Hohlspiegels zu bestimmen. Dabei handelt es sich um bescheidene, der Eingebung des Augenblicks folgende flüchtige Bemühungen, die dennoch bedeutsam sind, wie es spätere Entwürfe belegen. Auf unserem Folio finden wir auch die Studie eines Flammofens, der durch die Nutzung der reflektierten Hitze funktioniert. Dies ist ein weiteres Beispiel dafür, wie bereits anerkannte theoretische Erkenntnisse – die Anwendung der Gesetze der Optik und Perspektive in der Malerei – mit der Darstellung und dem Entwurf mechanischer Maschinen verschmelzen, ein Bereich, der zu Leonardos Zeiten sich erst durchzusetzen begann.

Abb. 1
Links oben auf dem Blatt finden wir die exakte Zeichnung einer automatischen Schleifmaschine zur Herstellung von Spiegeln; darunter einige handschriftliche Notizen Leonardos in der für ihn typischen Spiegelschrift.

Abb. 2
Die Maschine diente der Herstellung von Hohlspiegeln, die auch als Brennspiegel bekannt sind.

Folgende Doppelseite, Abb. 3
So dürfte der Arbeitsplatz ausgesehen haben, an dem die Schleifmaschine stand; neben der Schleifvorrichtung ein Bereich für bereits fertig gestellte Spiegel, aber auch mit noch unbearbeiteten schweren Steinen.

Abb. 4
Die wichtigsten Bauteile der Schleifmaschine.

A

Sobald ein Arbeiter die Kurbel betätigte, wurden sämtliche beweglichen Teile der Maschine in Gang gesetzt und begannen ihre Kreisbewegung auszuführen. Bevor der Schleifstein zu rotieren begann, musste der Arbeiter jedoch noch den zu bearbeitenden Stein unter den großen Schleifstein platzieren. Das Herstellen von Hohlspiegeln war sicherlich eine überaus kräftezehrende Tätigkeit angesichts der schweren Steine, die dabei bewegt werden mussten. Hinzu kommt, dass selbst nach Beginn des Arbeitsvorgangs durch Drehen der Kurbel der Widerstand und die Reibungskräfte zwischen Schleifstein und dem zu bearbeitenden Stein erheblich waren.
Interessant ist an dieser Schleifvorrichtung die kombinierte Kreisbewegung, die der Schleifstein und der darunter befindliche zu schleifende Stein ausführten. Durch die gleichförmige wiederholte Reibung dieser Teile erfolgte allmählich das Glätten und Polieren des unter dem Schleifstein befindlichen Werkstücks. Durch Zwischenschaltung eines trickreichen Systems von Stockgetrieben konnten eine oder mehrere Personen diese Arbeiten durch das bloße Drehen der Kurbel verrichten.

B

Der Schleifstein war das schwerste Bauteil der ganzen Vorrichtung. Angesichts der erheblichen Reibungskräfte, die durch die Drehbewegung aller mobilen Teile entstanden, mussten diese sicherlich geschmiert werden, um ihre Gleitfähigkeit zu steigern. Der durch Betätigung der Kurbel in Gang gesetzte Schleifstein bewegte sich nur sehr langsam. Aufgrund seiner Größe sicherte die entstehende Winkelgeschwindigkeit eine ausreichend hohe Reibungsgeschwindigkeit, ohne dass der Arbeiter die Kurbel allzu schnell drehen musste. Das Werkstück unter dem Schleifstein bewegte sich rechtwinklig zum Schleifstein und trug dadurch zur Vergrößerung der Reibungsgeschwindigkeit zwischen den Teilen bei.

C

Das Glätten und Schleifen könnte vermutlich mehrere Tage in Anspruch genommen haben. Sobald dieser Arbeitsgang beendet war, war die Maschine für einen neuen Schleifvorgang bereit. Sehr wahrscheinlich dachte Leonardo auch über ein System nach, um den zu bearbeitenden Stein mithilfe eines Zahnradgehäuses auszuwechseln; sobald dieser ins Gehäuse hineingelegt wurde, konnte er auf dem Boden unter dem Schleifstein platziert werden. Die auf der Seite abgebildeten Keile hielten den Lagerzapfen im Boden fest verankert.

3

VERSTÄRKUNGSSTRUKTUR
GESTELL
SCHLEIFRAD
ÜBERSETZUNG
STOCKGETRIEBE
STEIN
KURBEL
4

Vinci, 1452 1460 1470 1480 1490 1500 *1503–1504* 1510 **Amboise, 1519**

Codex Atlanticus, Fol. 4r

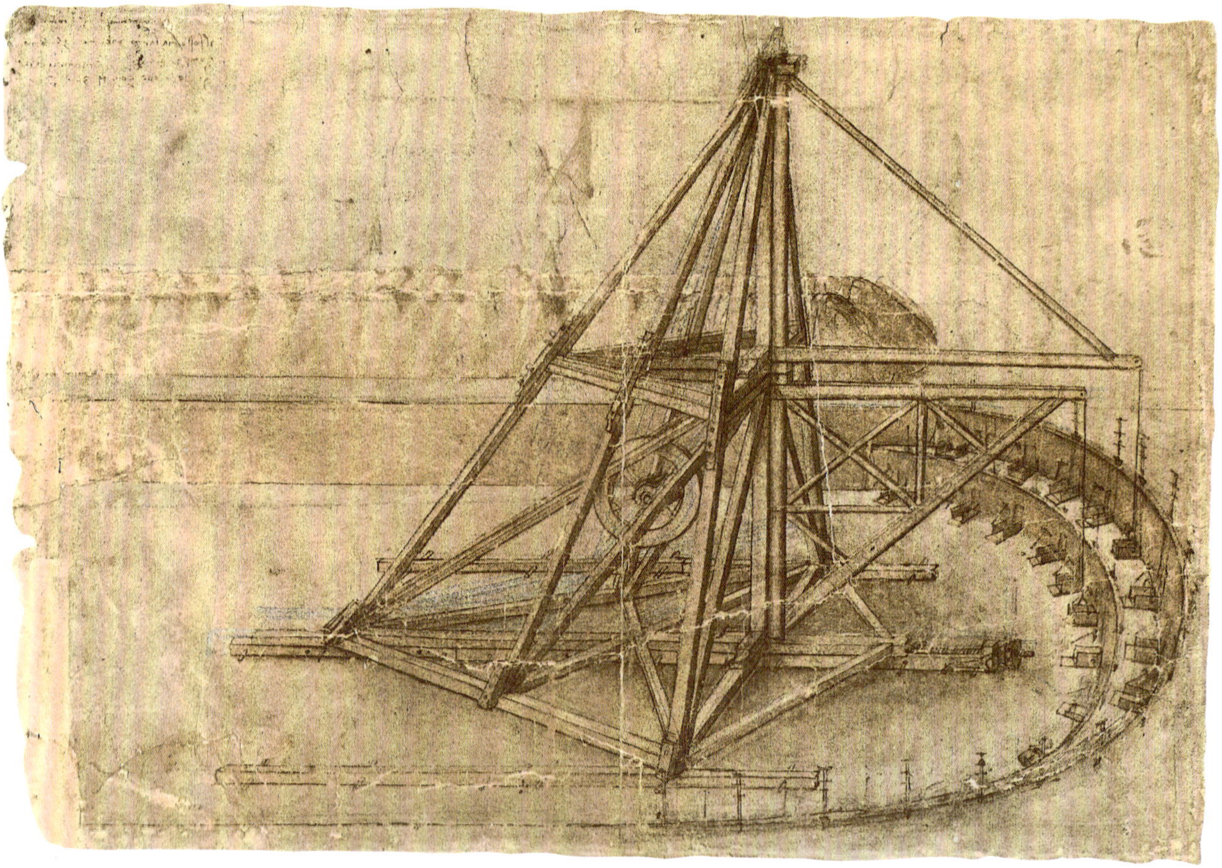

1

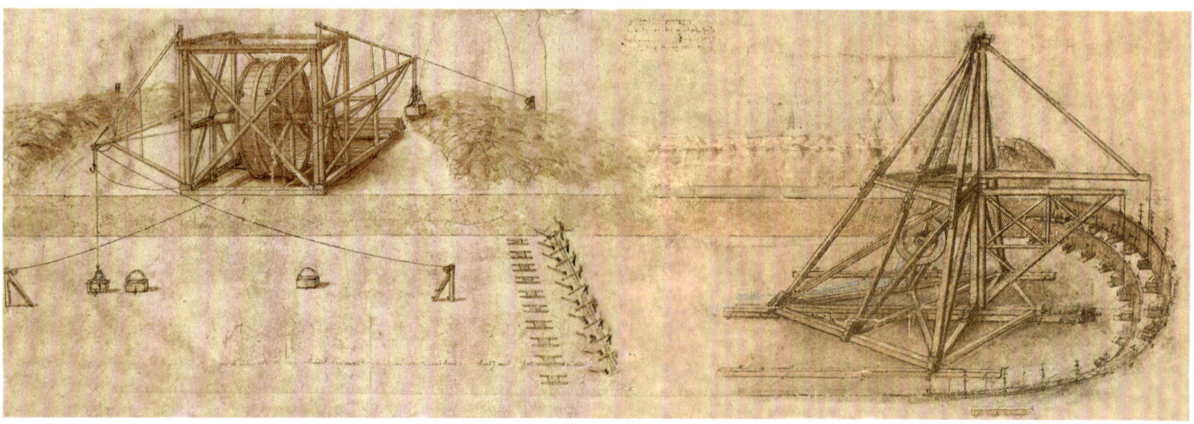

2

Kanalbaumaschine

Diese Studie war zusammen mit dem ihr ähnlichen Folio 3r aus dem Codex Atlanticus vermutlich als Präsentation für einen Auftraggeber gedacht, wie wir aus ihrem fertig wirkenden Zustand schließen können. Leonardo hatte zunächst die Umrisse des Entwurfs in schwarzem Stift skizziert (Spuren davon sind heute noch sichtbar), überzeichnete sie danach mit Feder und Tinte und setzte zum Schluss Wasserfarben ein. Es handelt sich somit nicht um einen hastigen Entwurf, sondern um eine wohldurchdachte, in sich abgeschlossene Darstellung. Es war damals üblich, dass Ingenieure, Künstler und Baumeister zunächst ein Modell des künftigen Werkes anfertigten, bevor sie zu dessen konkreter Ausführung schritten. Indem der Auftraggeber das Modell begutachtete, konnte er etwaige Änderungen verlangen oder aber ihm zustimmen. Zuvor schuf der Künstler oder Ingenieur ein maßstabsgerechtes Raummodell oder fertigte Zeichnungen in Tusche an, die in Form und Details dem geplanten Werk entsprachen. Einige von Michelangelos Modellen für das Grab von Papst Julius II. oder für andere Bauprojekte sahen stilistisch einander sehr ähnlich. Vermutlich verwendete er zum Schluss anstelle der Schraffierungen und der von ihm bevorzugten Techniken Wasserfarben, um sich der damals üblichen Präsentationsweise von Zeichnungen anzupassen.

Sollte die Datierung dieses Folios auf 1504 zutreffen, dann kommen als mögliche Auftraggeber Vertreter der Stadtverwaltung von Florenz infrage. Sie hatten auch Leonardo mit der Erarbeitung von Plänen zur Umleitung des Arno beauftragt, sodass dieser Entwurf einen Bagger zeigen könnte, die für die Arbeiten an einem Kanal nördlich von Florenz gedacht war, der den auf jenem Streckenabschnitt nicht schiffbaren Arno umgehen sollte. In seiner Frühzeit hatte Leonardo ähnliche, sehr akkurate Maschinenzeichnungen geschaffen, in denen er die Vorrichtungen im Umfeld des späteren Einsatzortes platzierte. Ein Merkmal unserer Zeichnung ist das völlige Fehlen menschlicher Figuren, die in früheren Entwürfen die Präsentation der Maschinen in lebendige Szenen verwandelt hatten. Leonardo zeigt hier eine menschenlose Baustelle und unterstreicht damit den intellektuellen Charakter der Studie: Die Maschine mit ihrer klaren geometrischen Form führte halbkreisförmig angelegte Ausschachtungsarbeiten auf zwei verschiedenen Höhen aus. Die Baggereimer sind alle nebeneinander angeordnet und die Aushubwerkzeuge (von denen einige in der Luft hängen) vermitteln einen genauen Eindruck von der Zahl der benötigten Arbeitskräfte. Wir wissen nicht, ob Leonardo diese Entwürfe tatsächlich den Auftraggebern präsentierte, und kennen auch nicht deren mögliche Reaktion. Diese Zeichnung verblieb nebst ihrem Pendant bei Leonardo, der auf der Seite in Spiegelschrift eine Notiz zu den beiden Entwürfen einfügte. Andere, unfertiger wirkende und in derselben Zeit entstandene Zeichnungen von Kränen finden sich im Codex Atlanticus auf den Folios 905 und 944v sowie auf Folio 96r im Codex Madrid I.

Abb. 1
Folio 4r aus dem Codex Atlanticus.

Abb. 2
Digitale Rekonstruktion der Folios 3r und 4r aus dem Codex Atlanticus. Einige Zeichen auf der Zeichnung lassen vermuten, dass die heutigen beiden Blätter ursprünglich ein einziges Blatt bildeten. Vor allem an der Stelle, wo der Damm der Baustelle gezeichnet ist, fügen sich die beiden Blätter nahtlos ineinander.

Folgende Doppelseite
Abb. 3
Rekonstruktion eines hypothetischen Modells über dem Folio mit Leonardos Entwurf einer Kanalbaumaschine. Es weist eine verblüffende Ähnlichkeit mit der computergrafischen dreidimensionalen Darstellung auf.

Abb. 4 und 5
Schaubilder mit der Funktionsweise des Baggerkrans.

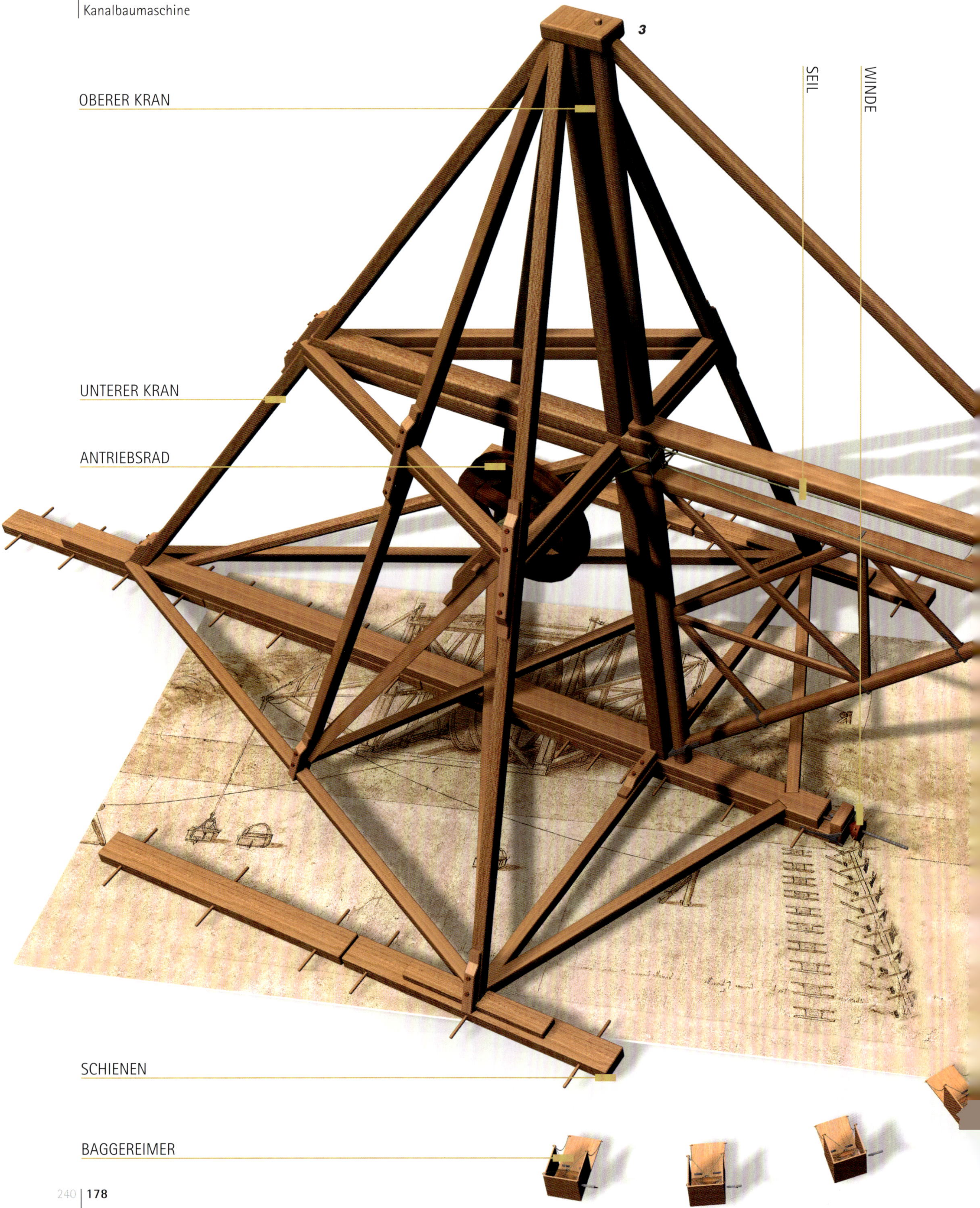
3
OBERER KRAN
UNTERER KRAN
ANTRIEBSRAD
SEIL
WINDE
SCHIENEN
BAGGEREIMER

A

Leonardo entwarf diese Maschine, um die schwersten Kanalbauarbeiten – das Ausschachten des Kanalbetts – zu erleichtern und um deren Geschwindigkeit zu steigern. Über ein raffiniertes System von drei parallel verlaufenden Schienen, auf denen der Bagger montiert war, und mittels einer Schraubenwinde, die unter der Mittelschiene verlief, ließ sich die Maschine vorziehen, sobald die Ausschachtungsarbeiten an einem bestimmten Abschnitt beendet waren. Die Maschine bestand aus zwei übereinander an einem Mittelpfosten montierten schwenkbaren Kränen, die durch ein einziges Seil in Gang gesetzt wurden und nach dem Prinzip eines „stummen Dieners" arbeiteten. Die Bauarbeiter waren auf drei verschiedenen Ebenen tätig und stimmten ihre Arbeit so ab, dass, sobald ein Baggereimer mit Erdreich gefüllt war, er hochgezogen wurde, wobei sich zugleich der leere Eimer wieder absenkte, um dann gefüllt zu werden.

A

4

B

Die Arbeit war wie folgt organisiert: Während ein Trupp von Arbeitern auf der untersten Ebene die Baggereimer auffüllte, war eine zweite Gruppe, die sich am anderen Ende des Seils, außerhalb des eigentlichen Kanalbetts befand, damit beschäftigt, die Eimer zu entleeren. Wenn der untere Eimer gefüllt war, so stiegen die Arbeiter außerhalb des Kanals – nachdem sie sich kurz erholt hatten – in den leeren Baggereimer und kehrten mit ihm zur Ausschachtungsstelle zurück, während die Arbeiter unten aus dem Kanalbett hochstiegen und außerhalb der Baustelle den mit Erdreich gefüllten Eimer leerten.

B

5

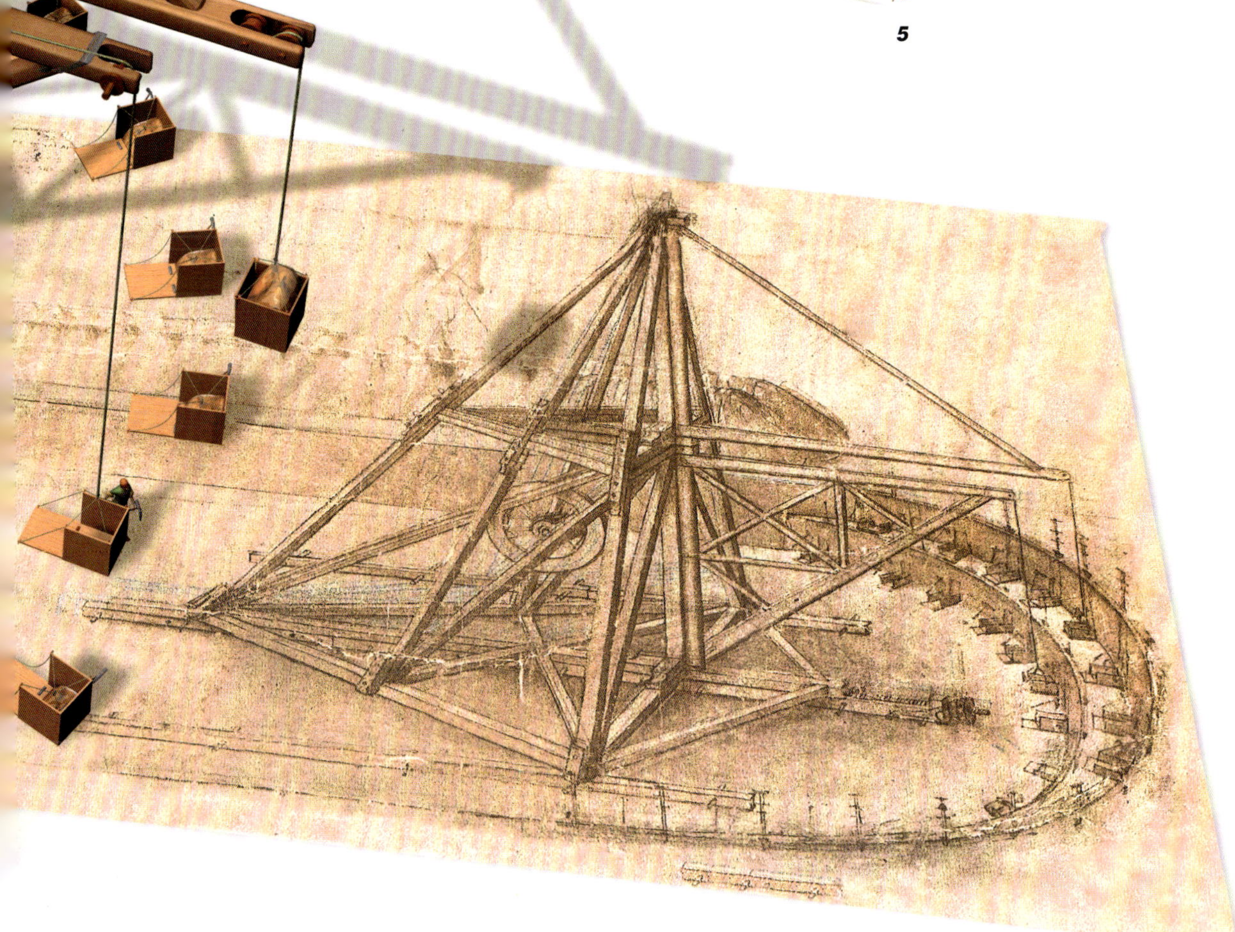

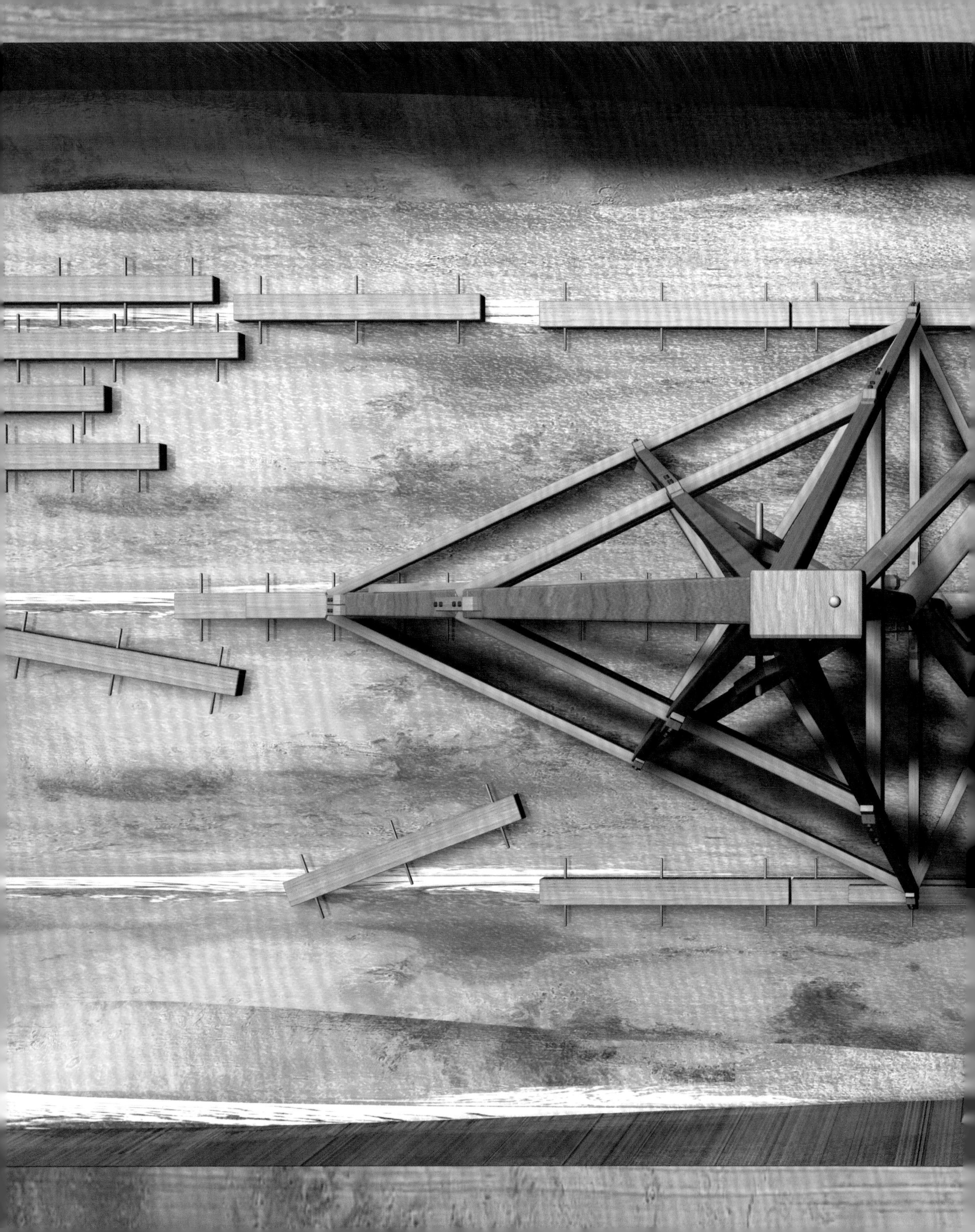

Diese Doppelseite
Die Illustration zeigt den möglichen Einsatzort der Kanalbaumaschine und vermittelt einen Eindruck von ihren imposanten Ausmaßen. Als Vergleich dient hierzu ein – hypothetischer – Arbeiter von durchschnittlicher Körpergröße.

005 Bühnentechnik

Wagen mit Eigenantrieb
Bühneninszenierung für *Orpheus*

Viele der berühmtesten Ingenieure und Künstler der Renaissance wirkten an der Entwicklung von Bühnentechnik mit, darunter Ingenieure wie Giovanni Fontana und Brunelleschi und Künstler von Mantegna bis Raffael. Auch Leonardo bildet keine Ausnahme. Er entwarf Vorrichtungen und Mechanismen für das Theater, noch bevor er Florenz verließ; später stellte er in Mailand seine Fähigkeiten in den Dienst der Sforza und war im Alter für den französischen Hof tätig. Das Theater der Renaissance förderte das visuelle Potenzial dramatischer Aufführungen, was auch die unmittelbare Mitwirkung namhafter Künstler und Ingenieure erklärt. Die Bühne entwickelte sich zum lebendigen Gemälde, in dem Schauspieler, Künstler und Techniker auf ein gemeinsames Ziel hin arbeiteten: die Schaffung eines mimetischen Abbilds der Realität, eines Ereignisses. Normalerweise bildeten die Künstler die Wirklichkeit durch ihre Gemälde oder Skulpturen ab. Die Bühne bot ihnen die Möglichkeit, Bilder zu schaffen, die die Realität in ihrer Form, aber auch in Bewegung widerspiegelten. Zu diesem Zweck wurden oft automatische Vorrichtungen verwendet, und zwar nicht bloß bei Bühnenaufführungen, sondern auch bei prunkvollen Umzügen und Festspielen. Neben dem im Mittelalter populären geistlichen Schauspiel, in Italien *Sacra rappresentazione* genannt, und den religiösen Prozessionen setzten sich allmählich von Laienspielern aufgeführte Possenspiele durch. Im Quattrocento wurde nun das weltliche Theater zur meistverbreiteten dramatischen Darstellungsform und erfreute sich großer Beliebtheit vor allem unter den gebildeten Bürgern.

Es ist daher nicht ungewöhnlich, dass alle großen Bühnenbilder, an denen Leonardo mitwirkte, für Aufführungen mit antiker und weltlicher Thematik, von Naevius' *Danaë* bis zum *Paradiesfest* („Ball der sieben Planeten") und zum *Orpheus* gedacht waren. Nur in Leonardos Frühzeit in Florenz lässt sich ein gewisses Interesse für das geistliche Schauspiel erkennen. Andererseits bestand dieses auch nach Aufkommen des weltlichen Schauspiels fort und in Florenz waren geistliche Dramen weiterhin beliebt. Wir wissen, dass 1471 Verrocchios Werkstatt, wo der junge Leonardo in die Lehre ging, den Auftrag für die Bühnenbilder zu Aufführungen erhielt, die anlässlich des Besuchs von Galeazzo Maria Sforza in Florenz stattfanden. Wie man sich unschwer vorstellen kann, bildeten die geistlichen Themen für die „Bühnentechniker" den besten Anlass, ihrer Kreativität freien Lauf zu lassen. Verrocchio sollte dabei Bühnenbilder entwerfen, bei denen die Schauspieler ungewöhnliche Handlungen ausführen konnten, wie etwa in die Höhe schweben und auf die Bühne herabgleiten. Vor diesem Hintergrund ist es sicherlich möglich, dass Leonardo sein erstes Fluggerät für die Bühne entwarf: eine verblüffende, an Seilen hängende Vorrichtung mit schwimmhautähnlichen Flügeln, die einen Flug simulierte.

Der Tradition der florentinischen Bühnentechniker folgend, sollte die Rolle, die der Bewegung auf der Bühne zukam, Leonardos Auffassung vom

Theater entscheidend beeinflussen. Wie auf anderen Gebieten durchläuft Leonardo auch im Bereich der Bühnentechnik eine Wandlung: von einer statischen und harmoniegeprägten Auffassung hin zu einer dynamischen, naturalistischen Sicht. Um diese Entwicklung zu verstehen, muss eine weitere Neuerung erwähnt werden, die im italienischen Theater der Renaissance Einzug hielt. Im geistlichen Drama des Mittelalters erschienen neben der Handlung auf einer Bühne weitere Schauplätze, gewissermaßen „Nebenbühnen", wie z. B. der Palast des Pilatus, der Garten Getsemane usw. Der Ablauf der Handlung auf der Bühne an unterschiedlichen Schauplätzen bedeutete einen Bruch mit dem aristotelischen Prinzip der Einheit der Handlung und des Ortes. Im Theater der Renaissance werden diese auch visuell fragmentierten Schauplätze und Handlungen durch eine einheitliche, auf den Prinzipien der Perspektive bauende Bühne ausgeglichen. Die Perspektivbühne oder die „Stadtbühne" wurde von Autoren wie Baldassare Peruzzi und Sebastiano Serlio entwickelt, die den Vorgaben Vitruvs folgten. Schauplatz der komischen oder tragischen Handlung des Stücks war die Stadt, und zum Bühnenbild gehörten Häuser, Paläste und die Piazza in perspektivischer Abfolge. Leonardo scheint diese Art von Bühnenbild zu teilen bzw. in gewissem Sinn vorwegzunehmen, wie es eine kleine Zeichnung auf Folio 996v aus dem Codex Atlanticus belegt. Sie zeigt dieselbe Perspektive wie das *Paradiesfest* (auch als „Ball der sieben Planeten" bekannt), eine dramatische Aufführung, für die Leonardo in den 1490er-Jahren das Bühnenbild schuf. Leonardo hatte das Publikum mit seiner Darstellung des Paradieses verblüfft, das er als übergroßen, halbkugelförmigen Himmel konzipierte, auf dem sich mehrere Schauspieler als Verkörperung der Planeten drehten. Es war nach bester florentinischer Tradition eine dynamische Struktur, die die Mailänder sicherlich zutiefst beeindruckte, da diese mit solchen ungewöhnlichen Bewegungen nicht vertraut waren. Aufgrund von Beschreibungen können wir sagen, dass die Vorrichtung trotz ihrer Dynamik von Ordnung und Harmonie beherrscht war, die dem aristotelischen Prinzip der kreisförmigen Bewegung der Planeten auf dem Himmel entsprachen.

Die Perspektivbühne der Renaissance zeichnete sich durch einen sehr statischen Aufbau aus und war, wie die Perspektive selbst, geprägt durch die geometrische Strenge. Viele Jahre später, als er sich wieder in Mailand aufhielt, das nunmehr von den Franzosen besetzt war, die die Sforza vertrieben hatten, entwarf Leonardo eine Bühnendekoration für die Aufführung des antiken Mythos von Orpheus, in der wir einer völlig neuen Auffassung begegnen. Leonardo hatte sich wieder den Bühnenaufführungen zugewandt, wie aus einer Notiz auf Folio 110r aus dem Codex Madrid I hervorgeht. Diesmal entwarf er ein Bühnenbild, bestehend aus zwei Halbkreisen, die, während sie sich drehten, in ein Amphitheater umgewandelt werden konnten. Er schuf so eine mobile Bühne, die in einer einzigen Struktur die beiden Hauptformen des antiken Theaters zu vereinte: den Halbkreis griechischen Ursprungs, auf dem Theater-, Musik- und literarische Darbietungen geboten wurden, und das Amphitheater römischer Prägung für Gladiatorenauftritte. Es war keine wirkliche Neuerung, sondern eher der Versuch, wenn auch philologischer Art, das aus Holz erbaute mobile Amphitheater des Gaius Scribonius Curio, das Plinius d. Ä. in seiner *Historia naturalis* beschrieb, zu rekonstruieren. In diesem Zusammenhang muss Leonardos Interesse für den dynamischen Aspekt des Theaters hervorgehoben werden. Es blieben etliche Zeichnungen zum Bühnenbild des *Orpheus* erhalten (Codex Arundel, Fol. 231v, 264r; Codex Atlanticus, Fol. 363 sowie ein kürzlich in einer Privatsammlung entdecktes Einzelblatt, das einst Teil des Codex Atlanticus war). Diese Skizzen zeigen, dass Leonardos Anschauung vom Bühnenbild im Widerspruch zur vorherrschenden Perspektivbühne der Renaissance stand, für die er einst selbst eingetreten war. Sein Bühnenbild ist einerseits streng naturalistisch: Es fehlen Gebäude, hingegen kommen Berge und Täler vor. Andererseits wirkt es überaus dynamisch: So öffnet sich plötzlich ein Berg, dem, aus der Unterwelt gewissermaßen, die furchterregende Figur des Pluto (Hades) und andere Schreckensgestalten entsteigen. Auch wenn die flüchtigen Skizzen noch keine Flügel zeigen, so könnte es sein, dass diese Gestalten als Wesen erschienen, die mit Flügeln ausgestattet waren, ähnlich jenen, die Leonardo in seiner Frühzeit in Florenz entwickelt hatte. Der Wandel in Leonardos Anschauung hin zu einem naturalistischen und dynamischen Bühnenbild steht in Einklang mit den anderen Forschungsbereichen, denen er sich in jener Zeit widmete (wie etwa die Abkehr von der geometrischen Perspektive und Hinwendung zur Vogelperspektive).

Auch in seinen letzten Lebensjahren beschäftigt sich Leonardo mit Erfindungen für Festzüge und Bühnenaufführungen. Anlässlich einer Veranstaltung der Florentiner Kaufleute in Lyon zu Ehren des neuen französischen Königs Franz I. entwirft Leonardo einen verblüffenden Automaten: einen Löwen, der, nachdem er vorwärts geht, seine Brust öffnet und Lilien auf die Bühne wirft. Auch die für die Bühne bestimmten *ingegni* weisen einen hohen Symbolgehalt auf, da sie auf das komplexe Spiel um politische Macht anspielen: Der Löwe ist das Wappentier von Florenz, spielt aber auch auf die französische Stadt Lyon an, und die Lilien sind das Symbol der französischen Könige. Die Botschaft ist eindeutig: Die Stadt Florenz und mit ihr die Medici danken Frankreichs König Franz I. dafür, dass er Mailand zurückeroberte. Auch zwei der vielleicht letzten Zeichnungen, die Leonardo in Frankreich schuf (beide auf Schloss Windsor), stehen in Bezug zur Bühne: Eine Seite zeigt mehrere Figuren in diversen Kostümen, während die andere Seite den Entwurf eines Reiterdenkmals enthält. Bei Ersteren handelt es sich um Studien zu Theaterkostümen und bei Letzterem um ein Reiterstandbild, das als Kulisse für einen Festzug oder eine Aufführung dienen sollte.

Vinci, 1452 | 1460 | 1470 | 1478–1480 | 1480 | 1490 | 1500 | 1510 | Amboise, 1519

Codex Atlanticus, Fol. 812r

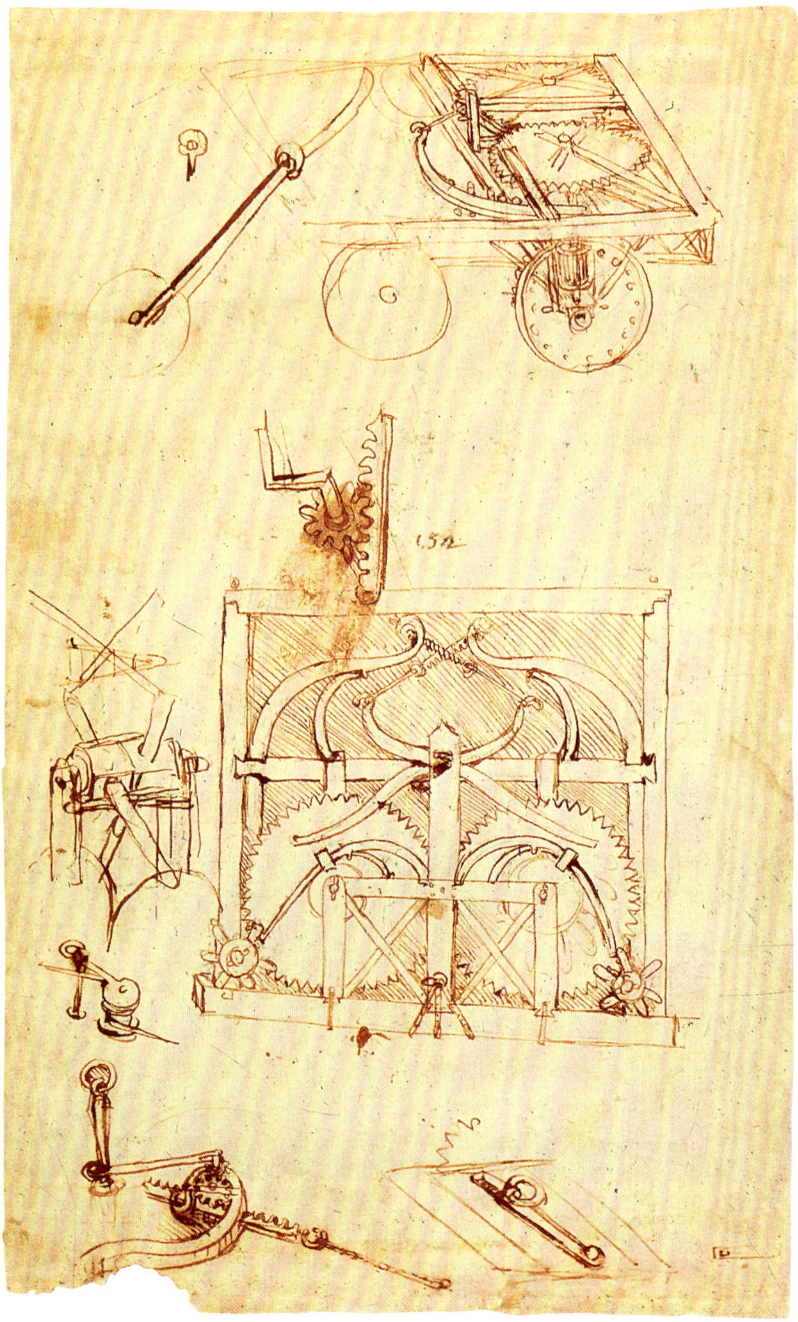

1

Wagen mit Eigenantrieb

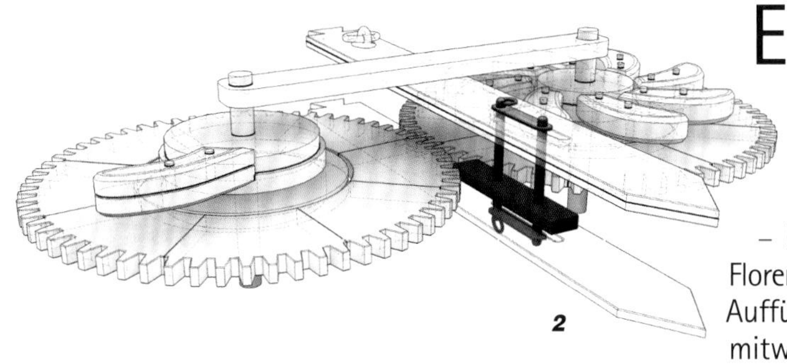

2

Es bleibt zwar nur eine Hypothese, dass Leonardos berühmtes „Automobil" in Wirklichkeit für die Bühne eines Theaters gedacht war, aber immerhin eine verlockende Möglichkeit. Auch die frühesten Überlegungen Leonardos für ein Fluggerät stammen aus seinen Lehrjahren in Florenz. Sie finden sich als Randnotizen zu den Mechanikstudien für die Flügel von Engeln und Teufeln – Figuren, die im geistlichen Schauspiel auftraten, das sich in Florenz in den 1490er-Jahren großer Beliebtheit erfreute und an dessen Aufführungen berühmte Künstler und Ingenieure wie Brunelleschi mitwirkten. Das Folio zeigt sich uns als typisches Arbeitsblatt und lässt erkennen, ähnlich wie die zu Präsentationszwecken erstellten „fertigen" Blätter, welche herausragende Rolle die Zeichnung als visuelles Mittel der Kommunikation für Leonardo gespielt hat. Der Umstand, dass nicht alle Details bis ins Letzte exakt ausgeführt wurden, erschwerte bis in die Gegenwart eine Deutung des Projekts. Dazu trug auch die Tatsache bei, dass es ein Arbeitsblatt, eine Vorstudie ist: Leonardo hielt oft einen flüchtigen Gedanken zeichnerisch fest und fügte dann erst einige Details hinzu. Anders als viele zu Präsentationszwecken erstellte Zeichnungen, die mitunter recht wundersam wirken oder theoretisch überlastet sind, haben wir es bei den vorliegenden Zeichnungen mit richtigen Arbeitsentwürfen zu tun. Sie scheinen eher dazu zu dienen, Leonardo selbst oder möglichen Auftraggebern Klarheit zu verschaffen über die Art, wie die einzelnen mechanischen Teile ineinander greifen. Leonardo beschäftigte sich auch in anderem Zusammenhang mit Transport- und Fortbewegungssystemen. Beim Bau von Kriegsgerät und Waffen musste Leonardo häufig auch damit verwandte Probleme wie etwa den Transport schwerer Geschütze lösen und entwickelte dabei höchst originelle Lösungen z. B. in Bezug auf den Antrieb der Räder. Ebenso widmete er sich den Fortbewegungssystemen selbst, und eine der am häufigsten erwähnten Vorrichtungen ist der dreirädrige Wagen. In einer frühen Zeichnung (Codex Atlanticus, Fol. 17v) entwarf er ein interessantes System der Fortbewegung durch eigenen Antrieb, das durch eine oder zwei Personen im Inneren des Wagens betätigt wurde, sowie ein raffiniertes System dynamischer Umwandlung und Übersetzung. Technisch gesehen war es zwar den durch Segel angetriebenen Wagen überlegen, die einige seiner Vorgänger im frühen 15. Jahrhundert konzipiert hatten, und es besaß ein Getriebe aus Zahnrädern, dennoch wären die entstandenen Reibungskräfte zu stark gewesen, um von den Personen, die das Fahrzeug bedienten, überwunden werden zu können. Der hier vorgestellte Entwurf eines Wagens mit eigenem Antrieb mittels Federn bedeutet eine bemerkenswerte Neuerung. Dem Antrieb durch Federn widmete sich Leonardo eingehend auch in seiner *Abhandlung über Maschinenelemente* und nahm dieses mechanische Element auch in einige seiner Entwürfe zu Flügeln für Fluggeräte auf.

Abb. 1
Eines der interessantesten, faszinierendsten und zugleich bekanntesten Projekte Leonardos finden wir im Codex Atlanticus auf Folio 812r. Über viele Jahre hinweg wurde es als „Leonardos Automobil" gedeutet, doch erst seit kurzem wurde die wahre Bestimmung dieses Entwurfs entschlüsselt.

Abb. 2
Technische Darstellung von Leonardos komplexem Projekt.

A

Zwei große Springfedern unter den beiden waagrechten Zahnrädern speichern und liefern die zur Bewegung erforderliche Kraft. Die Federn sind in einer Holztrommel eingeschlossen und in gegenläufiger Richtung aufgezogen. Leonardo benutzt oft Federantriebssysteme, vor allem zur Entwicklung von Uhrmechanismen.
Die beiden direkt mit den Zahnrädern verbundenen Federn übertragen die gespeicherte Energie auf die beiden Zahnräder und bewegen diese in entgegengesetzter Richtung. Sie sind verkuppelt und übertragen die gespeicherte Energie auf andere Mechanismen des Wagens. Die direkte Verkupplung der beiden Räder schließt jede Möglichkeit aus, dass Leonardo an ein Differentialgetriebe gedacht hätte. Eine einzige Feder hätte ausgereicht, um den Wagen fortzubewegen, zwei Federn sind jedoch eine elegantere, symmetrische Lösung; auch wird die durch sie gespeicherte Energie verdoppelt.

B

Die beiden Vorrichtungen in den Ecken übertragen die Bewegung an die Räder und lösen zugleich je eine Doppelblattfeder, die oben auf dem Wagen erkennbar ist. Die Stifte der beiden Gangräder in den Ecken schlagen in festen Zeitabständen auf die Enden der Blattfedern. Die Vorrichtung links im Bild stellt ein Hemmungssystem ähnlich dem von Uhren dar und regelt das schrittweise Lösen der großen Springfeder. Leonardo weiß, dass die von einer Feder übertragene Energie nicht konstant ist. Um einen ruckartigen Start und eine anschließende plötzliche Verlangsamung zu vermeiden, versieht Leonardo den Wagen mit einem Hemmmechanismus, der eine gleichförmige Freisetzung der Energie gewährleistet, wahrnehmbar durch ein Klickgeräusch, verursacht durch das Schlagen der Stifte des Hemmrades auf das Ende der Doppelblattfeder.

C

Eine winzige Zeichnung zeigt eine Vorrichtung, die für das Funktionieren des Wagens entscheidend ist: die ferngesteuerte Handbremse. Sie besteht aus einer schmalen, höchstwahrscheinlich aus Holz hergestellten Leiste, die auf einem Formstück gleitet und zwischen die Zähne der beiden horizontalen Zahnräder geschoben wird. Auf diese Weise wird verhindert, dass, nachdem die Springfedern aufgezogen worden sind, die beiden horizontalen Zahnräder sich drehen; somit bleibt der Wagen in Ruheposition. An den Ring auf der gleitenden Leiste kann ein Seil befestigt werden; zieht man daran, werden die waagrechten Zahnräder gelöst und der Wagen setzt sich in Bewegung.

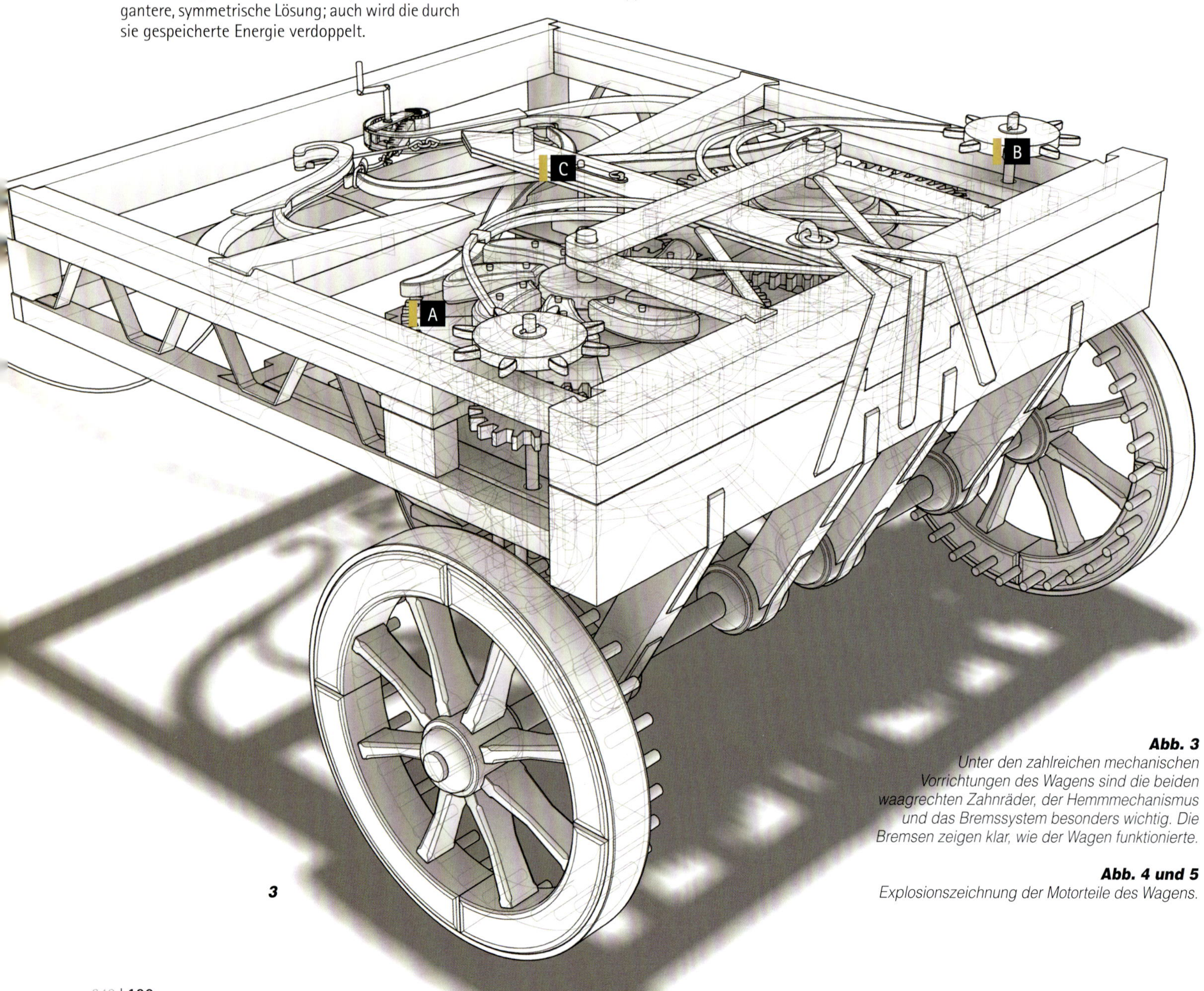

3

Abb. 3
Unter den zahlreichen mechanischen Vorrichtungen des Wagens sind die beiden waagrechten Zahnräder, der Hemmmechanismus und das Bremssystem besonders wichtig. Die Bremsen zeigen klar, wie der Wagen funktionierte.

Abb. 4 und 5
Explosionszeichnung der Motorteile des Wagens.

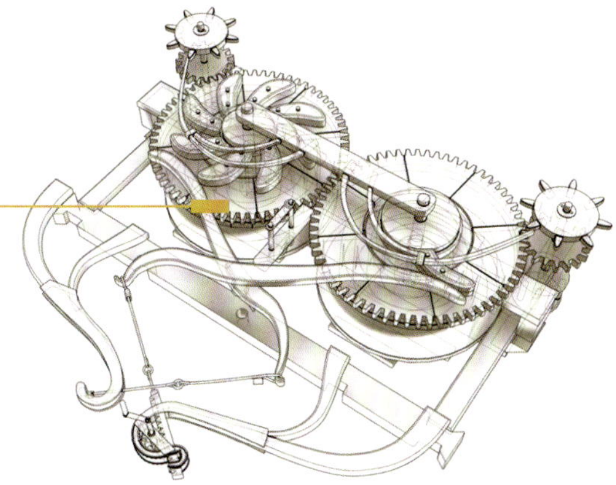
MOTOR

4

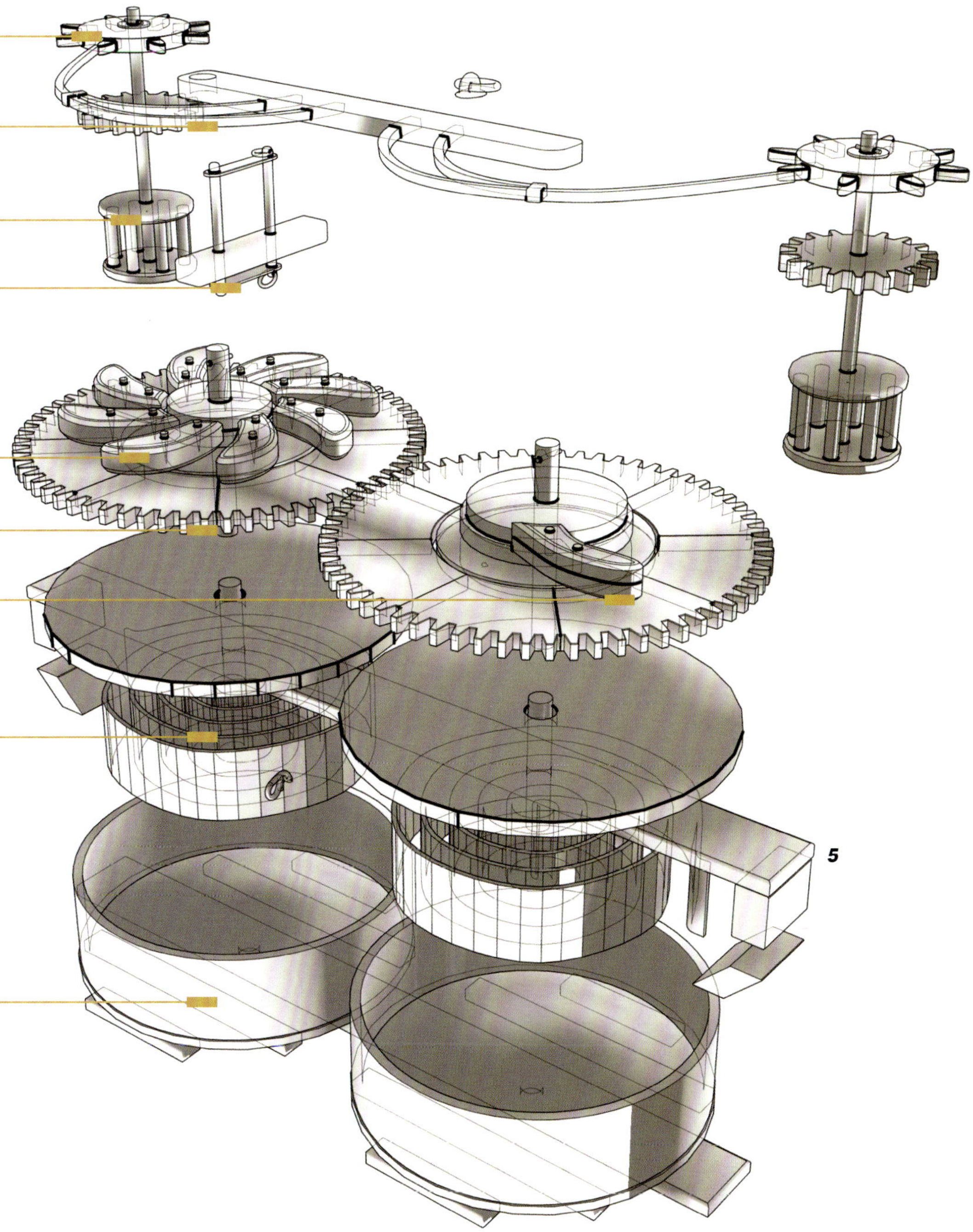
GANGRAD (HEMMUNGSRAD)
HEMMUNG (DOPPELBLATTFEDER)
STOCKGETRIEBE
BREMSE
NOCKEN
ZAHNRAD
HILFSMECHANISMUS NOCKE
SPRINGFEDER
TROMMELN

5

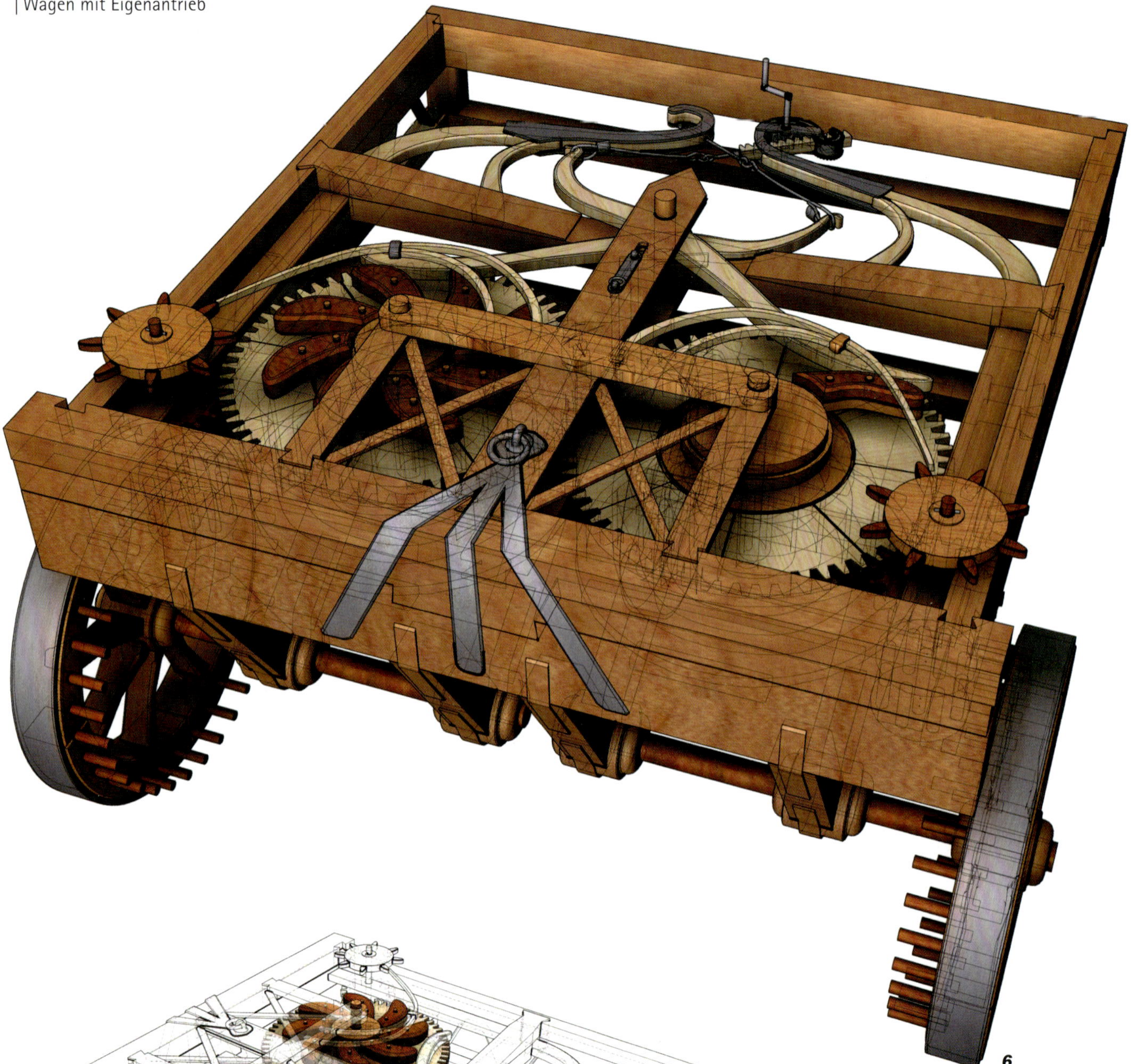

6

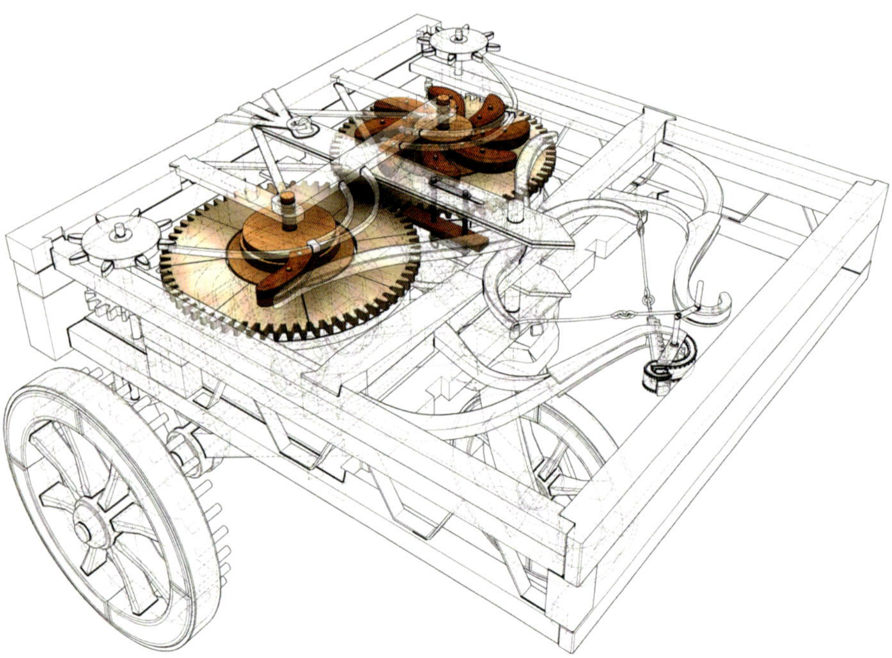

7

Abb. 6
Der Wagen hatte höchstwahrscheinlich recht bescheidene Maße. Untersuchungen an anderen Entwürfen ergaben, dass er eine Seitenlänge von etwa einem Meter und eine Höhe von knapp weniger als ein Meter gehabt haben könnte.

Abb. 7
Das Schaubild zeigt die exakte Lage des Motors.

Abb. 8
So etwa dürfte das „Automobil" in zerlegtem Zustand in Leonardos hypothetischer Werkstatt ausgesehen haben.

8

Abb. 9
Gesamtansicht des Wagens mit Eigenantrieb. Die rekonstruierten Bauteile des Wagens sind transparent dargestellt.

9

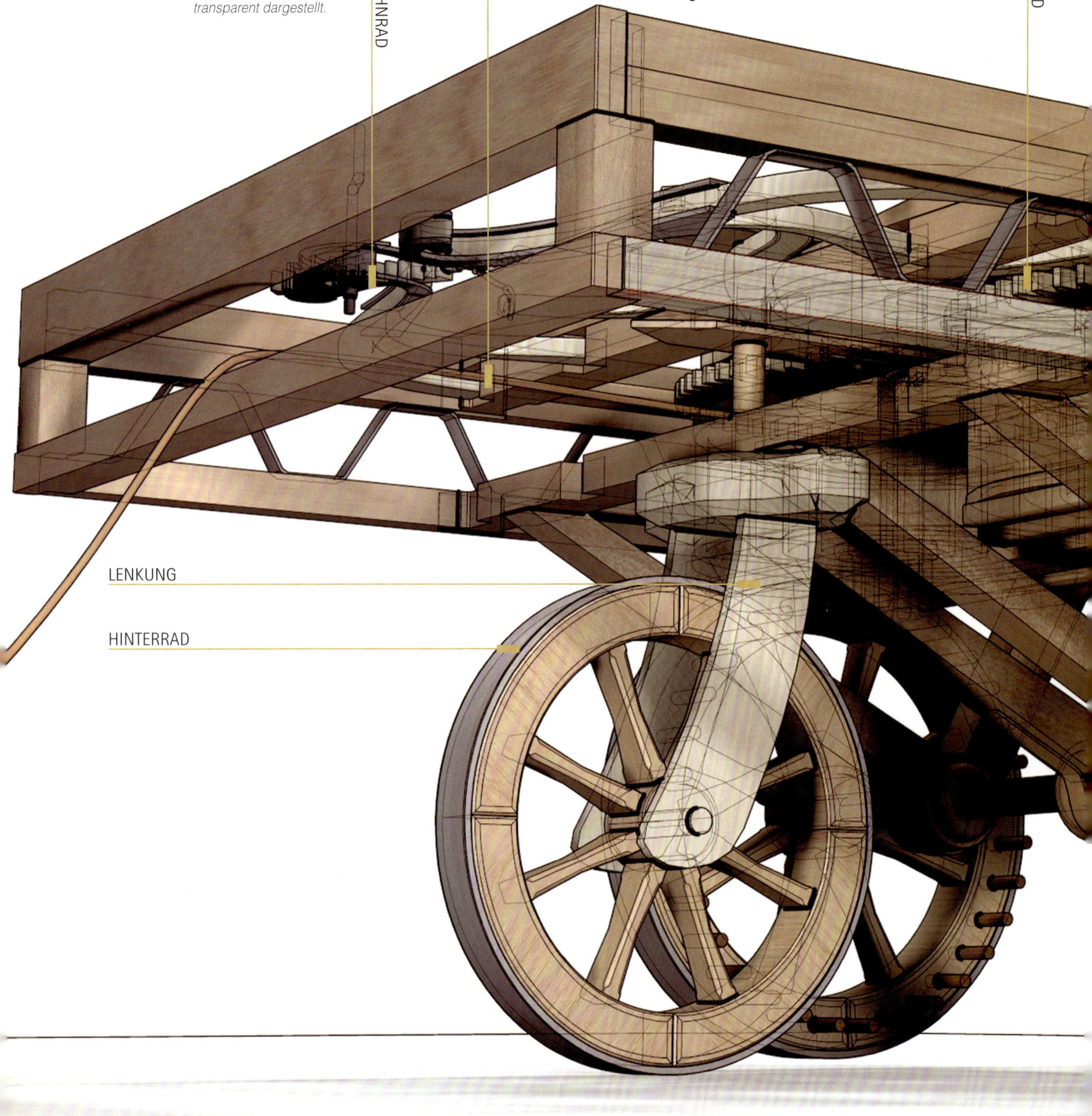

RAHMEN
RAHMENVERSTREBUNG
HEMMUNGSRAD
ÜBERSETZUNG
VORDERRAD
MOTOR
VORDERACHSE
studioddm

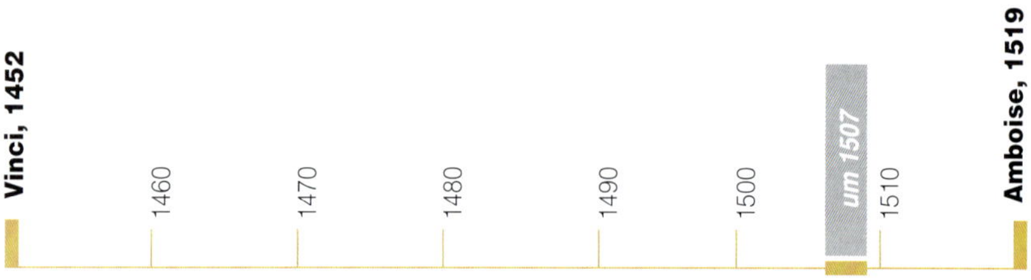

Codex Arundel, Fol. 231v

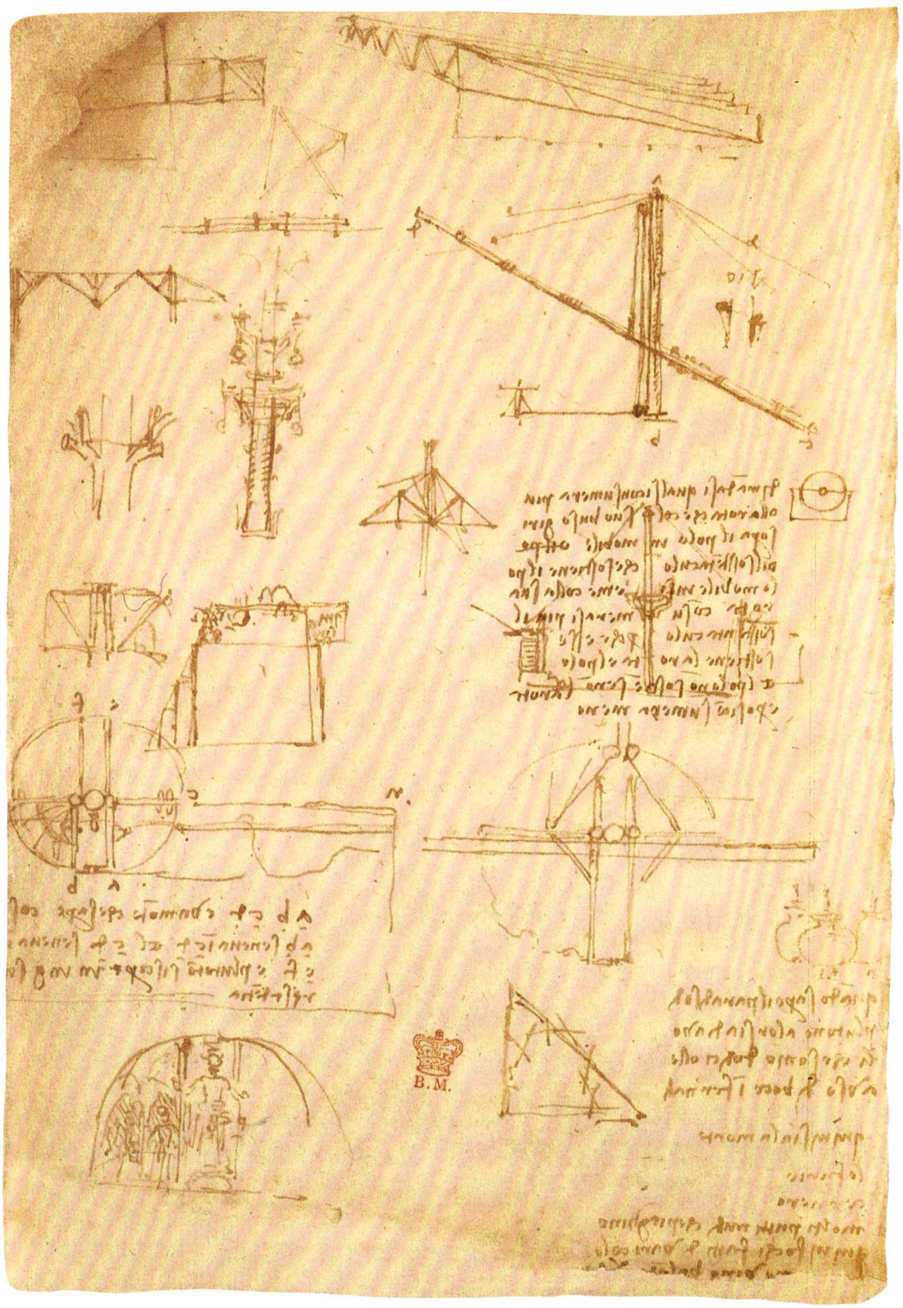

1

Bühneninszenierung für Orpheus

Zu den am meisten geschätzten Tätigkeiten Leonardos an den verschiedenen Fürstenhöfen zählte sicherlich auch seine Mitwirkung an der Ausrichtung von Festspielen und Theateraufführungen. Der vergängliche Charakter der bühnentechnischen Vorrichtungen und der Bühnenbilder hat jedoch dazu geführt, dass kaum etwas von diesem faszinierenden Aspekt seines Schaffens überliefert ist. Zu den wenigen Arbeiten dieses Bereichs, von denen es noch spärliche Zeugnisse gibt, zählt das Bühnenbild für die Aufführung des Orpheus-Mythos, in dessen Mittelpunkt die tragische Liebe des thrakischen Sängers und Leierspielers Orpheus zu Eurydike steht. Die Aufführung fand während Leonardos zweitem Aufenthalt in Mailand, also kurz nach der Besetzung der Stadt durch die Franzosen, statt.

Natürlich hatte sich Leonardos Ruhm als gefeierter Bühnentechniker zur Zeit der Sforza auch bei den neuen Herren herumgesprochen. Das von Leonardo entworfene Bühnenbild findet sich in einer Reihe von Skizzen auf zwei Blättern des Codex Arundel, auf einem Blatt im Codex Atlanticus sowie einem weiteren Folio aus einer Privatsammlung. Zwei Bruchstücke des letzterwähnten Blattes, das erst kürzlich auftauchte, enthalten Zeichnungen zu einer Gebirgslandschaft sowie mehrere Frauengestalten, vermutlich die Erinyen (oder Furien), die zu Orpheus hinabschweben. All diese Fragmente vermitteln einen recht genauen Eindruck vom Bühnenbild, das Leonardo geplant hatte und das vor allem durch zwei Elemente geprägt wird: Naturalismus und Dynamik. Um die Absicht dieses Projekts Leonardos zu verstehen, muss man daran erinnern, dass in der Renaissance die Perspektivbühne mit ihren perspektivisch dargestellten Ansichten von Gebäuden die Bühne beherrschte. Leonardo siedelt das dramatische Umfeld des Orpheus in einem naturgetreuen Raum mit Höhenzügen und Tälern an. Hier entfaltet sich der erste Teil des Geschehens: die junge Liebe zwischen Orpheus und Eurydike inmitten einer bukolischen Landschaft. Zu einem gewissen Zeitpunkt öffnet sich die Bühne, die Berge treten in den Hintergrund und aus den Tiefen des Erdinneren schwebt Pluto mit seinem furchterregenden Gefolge empor. Die Unterwelt ist Schauplatz des zweiten – und tragischen – Teils der Handlung. Leonardo beschreibt in einer Notiz auf Folio 231v recht anschaulich diesen Moment: „Wenn sich Plutos Paradies öffnet, lass Teufel mit brüllenden, höllischen Stimmen auftreten. Und ebenso den Tod und die Furien, Cerberus, viele nackte, schluchzende Putti sowie vielfarbige Flammen, die [...] umhertanzen." Plutos Paradies ist natürlich die Hölle, und die gesamte Szene wiederholt einen Augenblick aus dem Mythos der unglücklichen Liebe des Orpheus zu Eurydike, wie sie Poliziano in *Orpheus*, dem ersten weltlichen italienischen Darama, schilderte, dessen Aufführung 1490 in Mantua schon bald weit über die Grenzen der Stadt Berühmtheit erlangte.

Abb. 1
Eingestreut in Leonardos Kodizes finden sich immer wieder auch verschiedene Entwürfe zu bühnentechnischen Vorrichtungen, so etwa auch in der nebenstehenden Zeichnung aus dem Codex Arundel. Weitere Entwürfe sind im Codex Atlanticus sowie in einigen Blättern in Privatbesitz enthalten.

Abb. 2
Ausschnitt des Bühnenbilds aus dem Codex Arundel und anderen Handschriften.

Folgende Doppelseite
Abb. 3
Funktionsweise des Bühnenmechanismus. Der blaue Pfeil zeigt die Bewegungsrichtung der Maschine an, wenn in den dafür vorgesehenen Behälter Gewichte hineingelegt wurden oder zwei bis drei Personen darin Platz nahmen.

Abb.. 4
Darstellung der drei aufeinander folgenden Funktionsphasen der Bühnenbildes: Schließen des Vorhangs, Öffnen und vollständige Öffnung der Bühne, auf der jetzt der Schauspieler erscheint.

Abb. 5
Die wichtigsten Elemente der Bühnenmaschinerie.

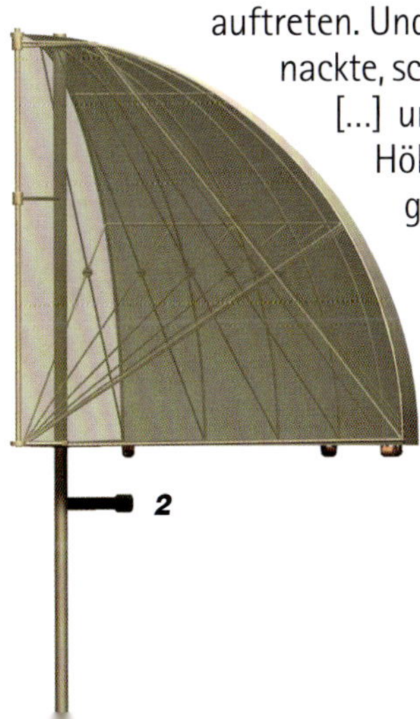

2

A Die nebenstehende Abfolge zeigt, vereinfacht, wie sich die Bühne öffnete. Während des Spielablaufs war das kuppelförmige Gewölbe Teil der Gebirgslandschaft. Anstatt völlig kugelfömig zu sein, ließ es sich durch Verwendung von Pappmaché verschieden gestalten und sehr realistisch ausmalen. Aufgrund seines geringen Gewichts konnte auch ein sehr großes Bühnenbild entworfen werden. Die Nachbildungen von Höhenzügen verbargen das komplexe System von Flaschenzügen und Zugstangen, mit deren Hilfe sich die ganze Vorrichtung drehen ließ.

B Zu einem bestimmten Moment und – für damalige Zeit – besonders effektvoll öffnete sich die ganze Konstruktion und gab den Blick auf eine zweite Bühne frei. Die Kreisbewegung der zwei riesigen Teile bot den Zuschauern nicht nur den Blick auf eine neue Kulisse, vielmehr brachte sie auch den Hauptdarsteller auf die Bühne. Im Grunde erschien auf der Bühne eine Plattform mit dem bis dahin verborgenen Schauspieler.

C Sobald die zwei großen Gewölbehälften ihre Bewegung beendeten, zeigten sie sich den Zuschauern in völlig geöffnetem Zustand, sodass sie den Schauspielern und dem jetzt auftretenden Hauptdarsteller neuen Spielraum boten.

D Die Arbeitsweise des ganzen Mechanismus war denkbar einfach. Anfangs stand der Schauspieler unter der Bühne auf einem kleinen Podest, das wie ein Aufzug funktionierte. Hinter ihm standen Bühnenarbeiter bereit, eine Kiste mit Gewichten zu beladen. Sobald dies getan war, begann die Kiste, die die Rolle eines Gegengewichts übernahm, nach unten zu gleiten, sodass gleichzeitig das Podest mit dem Schauspieler aufstieg und den Mechanismus in Gang setzte, der die Gewölbehälften sich öffnen ließ. Einer anderen Hypothese zufolge könnten die Bühnenarbeiter selbst in die Kiste gestiegen sein, um den Aufstieg des Podestes in Gang zu setzen.

A

B

C

4

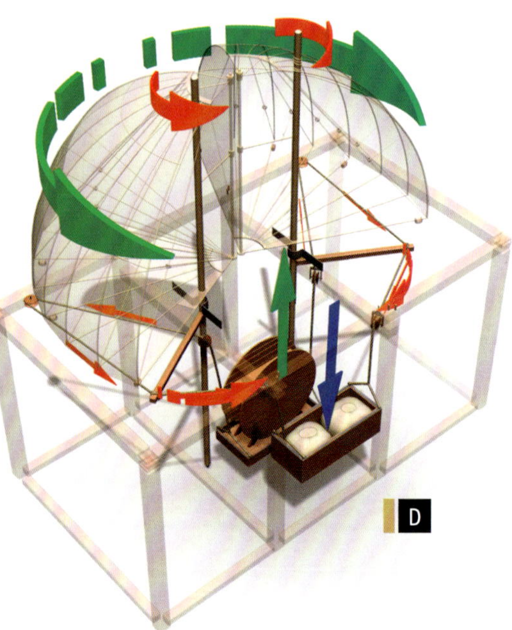

3

D

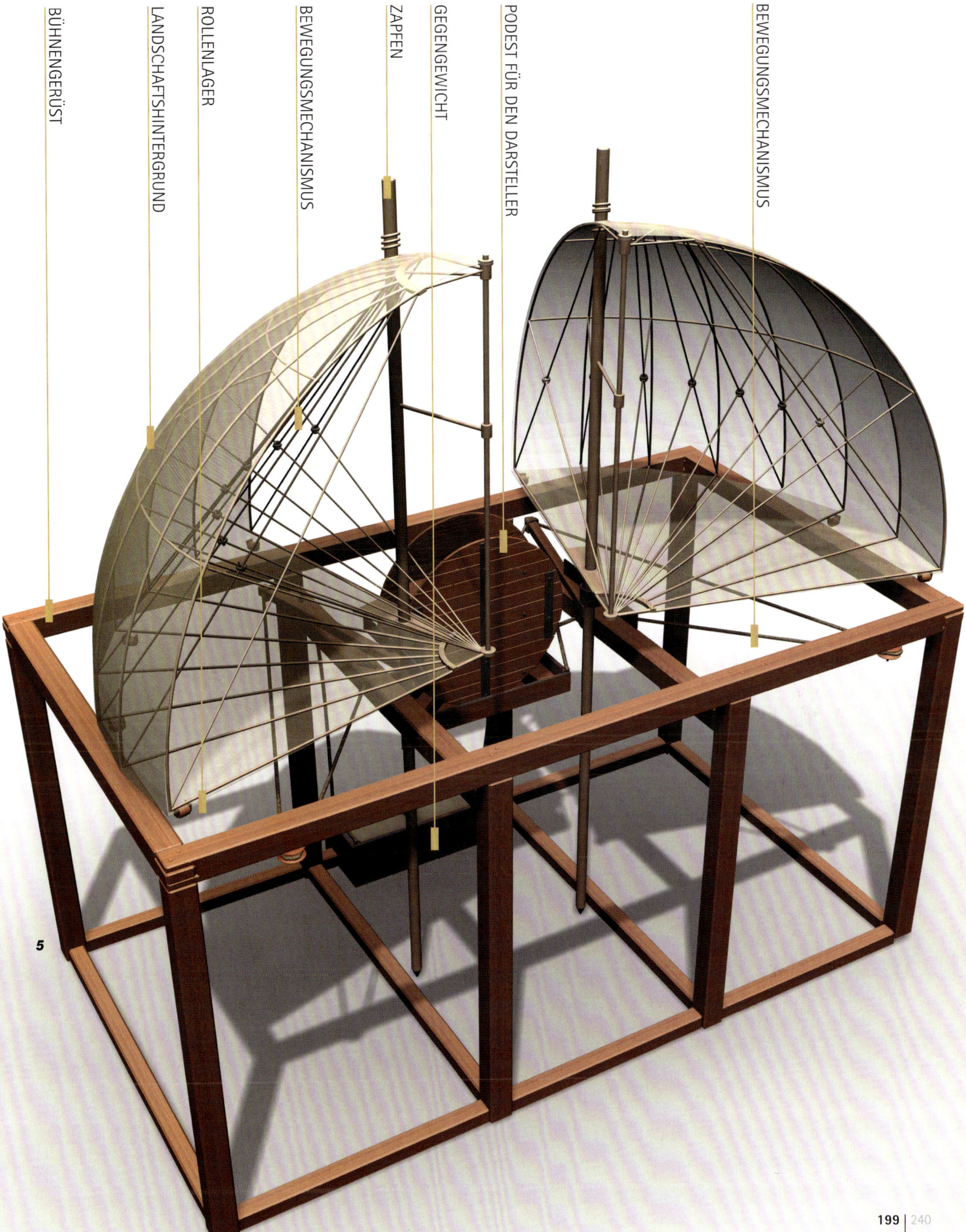
BÜHNENGERÜST
LANDSCHAFTSHINTERGRUND
ROLLENLAGER
BEWEGUNGSMECHANISMUS
ZAPFEN
GEGENGEWICHT
PODEST FÜR DEN DARSTELLER
BEWEGUNGSMECHANISMUS

5

6

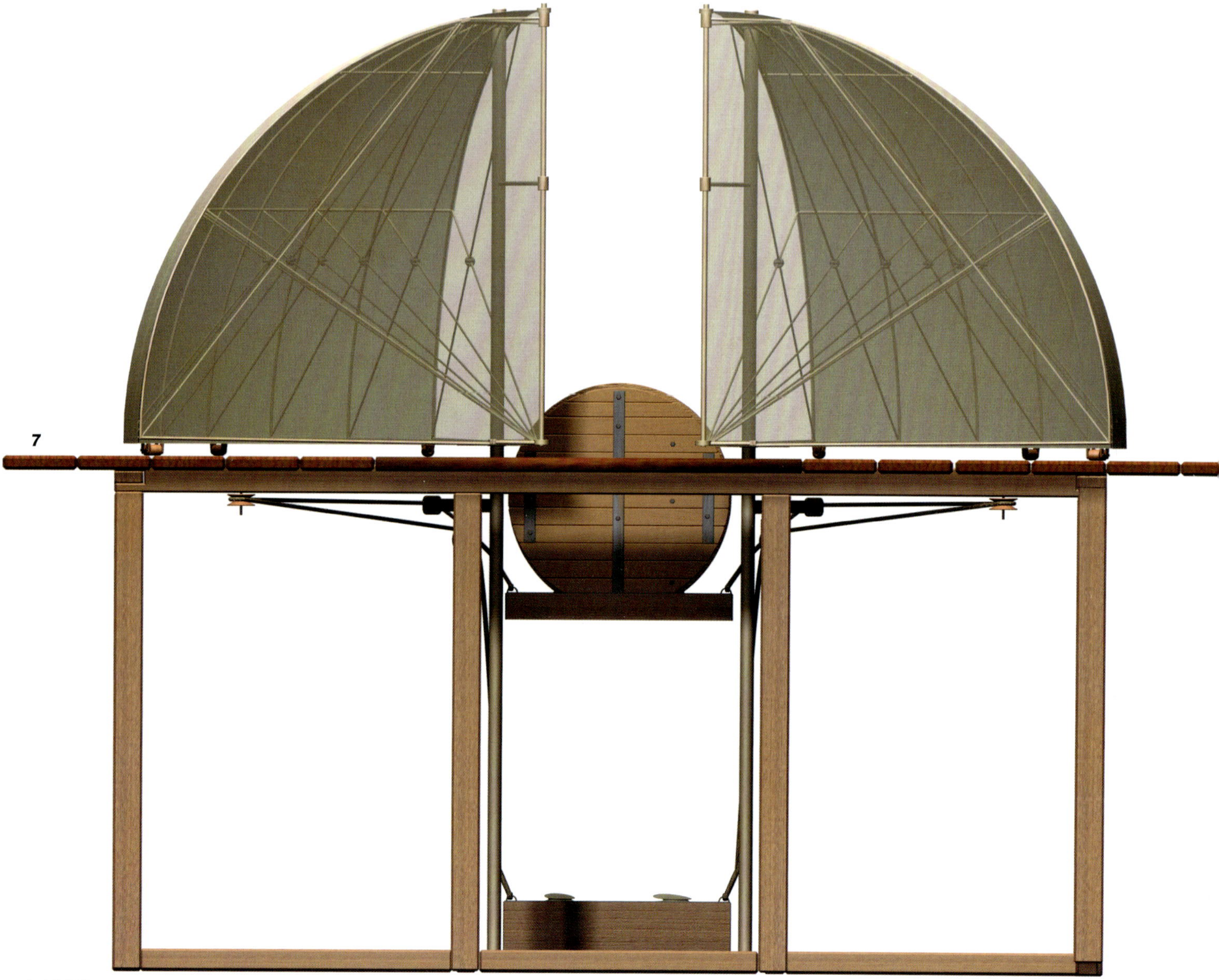
7

Abb. 6 und 7
Die Bühnenbildkonstruktion, vom Zuschauer aus gesehen, in geschlossenem und in geöffnetem Zustand. An der Unterkante der riesigen Gewölbehälften befindet sich ein System von Rollenlagern, auf denen der gesamte Aufbau ruht und sich zum gegebenen Zeitpunkt öffnet.

Abb. 8
Ein in Privatbesitz befindliches Blatt enthält eine überaus anschauliche Zeichnung desselben Projekts. Die Entwürfe sind so exakt und deutlich ausgeführt, dass man vermutet, sie könnten für einen möglichen Auftraggeber oder den Konstrukteur selbst bestimmt gewesen sein. Zu sehen sind darauf die Details der Flaschenzüge und die Vorrichtung mit den Gegengewichten, die den Aufzug in Gang setzten und nach oben auf die Bühne hoben.

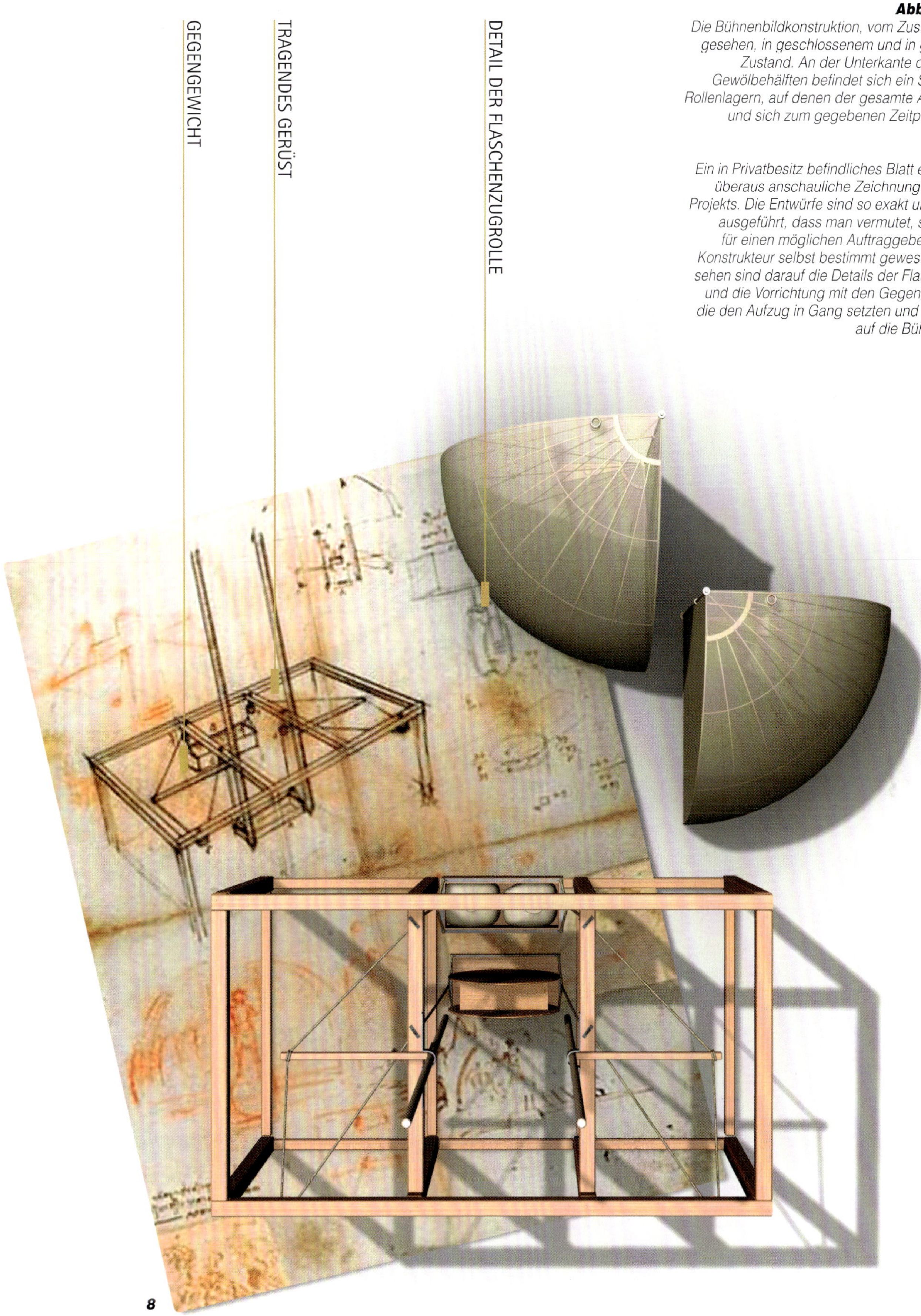

8

006 Musikinstrumente

Leier in Form eines Tierkopfes
Mechanische Trommel
Viola organista

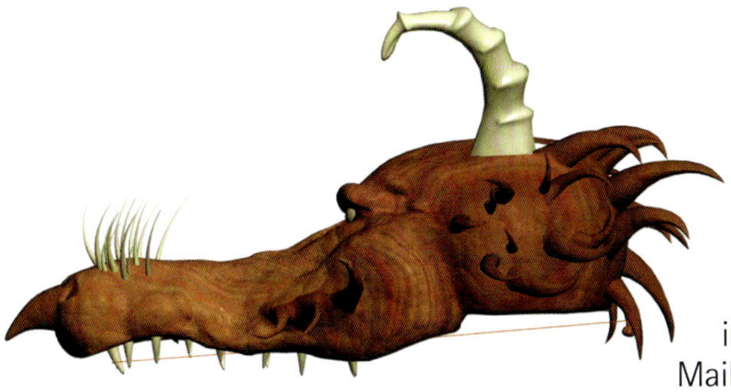

Biografen sind sich darüber einig, dass Leonardo ein hervorragender Musiker war und auch auf der Leier sehr gut spielen konnte. Es gibt aber auch Belege für einen weiteren Bereich der Musik, in dem er tätig war. Natürlich gab es etliche Gründe, die Leonardo bewogen, im Alter von etwa 30 Jahren Florenz zu verlassen und nach Mailand zu ziehen. Es ist dennoch aufschlussreich, dass viele zeit-genössische Biografen Leonardos Beschäftigung mit der Musik mit seinem Weggang an den Hof der Sforza, der Herzöge von Mailand, verbinden. Vermutlich hatte Leonardo von Lorenzo dem Prächtigen den ehrenvollen Auftrag bekommen, Ludovico il Moro eine selbst gebaute Leier zu übergeben. Es war aber ein bizarres Instrument, das aus Silber hergestellt war und die Form eines Pferdekopfes hatte. Außer dem Wert, den es aufgrund des verwendeten Edelmetalls und der höchst originellen Form besaß, war es dermaßen konstruiert, berichtet Vasari, „dass der Klang volltönender war und eine bessere Resonanz zeigte". Und Vasari fügt hinzu, dass Leonardo darauf so wundervoll spielte, dass er alle Musiker an Ludovicos Hof übertraf. Als der Sforza-Herzog daher Leonardos ungewöhnlich vielseitige Begabung erkannte, beschloss er, ihn in Mailand zu behalten.

Aus den Berichten von Leonardos Biografen und seinem selbst verfassten Empfehlungsschreiben an Ludovico il Moro wissen wir, dass der Entschluss, sich in Mailand niederzulassen – er bedeutete einen Wendepunkt in seiner künstlerischen Entwicklung –, nicht auf seine Tätigkeit als Maler zurückzuführen ist, sondern eher auf seine Fähigkeiten als Musiker und Instrumentenbauer, ganz zu schweigen von seinem Wirken als Militäringenieur. Dies ist nicht ungewöhnlich, wenn wir uns in die historischen Gegebenheiten jener Zeit hineinversetzen. Kriege waren damals aus dem Alltag nicht wegzudenken, und wenn sich Leonardo bei Sforza als Militäringenieur empfahl, so stiegen seine Chancen, die Gunst des Herzogs zu gewinnen. Was die Musik anbelangt, so darf nicht ihre herausragende Rolle in der Gesellschaft während der Renaissance vergessen werden. Die Fürsten riefen regelrechte Wettbewerbe aus, um die berühmtesten Musiker und Komponisten für ihre Höfe zu gewinnen. Sobald diese in fürstlichen Diensten standen, erhielten sie üppige Entgelte und wurden nicht selten sogar mit Ländereien und anderen Begünstigungen entlohnt. Ende des 15. Jahrhunderts, als die Sforza aus Mailand vertrieben wurden, schickte Ercole d'Este, der Herzog von Ferrara, seine Gesandten nach Mailand, um die berühmten Musiker der Sforza-Kapelle für seinen Hof zu gewinnen. Nach Überwindung zahlreicher Schwierigkeiten gelang es ihnen, Josquin des Prez anzuheuern. Wie viele Musiker jener Zeit war auch er Ausländer, und bis zum Auftreten von Monteverdi dominierten nordeuropäische Vertreter die Musikwelt. Zu den bedeutendsten italienischen Musikern der Renaissance zählte Franchino Gaffurio (1451–1522), und einer Hypothese zufolge soll er auch jene Figur sein, die Leonardo in

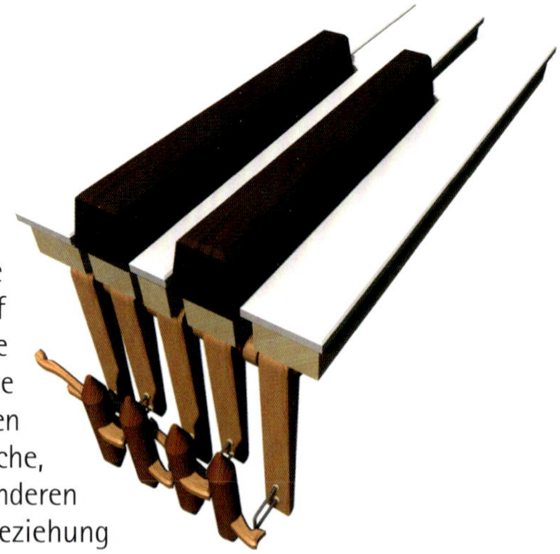

seinem Gemälde porträtierte, das heute in der Pinacoteca Ambrosiana hängt. Als Komponist, Organist, Autor von Musikabhandlungen *(De harmonia musicorum instrumentorum opus)* wirkte Gaffurio in Mailand als Kapellmeister des Doms. Die Person auf Leonardos Porträt hält ein Blatt in der Hand, auf dem die Worte *Cant Ang* erkennbar sind, eine Anspielung auf Gaffurios berühmte Komposition *Angelicum ac divinum opus musicae*. Die Fürsten zahlten bereitwillig horrende Summen für solche Kompositionen. Die Tatsache, dass Leonardo Franchino Gaffuri möglicherweise auch aus einem anderen Bereich der Musikwelt her kannte, geht auf Leonardos intensive Beziehung zur Musik während seiner Mailänder Jahre am Hof der Sforza zurück. Nicht vergessen darf man den Umstand, dass Leonardo in den 1480er-Jahren in Mailand nicht als Maler im Dienst der Sforza stand, sondern als Leiter von Festspielen und Prunkzügen. (Den Auftrag für die berühmte *Felsgrottenmadonna* erhielt Leonardo 1483 auch nicht vom Fürstenhof, sondern von einer privaten Bruderschaft). Zu den Festspielen am Fürstenhof könnten sehr wohl auch musikalische Einlagen, die Schaffung von Kompositionen und die Erfindung neuer Instrumente gezählt haben. Dies scheint die Berichte jener Zeit zu bestätigen, wonach, anfangs zumindest, Leonardo seinen Ruhm der Tätigkeit als Musiker und Bühnentechniker und nicht sosehr der als Maler und Forscher verdankte. Die Entwürfe für Musikinstrumente, die in einem Kodex aus der Zeit am Sforza-Hof enthalten sind, scheinen diese frühe Tätigkeit zu belegen. Eines der Musikinstrumente aus dem Codex Ashburnham 2037, der früher Teil des Manuskripts B war, zeigt eine Leier in Tiergestalt – ein direkter Bezug auf das Leonardo zugeschriebene Instrument, das dieser als Hommage für die Sforza entworfen haben soll. Soweit wir wissen, zeigte Leonardo eine besondere Originalität beim Entwurf von damals bekannten Instrumentenarten. Es fällt nicht leicht, eine Rekonstruktion der zu Leonardos Zeiten gängigen Typen und Varianten von Musikinstrumenten vorzunehmen sowie ihren Verwendungszweck zu bestimmen. Das liegt vor allem an der äußerst geringen Zahl von Instrumenten, die bis heute erhalten blieben. Die wertvollste Quelle für die Kenntnis der Instrumente der Renaissance sind die Traktate, die vor allem im 16. Jahrhundert der Musik oder einzelnen Instrumenten gewidmet waren. Eine weitere wichtige Quelle ist die Darstellung von Instrumenten auf Gemälden, Intarsien und anderen Kunsterzeugnissen jener Epoche.

Der wachsende Stellenwert der Musik während der Renaissance zeigte sich unter anderem auch in der häufigeren Verwendung der Musik und der Instrumente bei privaten wie öffentlichen Anlässen am Fürstenhof und förderte zugleich die Erfindung neuer oder die Weiterentwicklung schon bestehender Instrumente.

Zu Leonardos Zeiten gab es Streichinstrumente, deren Ursprung im Mittelalter lag, wie etwa die Vieille und das Rebec (das in der Renaissance eine Blütezeit erlebte, sich jedoch später nicht durchsetzte), sowie die neuere Lira da Braccio und aus der Violinfamilie die Viola da Braccio und die Viola da Gamba (dargestellt u.a. in Giorgiones Haus aus der Zeit um 1500). Wie andere Instrumente folgten auch die Violinen den wichtigsten Registern der menschlichen Stimme (Sopran, Alt, Tenor und Bass) und waren in ihrem Bau unterschiedlich groß, wobei der kleinste Typ zugleich die höchste Tonalität aufwies. Violine, Viola und Cello werden auch heute noch gespielt und gehen auf die entsprechenden Streichinstrumente der Renaissance zurück. Die Laute hatte eine dominierende Position innerhalb der großen Kategorie der Zupfinstrumente. Die erste speziell für die Laute geschriebene Komposition stammt aus dem Jahr 1507 und dokumentiert damit ihre herausragende Stellung unter anderen Instrumenten. Die Laute kam – in ihrer Form als Kurzhalslaute – über die Araber nach Europa und wurde im Abendland zum wichtigsten Instrument der beginnenden Neuzeit. Zwischen Ende des 15. und Beginn des 16. Jahrhunderts erfuhr die Spieltechnik der Laute einen radikalen Wandel: Die Saiten wurden nunmehr mit Fingeranschlag der rechten Hand gespielt, auch wenn das Spielen mit Plektron, einem Erbe aus dem Vorderen Orient, weiterhin beibehalten wurde. Durch Einsatz der Finger beim Zupfen der Saiten konnte der Lautenspieler auch polyphone Musik spielen. Ab dem 16. Jahrhundert war die Laute bevorzugt 6-chörig, wobei die höchste Saite einfach und die übrigen doppelt bezogen waren und in Oktaven bzw. im Einklang gestimmt waren. Ein überaus beliebtes Zupfinstrument war auch die Harfe. Harfe und Laute begleiteten den Hofsänger, erscheinen aber in der religiösen Ikonografie auch als Instrumente in Engelschören.

Häufig dokumentiert ist ebenfalls der Einsatz von Schlaginstrumenten (Trommeln, Tamburinen und Triangeln) bei Volksfesten sowie zivilen und militärischen Anlässen bei Hof. Zunehmende Verbreitung fanden auch die Tasteninstrumente. Neben der Orgel, bei der die Töne durch den Luftdruck in den Pfeifen entstehen, gab es das Klavichord, das Cembalo, das Spinett und das Virginal, bei denen die Töne durch Druck der Finger auf die Tasten, die die Saiten auf mechanischem Weg zum Schwingen bringen, hervorgebracht werden. Aus diesem „mechanischen" Bereich stammen auch die spärlichen, aber überaus interessanten Spuren von Leonardos Wirken. Seine originellen Entwürfe zu Saiten- und Tasteninstrumenten fanden ihren konkreten Ausdruck in der Viola organista, die durch die neuartige Verwendung der Klaviatur besticht. Um eine zunehmende Mechanisierung und Erzeugung von unterschiedlichen Tönen war Leonardo auch im Bereich der Schlaginstrumente bemüht, wie es der Entwurf zu einer Trommel im Codex Atlanticus (Fol. 837r) belegt. Schließlich schuf Leonardo auch auf dem Gebiet der Blasinstrumente originelle Entwürfe, die auf ältere, einfachere Pläne aus dem Codex Ashburnham 2037, zurückgehen, sowie komplexere Projekte (Codex Madrid II), darunter einen Dudelsack mit doppelter Basspfeife, der durch den Ellbogen des Spielers betätigt wurde.

Vinci, 1452 | 1460 | 1470 | 1480 | *1485–1487* | 1490 | 1500 | 1510 | Amboise, 1519

Ashburnham I, Fol. Cr

1

Leier in Form eines Tierkopfes

Die auf dem Folio gezeigte Leier in Form eines Tierschädels präsentiert sich stilistisch als schlichte Zeichnung, ähnlich anderen Darstellungen von Musikinstrumenten aus der Handschrift Ashburnham I (früher Teil von Manuskript B). Wären sie nicht Teil einer von Leonardos Handschriften, hätte man sie wohl kaum dem Genie aus Vinci zugeordnet. Die schlichte Ausführung der Zeichnungen steht im Einklang mit dem einfachen Charakter einiger der dargestellten Instrumente, wie etwa der Flöten. Aufgrund ihrer ungewöhnlichen Form lässt sich kein komplexerer kultureller Hintergrund feststellen, auch wenn sie an einen einschneidenden Moment in Leonardos Leben erinnert: den Weggang aus Florenz nach Mailand. Zwei zeitgenössische Biografen schildern eine Begebenheit, in der die Leier eine Schlüsselrolle spielt. Anonimo Gaddiano (16. Jahrhundert) beschreibt Leonardos Umzug nach Mailand wie folgt: „Im Alter von dreißig Jahren wurde er vom prächtigen Lorenzo zusammen mit Atalante Miglioretti zum Herzog von Mailand geschickt, um Letzterem eine Lyra zu überbringen, da er einzigartig im Spiel auf besagtem Instrument sei." Aufgrund dieser spärlichen Information (über Leonardos Alter von 30 Jahren) sowie seines Geburtsjahrs (1452) können wir schließen, dass der Umzug nach Mailand im Jahr 1482 erfolgte. Leonardo ist nicht allein; es begleitet ihn der junge Florentiner Atalante Miglioretti, der auch Maler und Musiker war und Jahre später als Architekt nach Rom zog. Den Berichten des anonymen Biografen zufolge war mit dem Umzug nach Mailand ein besonderer, kulturell wie diplomatisch relevanter Auftrag verbunden: Lorenzo der Prächtige, der Stadtherr von Florenz, sandte dem Herzog von Mailand ein Geschenk, aber nicht irgendein Geschenk, sondern ein Musikinstrument, eine Leier. So ist denn diese Episode Teil der diplomatischen Allianzen, die Lorenzo unentwegt knüpfte. Eine Bestätigung dafür liefert auch Giorgio Vasari: Die Leier war aus Silber und von Leonardo selbst in der Form eines Pferdekopfes gefertigt. Die Zeichnung auf vorliegendem Folio entstand allerdings einige Jahre später und hat mit einem ähnlichen Instrument zu tun: Die Saiten sind zwischen den Zähnen und den Wirbeln eines imaginären Tiers gespannt.

Diesen beiden Quellen zufolge stehen Leonardos künstlerische und musikalische Fähigkeiten hinter der Reise nach Mailand. Leonardo beschränkte sich nicht auf die Überreichung des Geschenks, er nahm vielmehr an einem Wettbewerb der Hofmusiker und Hofsänger statt. Gespielt wurde dabei auf der Viola da Braccio, der Bratsche, ein Instrument, das bei speziellen höfischen Veranstaltungen, die damals in Mode waren, gespielt wurde: Von einem Dichter und Spielmann vorgetragene dichterische Improvisationen, die vom Spiel auf der Viola da Braccio begleitet wurden. Diese Darbietungsform war auch Ausdruck für die Wiedergeburt der klassischen Antike: Sie griff die Auftritte der griechischen *aiodos*, der Barden, auf, auf die die großen homerischen Epen zurückgehen.

Abb. 1
Das Folio – hier aus Gründen der Übersichtlichkeit mit der Oberseite nach unten gedreht – enthält drei Entwürfe für Volksinstrumente, die eher laute Geräusche als Musiktöne erzeugen sollten. Eines davon zeigt eine Leier, die aus dem Schädel eines Tiers gefertigt ist.

Folgende Doppelseite
Abb. 2
Die Illustration suggeriert, wie das ganze Instrument samt Saiten, einfacher Tastatur und vermutlich einem kleinen Resonanzboden ausgesehen haben könnte.

A

Leonardo entwarf vermutlich die Leier in Form eines Tierkopfes eher als Theaterrequisite und nicht als richtiges Musikinstrument. Gegenüber anderen Entwürfen von Instrumenten ist das vorliegende Projekt weder aus technischer noch aus musikalischer Hinsicht besonders interessant. Die Idee, Musikinstrumente aus Tierorganen und -körpern anzufertigen, ist uralt und geht auf vorgeschichtliche Zeiten zurück. Dennoch könnte es einige Weiterentwicklungen gegeben haben, die der Erfinder selbst hinzufügte, wie zum Beispiel die Verwendung des Gaumenknorpels, um die Saiten zu unterbrechen (der Bund der modernen Gitarre), die Verwendung der Zähne als rudimentäre Stimmwirbel (ähnlich wie bei der Violine) und des Schädels als Resonanzboden.

2

Vinci, 1452 | 1460 | 1470 | 1480 | 1490 | 1500 | *1503–1505* | 1510 | **Amboise, 1519**

Codex Atlanticus, Fol. 837r

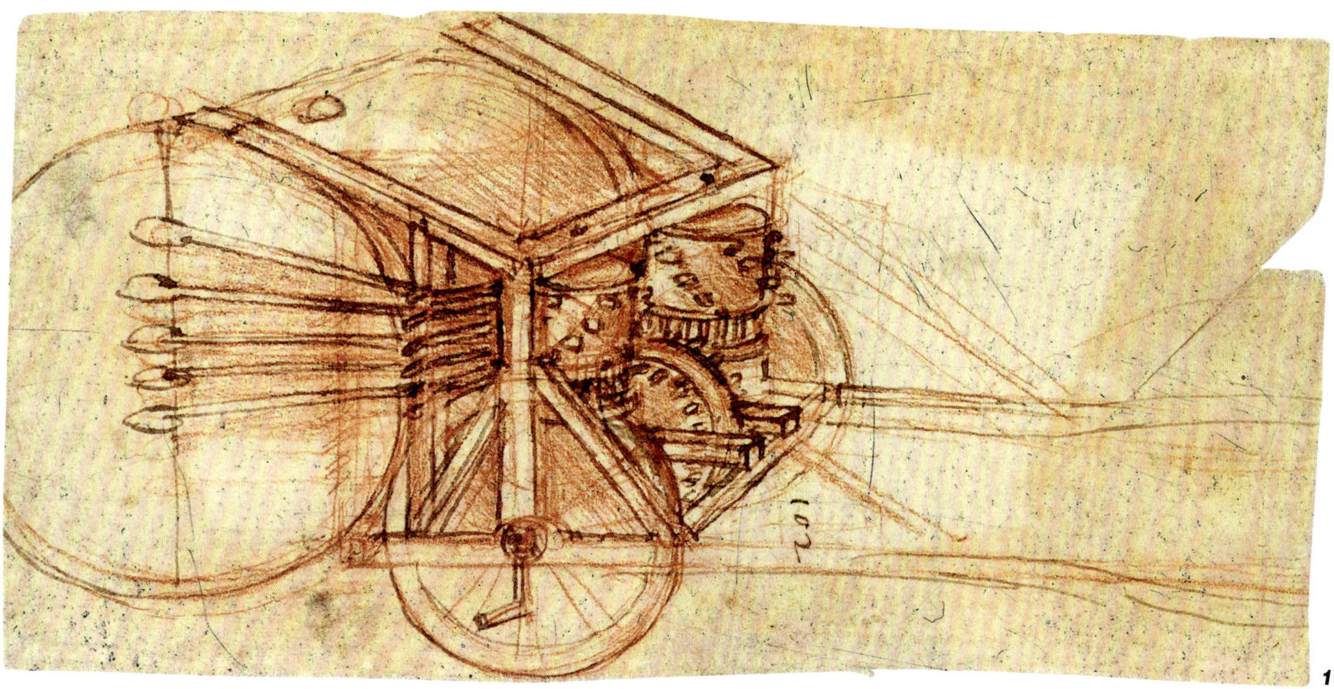

1

Mechanische Trommel

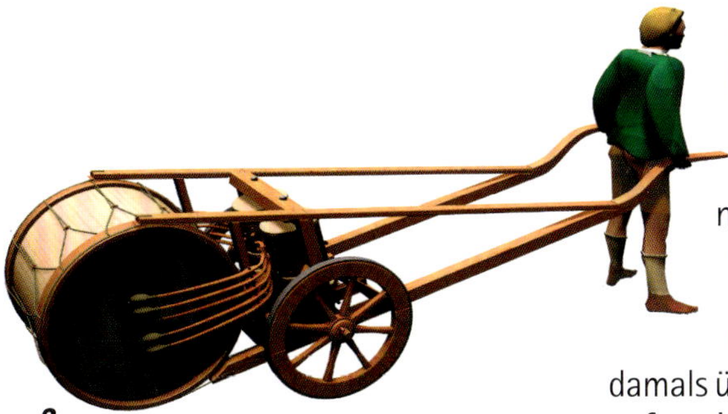

2

Der Entwurf einer mechanischen Trommel auf dem vorliegenden Folio ist nur eines von mehreren Beispielen für Studien, die Leonardo zu diesem Instrument unternahm. Schlaginstrumente sind einfacher gebaut, übersichtlicher und vielleicht sogar noch nützlicher, verglichen mit den Streichinstrumenten (mit denen er sich auch eingehend beschäftigte). Unter den Musikstudien zählen die Schlaginstrumente mit zu jenen, denen sich Leonardo am häufigsten widmete. Leonardos Entwürfe gehen weit über die damals üblichen Formen hinaus, wobei sich seine Forschungen vorwiegend auf zwei Aspekte konzentrieren. Zunächst möchte er Instrumente schaffen, deren Klangfarbe sich durch Verwendung diverser Systeme nach Belieben verändern lässt, indem man etwa Größe und Form der Trommel verändert, die Stellschraube (Spannschraube) unterschiedlich stark anzieht oder mehrere Trommeln aneinander reiht usw. Zweitens wollte er automatische Vorrichtungen schaffen; dazu zählt auch die Zeichnung dieses Folios aus dem Codex Atlanticus.

Leonardos besonderes Interesse für Schlaginstrumente lässt sich nicht durch die allgemeine Entwicklung der Musikinstrumente erklären, ein Prozess, der seinen Höhepunkt im 16. Jahrhundert erreichen sollte. Die Instrumentalmusik wurde in der Renaissance immer häufiger als Begleitung zu Singstimmen verwendet und setzte sich so zunehmend als eigenständige Gattung durch. Gefördert wurde diese Tendenz durch das Erscheinen von Traktaten, die ausschließlich den Musikinstrumenten gewidmet waren. In seiner Abhandlung *Musica getutscht* (1511) bezeichnet Sebastian Virdung die Pauken als teuflische Erfindung, und spätere Autoren wie etwa Agricola vertreten ähnliche Ansichten. Vielleicht lässt sich für Leonardos ungewöhnliches Interesse an Schlaginstrumenten eine andere Erklärung finden, und zwar deren Einsatz bei Festspielen, Bühnenaufführungen und – vor allem – bei Kampfhandlungen. Das Projekt auf diesem Folio, eine Rötelzeichnung, gehöht durch Tinte, könnte für die letzterwähnte Verwendung bestimmt gewesen sein. Auf einem anderen Blatt des Codex Atlanticus (Fol. 877r) findet sich eine Reihe von Skizzen zu diesem Trommeltypus. Die vorliegende Zeichnung wirkt unfertig, spiegelt aber die Übergangsphase zwischen flüchtiger Skizze und verbindlichem Entwurf wider. (Leonardo verwendet den Rötel eher bei Skizzen und nicht sosehr bei endgültigen Entwürfen). Schließlich sollte der komplizierte Trommelautomat höchstwahrscheinlich dazu dienen, auf dem Kampffeld ohrenbetäubenden Lärm zu erzeugen. Der Klang und der verfolgte Zweck erinnern an diverse, bisweilen ans Fantastische grenzende mechanische Projekte, die Leonardo für eine der in der Renaissance am meisten gepflegte und zugleich hoch geachtete Kunst entwarf – die Kriegskunst.

Abb. 1
Das Originalblatt enthält eine klare, überaus anschauliche Zeichnung. Eine genaue Untersuchung lässt zwei Versionen desselben Entwurfs erkennen: Die erste ist mit Rädern versehen, während die zweite über eine Kurbel verfügt, die die Räder ersetzt.

Abb. 2
Eine hypothetische Darstellung der möglichen Funktionsweise der mechanischen Trommel.

A

Leonardo präsentiert in ein und derselben Zeichnung zwei verschiedene Lösungen. Die dünneren Umrisslinien der Räder sowie die rechte Seite des Blattes zeigen zwei unterschiedliche Ausführungen der auf einem Wagen aufgesetzten Trommel: die mobile und die feste Version. In der mobilen Version wurde der Trommelautomat von einer Person gezogen, sodass sich die Räder drehten und über die Radachse alle mit ihnen verbundenen Mechanismen in Gang setzten. Ein in der Mitte platziertes Zahnrad und zwei programmierbare Stiftwalzen setzten die Trommelschlägel in Bewegung, die rhythmisch auf das Fell schlagen. Zusätzlich zum automatischen Betrieb, der durch die Bewegung der Räder erreicht wird, war das Faszinierendste an dieser Trommel sicherlich die Tatsache, dass sie programmiert werden konnte. Die Stifte in den zwei großen Walzen ließen sich in verschiedenen Schlagintervallen anordnen, sodass ein unterschiedlicher Rhythmus der Trommelschläge entstand.

B

In einer zweiten Variante der Zeichnung wird der Trommelautomat auf einem festen, nicht beweglichen Aufbau montiert. Die einzelnen mechanisch beweglichen Teile werden durch Betätigung der zwei Kurbeln in Gang gesetzt, die die Funktion der Räder ersetzen.
Diese Version des Trommelautomaten hatte den Vorteil, dass er auch bei Veranstaltungen in geschlossenen Räumen sowie dort, wo die Platzverhältnisse ein Ziehen des Wagens nicht gestatteten, eingesetzt werden konnte.

Abb. 3
Zwei verschiedene Ausführungen der mechanischen Trommel: A – die mobile, gezogene Version; B – die feste Version.

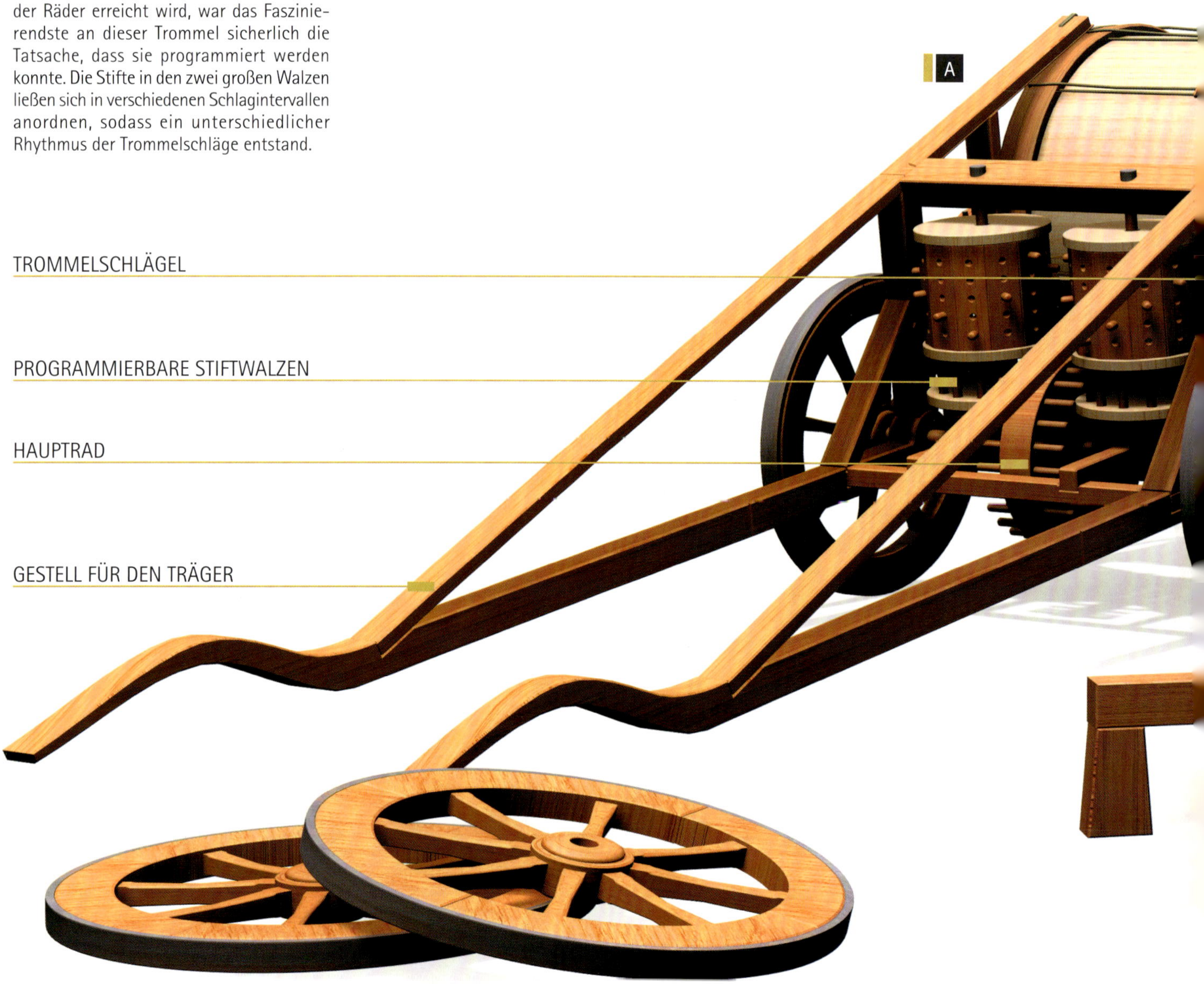

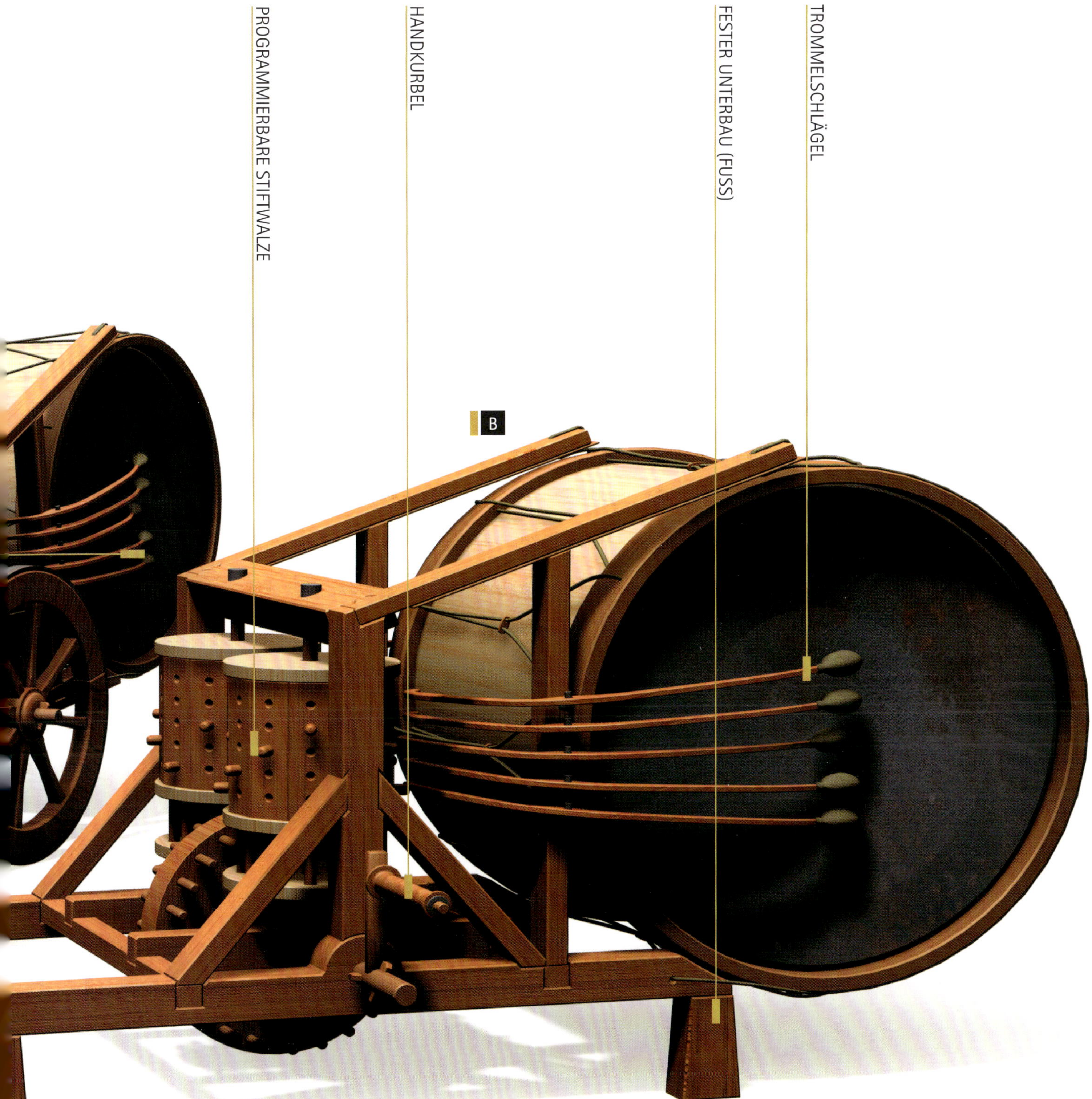
PROGRAMMIERBARE STIFTWALZE
HANDKURBEL
FESTER UNTERBAU (FUSS)
TROMMELSCHLÄGEL
B

3

C Der interessante und zugleich innovative Aspekt dieser Trommel ist der automatisch funktionierende Mechanismus und vor allem der einstellbare Rhythmus des Trommelschlags. Der „Musiker" oder die Person, die den Automaten bedient, kann den Rhythmus je nach den gewünschten Erfordernissen einstellen. Nach erfolgter Einstellung musste nur noch dafür gesorgt werden, dass die Antriebsgeschwindigkeit des Automaten konstant blieb.

Die Auswahl an möglichen Einstellungen war recht beschränkt. Im Grunde konnten die Stifte linear angeordnet werden, sodass ein kontinuierlicher Rhythmus erzeugt wurde, oder mehrere in einer Ebene, sodass ein Schlag stärker betont wurde als der andere. Selbstverständlich funktionierte der Automat nicht, wenn die Stifte nicht in den Walzen steckten.

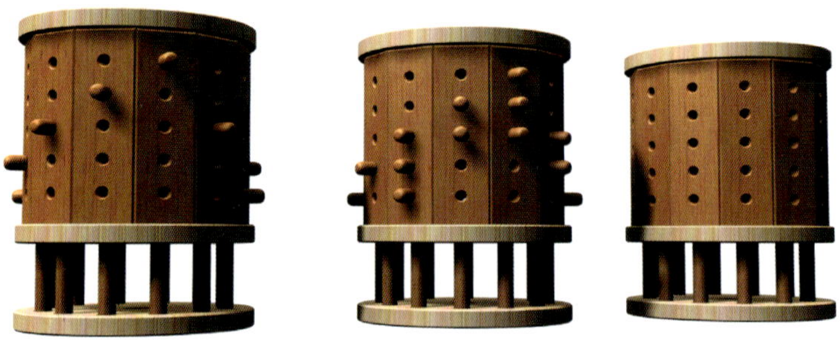

C

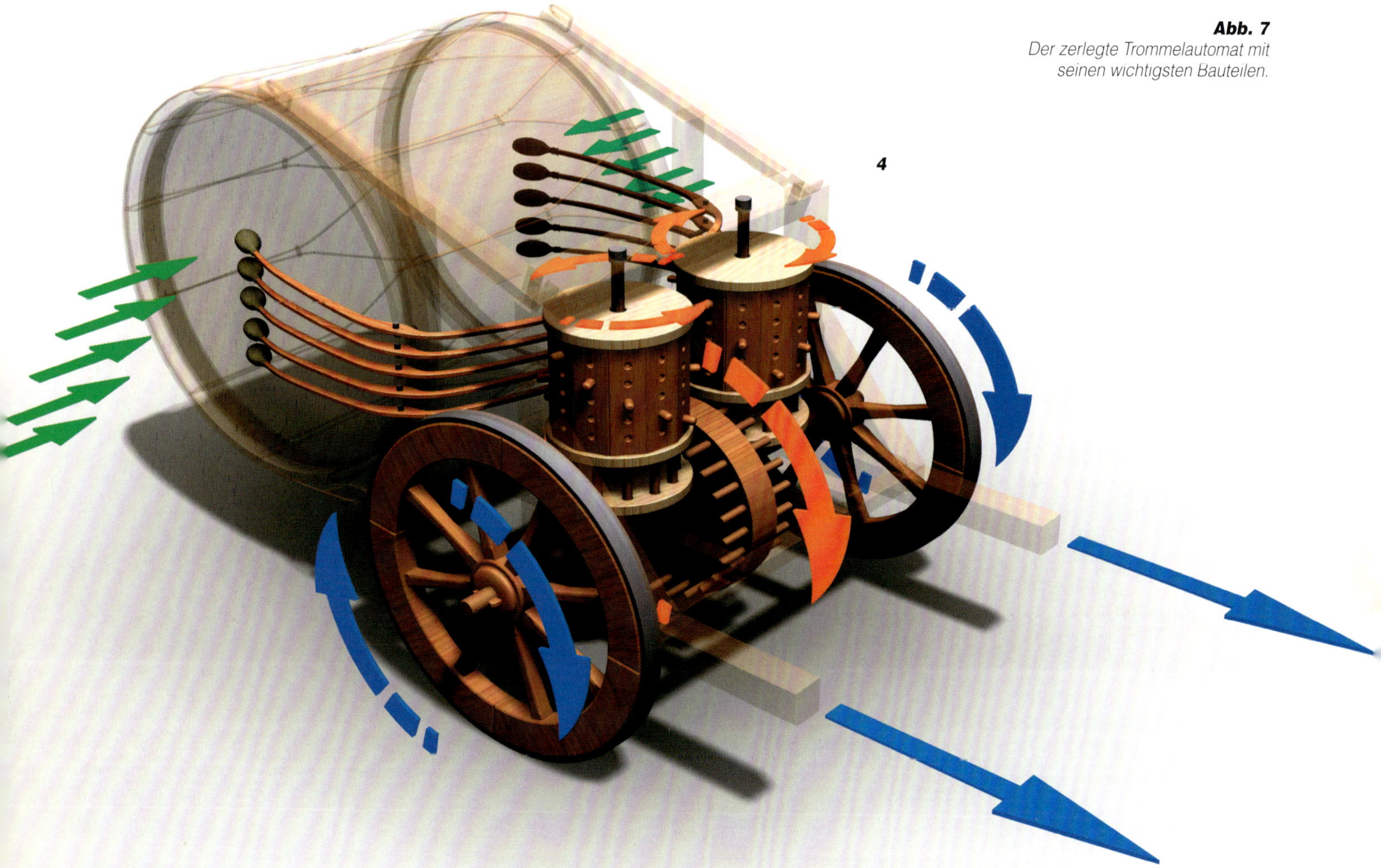

4

Abb. 4
Modell der Funktionsweise des Trommelautomaten. Die sich drehenden Räder des von einer Person gezogenen Trommelautomaten oder die Betätigung der Kurbel setzen das auf der Radachse montierte große, zentrale Zahnrad in Bewegung. Dieses aktiviert den Mechanismus unter den Stiftwalzen. Die variable Bestiftung gewährleistet, dass die Stifte die Trommelschlägel berühren, die ihrerseits in entsprechendem Rhythmus auf das Fell schlagen.

Abb. 5
Der Stift zählt zu den einstellbaren, also programmierbaren Teilen des Trommelautomaten. Bevor dieser in Bewegung gesetzt wird, erfolgt die Bestiftung, d. h., die Stifte werden in die dafür vorgesehenen Löcher der Stiftwalze in einer bestimmten Abfolge eingesetzt, wodurch der Rhythmus des Trommelschlags festgelegt wird.

Abb. 6
Die Stiftwalze besteht aus zwei Teilen: einem oberen, in den die Stifte eingesetzt werden, und einen unteren, der ein Stockgetriebe umfasst, das durch das zentrale Zahnrad in Gang gesetzt wird, das seinerseits von den Rädern über die Radachse, auf der es montiert ist, bewegt wird.

Abb. 7
Der zerlegte Trommelautomat mit seinen wichtigsten Bauteilen.

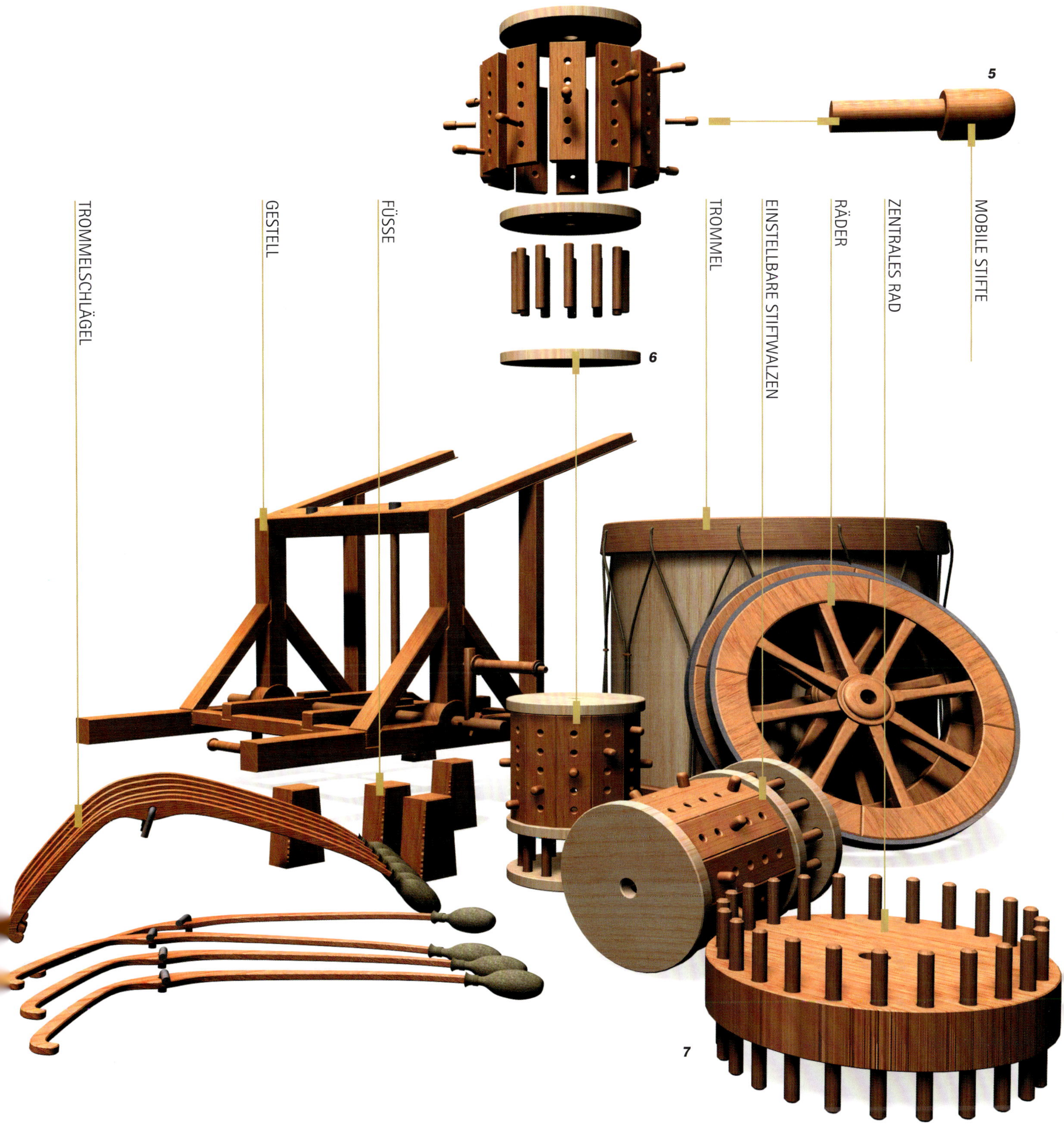
5
MOBILE STIFTE
ZENTRALES RAD
RÄDER
EINSTELLBARE STIFTWALZEN
TROMMEL
FÜSSE
GESTELL
TROMMELSCHLÄGEL
6
7

Vinci, 1452

1460

1470

1480

1490

1493–1495

1500

1510

Amboise, 1519

Codex Atlanticus, Fol. 93r

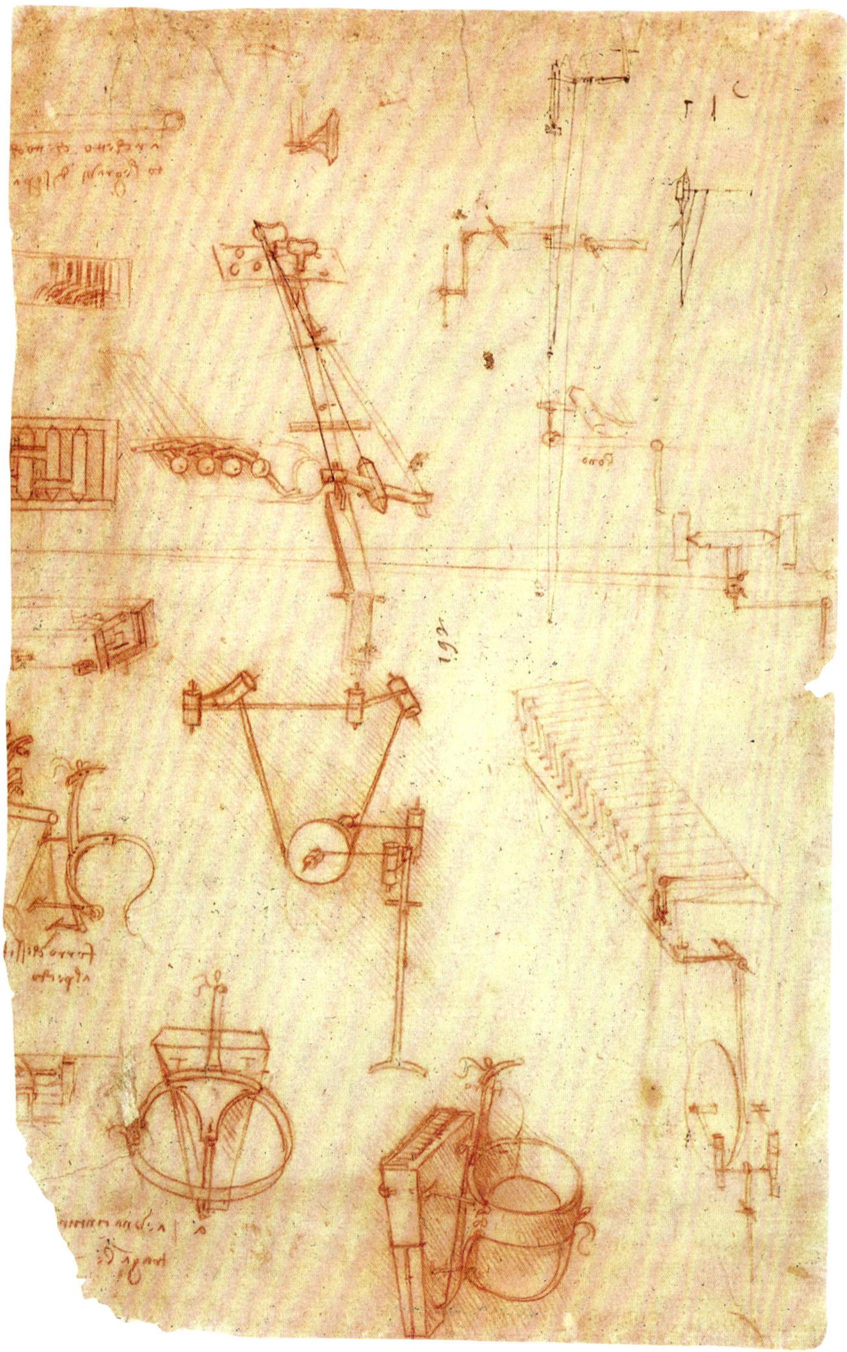

1

Viola organista

2

Leonardo verwendete für diese Zeichnungen vermutlich Rötelstift oder Rotstift, die damit den wichtigen Wandel weg von der Feder und Tinte und hin zum Rötel oder schwarzen Stift dokumentieren. Der allgemeine Hintergrund für diesen um 1490 aufkommenden und sich nach 1500 durchsetzenden Prozess ist die Abkehr von der rationalen, klaren, scharfen Ausführung in Feder und Tinte und die Hinwendung zu einer wärmeren, malerischeren Dimension. Dies ist keineswegs ein nebensächliches Detail. Alle namhaften Künstler des 16. Jahrhunderts greifen, im Unterschied zur Tradition früherer Epochen, bevorzugt auf den Stift zurück. Der Stift eignete sich besser, um der neuen, komplexeren, skeptischeren und metaphorischen Sicht der Welt Ausdruck zu verleihen. Dieser Wandel erfolgt zuerst bei Leonardo und erfasst alle seine Studienbereiche: die theoretische Forschung ebenso wie die praktischen mechanischen Entwürfe, wofür übrigens vorliegendes Blatt ein gutes Beispiel ist. Es muss aber betont werden, dass dieses Blatt am Anfang dieses Transformationsprozesses steht, und dies erklärt auch, weshalb Leonardo die Entwürfe zwar in Rötelstift ausführt, diese aber die Präzision einer Federzeichnung aufweisen.

Fast alle Zeichnungen auf diesem Blatt stehen in Bezug zum Hauptentwurf: es handelt sich um ein in damaliger Zeit sehr bekanntes Instrument. Bei der Viola organista wurden die Saiten mechanisch betätigt. Leonardo versucht, den Klang des Instruments zu modulieren und zu verändern, wofür er mehrere Möglichkeiten ins Auge fasst, von denen aber keine vollständig ausgearbeitet ist. Auf diesem Blatt finden wir neben Skizzen über die Funktionsweise der Viola organista auch einen Entwurf zur Art und Weise, wie das Instrument vom Spieler getragen wird (die Zeichnungen auf der Blattunterseite). Die Seite ist unvollständig und könnte ursprünglich auch weitere Entwürfe enthalten haben, die einen umfassenderen Eindruck von Leonardos Projekt hätten vermitteln können. Eine größere Synthese dürfte uns hier also nicht überraschen. In den 1490er-Jahren, aus denen dieses Folio stammt, erreichte Leonardo in all seinen Forschungsbereichen eine deutliche Ausgewogenheit. Es ist die Zeit der akkurat gezeichneten Maschinenentwürfe (Räder, Getriebe, Flaschenzüge usw.) aus dem Codex Madrid I, in der er einer sehr theoretischen Konzeption der mechanischen Zeichnung folgte. Die überaus klare, genaue Schilderung der Bauteile dieses Instruments (erkennbar vor allem auf der Zeichnung in der Seitenmitte) erinnert an Leonardos theoretische Auseinandersetzungen. Leonardo entwickelt dieses Instrument unter Zuhilfenahme etlicher mechanischer Elemente wie Räder, Seile usw. Auf diese Weise lässt sich die enge Verwandtschaft mit anderen Vorrichtungen (z. B. den Fluggeräten mit Menschenform) erklären.

Abb. 1 und 2
Das Folio 93r (links) aus dem Codex Atlanticus enthält eine Reihe von Entwürfen und Skizzen für ein Musikinstrument. Unten auf der Seite findet sich ein fast vollständiger Entwurf des Instruments. Abb. 2 (oben) zeigt ein Modell, wie es ausgesehen haben könnte.

Folgende Doppelseite, Abb. 3
So dürfte der Spielmann das Instrument getragen haben. Nach Leonardos Vorstellungen dürfte die Bauweise des Instruments es dem Spielmann gestattet haben, auch im Gehen darauf zu spielen.

Abb. 4 und 5
Computergrafische Darstellung des Instruments, wie es auf dem Folio erscheint. In dieser Version ist der Antriebshebel nach oben gerichtet; dies hätte allerdings eine Einschränkung in der Bedienbarkeit des Instruments dargestellt, da der Spielmann mit einer Hand auf den Tasten und mit der anderen den Hebel in Bewegung hätte halten müssen. Dieser seinerseits hielt das Schwungrad mit dem Rosshaar in Bewegung.

3

A In der vollständigeren Zeichnung auf Fol. 93r, unten rechts, aus dem Codex Atlanticus scheint die Stange auf der rechten Seite des Instruments montiert zu sein. Durch eine Kreisbewegung des Hebels wurde das Schwungrad im Inneren des Klangkörpers in Gang gehalten. Interessant ist die Art, wie Leonardo dieses Teil entwarf, indem er mehrere Lösungen erwog. Dabei ist der Arm des Hebels in den anderen Abschnitten der Handschrift meist nach unten ausgerichtet.
Wir können uns vorstellen, dass auf diese Weise der Spieler, der das Instrument trug, den Hebelarm durch Bewegung der Beine betätigen konnte. Indem er im Gehen mit dem Bein bei jedem Schritt gegen den Hebelgriff schlug, blieben das Schwungrad und die mit ihm verbundenen Teile ständig in Gang.

B Um das Instrument am Körper tragen zu können, brauchte der Spieler ein von Leonardo dafür eigens entworfenes Gurtsystem. Der Spieler konnte mühelos im Gehen auf dem Instrument spielen, da er beide Hände frei hatte.

C Die Klaviatur ähnelt den Klaviertasten und deckt einen Bereich von drei Oktaven ab, genug, um recht schwierige Stücke zu spielen. Genau aus diesem Grund scheint Leonardo bemüht gewesen zu sein, das Instrument so zu entwerfen, dass der Spieler mit beiden Händen auf den Tasten spielen konnte. Dabei sicherte er mit den Beinen die für den Antrieb des Instruments notwendige Energie.

D Am Resonanzboden sind die tonerzeugenden Teile befestigt, die Saiten und die komplizierten Druckteile. Vermutlich waren die Saiten, ähnlich wie bei modernen Violinen, aus Rosshaar hergestellt. Im Inneren befanden sich auch die mechanischen Teile, die durch das Schwungrad und den äußeren Hebel in Gang gesetzt wurden.

4

5

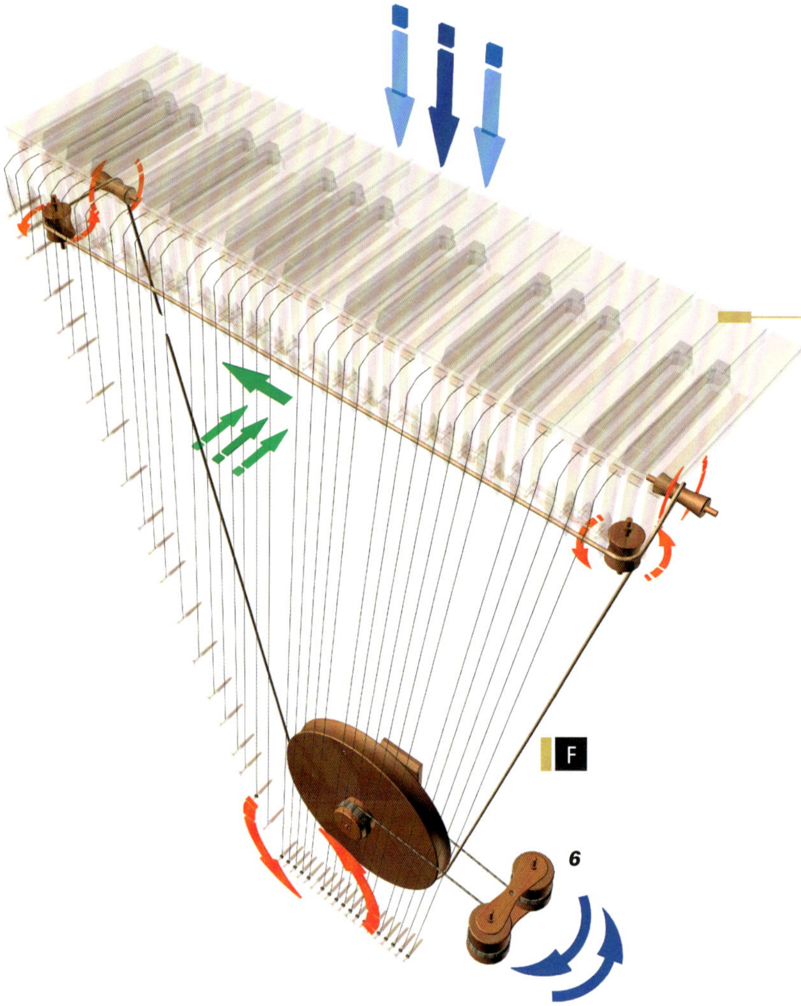

6

DETAIL DER MECHANIK

7

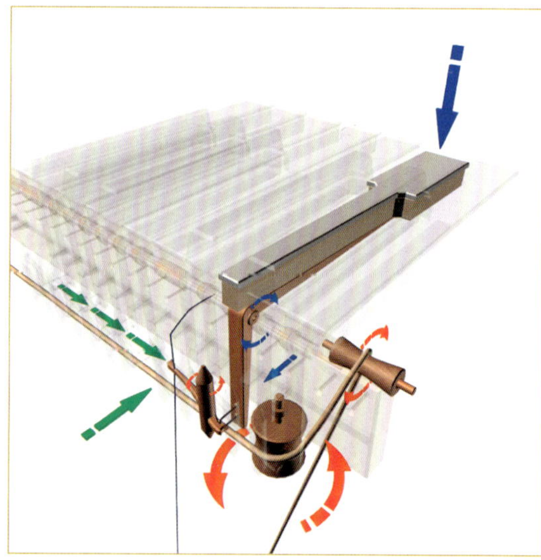

8

Abb. 6
Detail der mechanischen, tonerzeugenden Teile des Instruments.

Abb. 7 und 8
Funktionsweise der mechanischen Teile der Viola organista.

Abb. 9
Die Viola organista in einer wahrscheinlicheren Ausführung mit nach unten gerichtetem Antriebshebel. Ferner muss es eine Öffnung gegeben haben, um das Instrument stimmen zu können. Die Stimmnägel (Spannwirbel), auf dem Folio im oberen Teil dargestellt, befinden sich im Inneren des Korpus.

F Das Seil aus Rosshaar wird in Gang gesetzt durch die wechselnde Bewegung des Hebelarms, der vom Spieler mit dem Fuß regelmäßig angestoßen wird. So erhält die Saite eine kontinuierliche, gleichgerichtete lineare Bewegung. Außerdem kann vermutet werden, dass das Schwungrad recht groß war und damit die nötige Energie lieferte, um die Saiten für die Dauer einiger Sekunden in Bewegung zu halten.
Der Druck auf die Tasten (Abb. 9) aktivierte einen Mechanismus, der mit einem kleinen Hebel auf die Saite drückte und diese in Richtung des sich bewegenden Seils schob; die beiden Teile (Seil und Rosshaar) berührten sich, und durch die gegenseitige Reibung entstand ein dynamischer Klang, der direkt proportional zu dem auf die Tasten ausgeübten Druck ist.

E Leonardo hatte sich vermutlich verschiedene Ausführungen überlegt. In dieser Version ist der Hebel nach unten gerichtet (wie auch in Abb. 4). Dies erlaubte dem Spieler, alle Teile in Gang zu setzen, indem er im Gehen oder Marschieren mit dem Beinen bei jedem Schritt an den Hebel schlug. Bei Paraden oder Festumzügen konnte der Spieler zum Beispiel durch die Straßen marschieren und dabei mit beiden Händen auf dem Instrument spielen. Im Grund erzeugt das Seil aus Rosshaar ähnlich dem Bogen einer Geige den Klang, indem es gegen die Saiten reibt. Da es sich in konstanter Bewegung befindet, erzeugt es einen Ton, sooft man auf die Tasten drückt und dadurch die Saite gegen das sich bewegende Seil presst.

9

007 Sonstige Erfindungen

Druckerpresse
Wegmesser
Greifzirkel und Stechzirkel

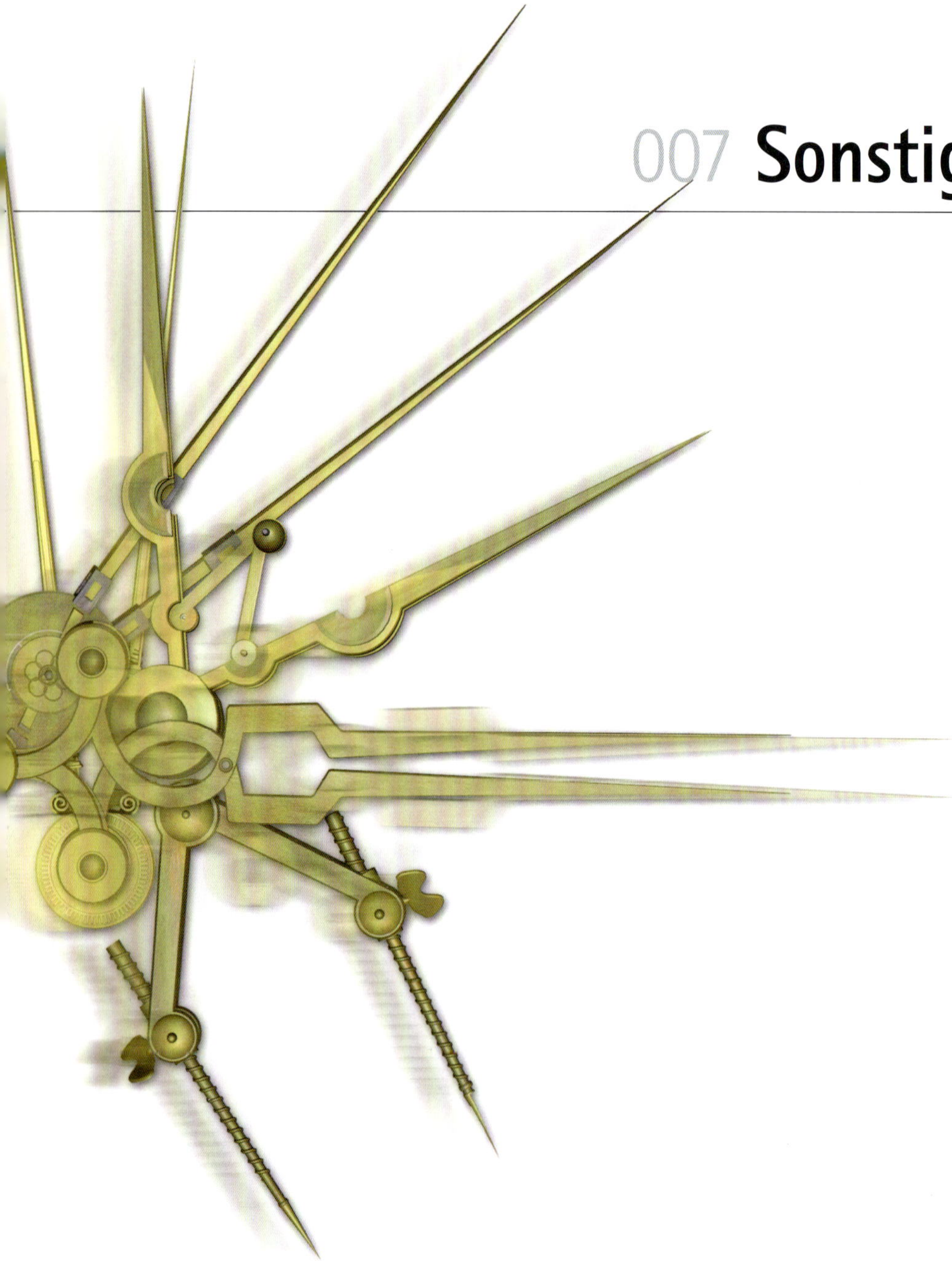

Der Codex Madrid I umfasst zwei Teile: Maschinenentwürfe und theoretische Studien zum Verhalten von Gewichten auf einer schiefen Ebene sowie zu den Gesetzen der Statik und Dynamik. Der Kodex *Über den Vogelflug* ist ähnlich aufgebaut: Neben dem Abschnitt über das Studium des natürlichen Flugs als Grundlage für den Entwurf eines Fluggeräts finden wir einen theoretischen Teil zu Fragen der Statik und Dynamik.

Über Jahrhunderte hinweg gab es eine scharfe Trennung zwischen der Mechaniklehre (als Studium der Statik, Dynamik und Kinematik) und dem Entwurf von mechanischen Vorrichtungen, wobei sich Erstere als ein weitgehend abstrakter Bereich entwickelte, während Letzterer einen überwiegend empirischen Charakter hatte. Eine der bedeutsamsten von Leonardo eingeführten Neuerungen bestand darin, dass er die theoretische Mechaniklehre mit der angewandten Mechanik zu vereinen versuchte. Die theoretischen Abschnitte aus der Abhandlung *Über den Vogelflug* und aus dem Codex Madrid I sind keine eigentlichen mechanischen Entwürfe, sondern eher Zusätze oder Voraussetzungen für die Fragen der Statik und Dynamik, die Leonardo häufig direkt auf die mechanischen Entwürfe anwandte, um die Gesetze des natürlichen Flugs zu verstehen.

Eine weitere fundamentale Neuerung, die Leonardo einführte, bestand darin, dass er Studien unternahm, die über den einzelnen Maschinenentwurf oder eine bestimmte Funktion hinausgehen. Er untersuchte systematisch die wichtigsten Elemente, aus denen jede Maschine bestand: Flaschenzüge, Räder, Nocken, Federn, Seile, Wellen usw. Leonardo bezeichnet sie als mechanische Elemente und erwähnt in seinen Schriften wiederholt eine *Abhandlung über Maschinenelemente*. In den 1960er-Jahren, als in Madrid zwei Kodizes Leonardos entdeckt wurden, schien eine der Handschriften, der so genannte Codex Madrid I, einigen Experten zufolge, der von Leonardo erwähnten, aber bis dahin verschollenen Abhandlung zu ähneln. Wie aus Leonardos eigenen Aussagen hervorgeht, muss diese aber viel komplexer gewesen sein als Codex Madrid I. Sie bestand aus einem umfangreichen theoretischen Teil zu Problemen der Geometrie, Statik, Dynamik und Kinematik und einem Abschnitt, der den einzelnen Elementen einer Maschine (Rollen, Flaschenzüge usw.) und den eigentlichen Maschinen gewidmet war.

Das Studium jener Elemente, die allen Maschinen und Vorrichtungen gemeinsam sind, ist wesentlicher Bestandteil von Leonardos allgemeiner Forschung. So etwa stellt er in der Anatomie vergleichende Untersuchungen zwischen Mensch und Tier bzw. unter verschiedenen Tierarten an, um die fundamentalen Prinzipien aufzudecken, die allen Lebewesen oder mehreren Arten gemeinsam sind.

Indem er die theoretische und die angewandte Mechanik sowie seine Gedanken zu mechanischen Elementen als Einheit betrachtete war Leonardo bestrebt, der Entwicklung von Maschinen einen technischen Stellenwert zu verleihen, der die jahrhundertelange Unterscheidung zwischen mechanischen und liberalen Künsten überwand. Historisch gesehen bezeichnete der Begriff „mechanische Künste" all jene menschlichen Aktivitäten, die den Einsatz der Hände voraussetzten, von der Malerei und Gold-schmiedearbeit bis zur Skulptur und dem Bauwesen. Alles, was „Handarbeit" war, galt als kulturell und sozial minderwertig. Diese Anschauung beeinflusste z. B. auch die Stellung der Ärzte und Chirurgen, die während des gesamten Mittelalters dafür kämpften, dass ihr Fach als Wissenschaft angesehen wird, die nicht nur auf geistigen Fähigkeiten, sondern auch auf den Einsatz ihrer Hände beruht. Im 15. Jahrhundert waren Maler, Bildhauer und Ingenieure bestrebt, den wissenschaftlichen Chrakter ihrer Arbeit zu unterstreichen. Durch das Studium der Gesetze der Geometrie, deren Kenntnis Voraussetzung für eine perspektivisch korrekte Raumdarstellung war, durch anatomische Studien, die zur wirklichkeitsgetreuen Abbildung der Körper beitrugen und durch Untersuchungen im Bereich der Proportionslehre, die für die Schaffung harmonischer Gestalten unabdingbar waren, verliehen die Maler und Bildhauer der Renaissance ihrer Kunst eine wissenschaftliche Grundlage. Der um die Mitte des 15. Jahrhunderts einsetzende Wandel im Selbstbewusstsein der Ingenieure, die von Handwerkern zu Verfassern von Traktaten aufstiegen, fand seinen Höhepunkt mit Leonardo, dessen Schriften den Wandel hin zur kulturellen Emanzipation markieren.

Leonardo verleiht seinen Maschinen und deren Mechanismen eine theoretische Dimension, die durch die außergewöhnliche Genauigkeit und Anschaulichkeit seiner Zeichnungen noch gesteigert wird. Dafür sprechen auch Leonardos Bemerkungen über die mechanischen Elemente, ein Bereich, der eher dem Bild traditioneller Wissenschaft entspricht. So schreibt er in einem Abschnitt über Schrauben: „Hier wird gezeigt, was die Eigenart der Schraube und ihres Hebels ist, wie die Schraube eher zum Ziehen als zum Stoßen verwendet werden soll und weshalb sie mehr Kraft hat, wenn sie einfach statt doppelt ist und dünn statt dick, während sie an gleicher Hebellänge mit gleicher Kraft bewegt wird. Und so wird man ein wenig erörtern, auf wie viele Arten man sie anwenden kann, wie viele Sorten endloser Schrauben man machen kann [...] Es wird ferner über die Eigenart der Schraubenmuttern geredet [...]" Selbst bei der Beschreibung einer einfachen Schraube erachtet es Leonardo als angemessen, sich zuvor noch eingehend über die archimedischen Gesetze der Statik oder Dynamik zu äußern. Auf ähnliche Weise verfährt er bei der Untersuchung der dynamischen Eigenschaften der Federn; dabei unterzieht er dieses mechanische Element quantitativen Überlegungen zu Zeit, Bewegung und Kraft, Begriffe, die bis dahin lediglich auf Licht, Wasser und allgemeinere dynamische Kräfte angewandt worden waren.

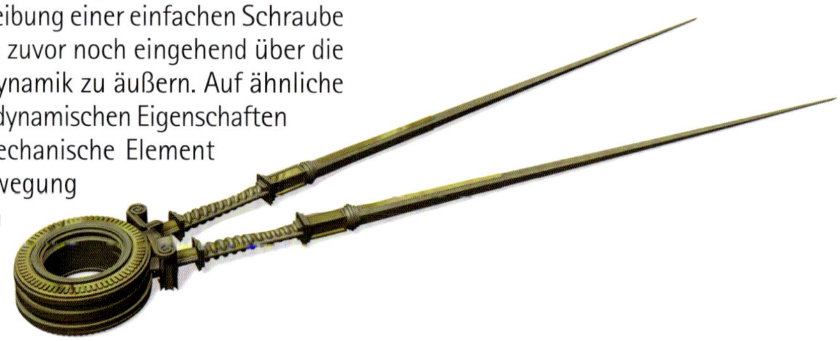

Ab den 1490er-Jahren vertiefte Leonardo die theoretische Ausrichtung seiner mechanischen Entwürfe. In den Jahren darauf folgten weitere Studien, die er schließlich in Schriften wie *De poli* (Über die Pole) zusammenfasste, worin er sich Fragen der Reibung widmete, oder dieser als Traktate oder Bücher wie *De confregazione* (Über die Reibung) veröffentlichen wollte, wie er gelegentlich erklärte. Die komplexe theoretische Begründung von Leonardos mechanischen Entwürfen tritt jedoch nicht immer so deutlich zutage. Ein gutes Beispiel dafür ist sein Entwurf (Codex Atlanticus, Fol. 1rb) für ein so genanntes Pedometer, das die zu Fuß zurückgelegten Schritte zählte. Dasselbe Blatt enthält auch die Skizze eines Odometers (Wegmessers), das vermutlich praktischen Zwecken dienen sollte, da Leonardo, während er als Festungsbauer und Militäringenieur im Dienst von Cesare Borgia stand, häufig Messungen rund um die von ihm ausgebauten Wehranlagen unternahm. Ähnliche praktische Zwecke könnte Leonardo auch mit dem Pedometer (Schrittzähler) verfolgt haben. Die Idee, eine menschliche Aktion wie das Gehen zu messen und quantitativ zu erfassen, deckte sich zeitlich mehr oder weniger mit dem Studium des menschlichen Körpers und der geometrischen Analyse seiner Bewegungen, wie dies eine Zeichnung aus dem Codex Huygens aus dem 16. Jahrhundert belegt, die jedoch auf ältere, heute verschollene Studien Leonardos zurückgeht.

Natürlich verlor Leonardo selbst bei seinen theoretischen Studien den Aspekt der praktischen Anwendbarkeit nicht aus den Augen. So etwa verfolgt er im Codex Madrid I bei den Studien über Flaschenzüge und Rollen das Ziel, die Wirksamkeit der Kraft zu erhöhen, die nötig ist, um schwere Lasten zu heben. Viele seiner Studien über das Rad gehen in ähnliche Richtungen, und auch die Erfindung des Sperrrads hatte einen unmittelbar praktischen Nutzen: Es verhinderte, dass das Rad sich in die falsche Richtung drehte.

Leonardos mechanische Entwürfe weisen zugleich eine dritte Dimension auf. Neben der praktischen und theoretischen Bedeutung besitzen sie auch eine ästhetische Qualität. Sie sind nicht nur theoretisch raffiniert und praktisch ausgerichtet, sondern nicht selten auch schön, elegant. Seine Entwürfe für Stechzirkel und Greifzirkel zählen diesbezüglich zu den gelungensten Beispielen. Diese Geräte erfüllten naturgemäß einen praktischen Zweck, der vor allem auch in Leonardos Studien wichtig war. Dennoch geht bei einigen dieser Geräte die technologische Forschung einher mit einer ästhetischen Komponente. Eine der Grundanforderungen beim Entwerfen eines Zirkels besteht darin, dass er, wenn er auf eine bestimmte Radieneinstellung geöffnet war, diese auch beibehielt. Um dies zu erreichen, musste die Reibung zwischen den beiden Schenkeln mit größer werdender Radieneinstellung zunehmen; dies konnte durch die Vergrößerung des Gelenks erzielt werden. Nicht nur, dass Leonardo diese Anforderungen erfüllt, er nutzt auch die Gelegenheit, um das Zirkelgelenk originell und elegant zu gestalten. Mit all diesen Projekten beschreitet Leonardo einen faszinierenden „Weg von den niederen Künsten zum Industriedesign".

Vinci, 1452 | 1460 | 1470 | 1478–1482 | 1480 | 1490 | 1500 | 1510 | Amboise, 1519

Codex Atlanticus, Fol. 995r

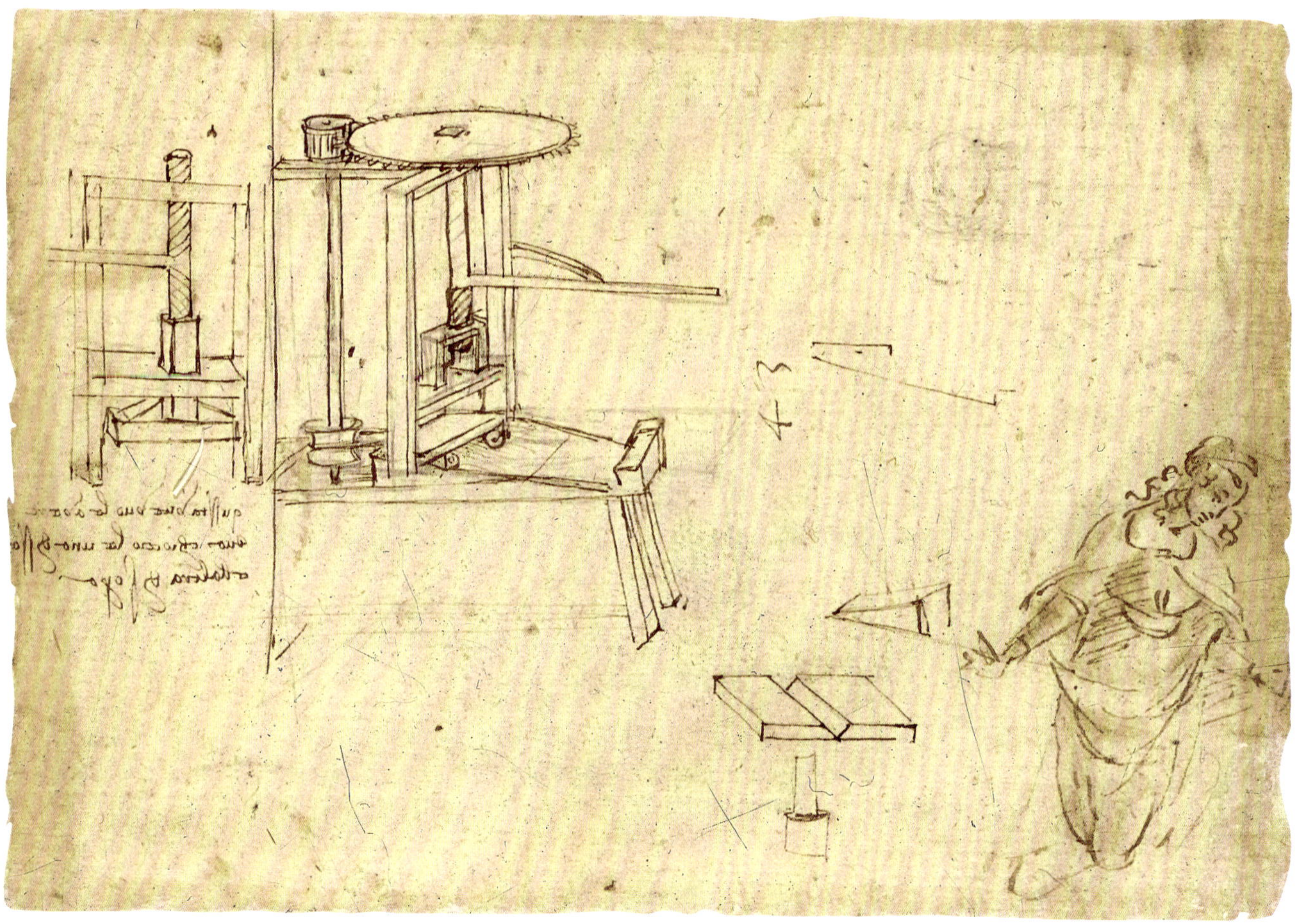

1

Druckerpresse

Das vorliegende Folio ist nur bruchstückhaft erhalten; es könnte auch weitere Zeichnungen und Notizen enthalten haben. Auffallend ist, dass sich neben der Skizze zu einer Madonna der Entwurf einer Druckerpresse findet. Dabei ist nicht sicher, ob die Madonna-Skizze überhaupt von Leonardo stammt. Zweifel sind berechtigt angesichts der Schraffurlinien auf dem Oberkörper der Jungfrau, die von oben rechts nach unten links verlaufen. Leonardo war aber Links-händer, und seine Schraffurlinien verliefen stets in die entgegengesetzte Richtung. Zugunsten einer Zuschreibung an Leonardo sprechen jedoch die mit wenigen, aber kräftigen, nervösen Strichen ausgeführten Umrisse sowie Gesichtsausdruck und Haltung der Jungfrau. Selbst wenn die Zuschreibung der Zeichnung ungewiss bleibt, so ist das Nebeneinander einer künstlerischen Studie und einer technischen Zeichnung bedeutsam. In einer Werkstatt wie jener von Verrocchio wäre es nicht ungewöhnlich, Skizzen von Waffen und Glocken neben Skulpturentwürfen zu finden. Für die Menschen der Renaissance gehörten beide Bereiche zur Kunst, während die theoretischen Erkenntnisse lediglich Gegenstand der Wissenschaft waren. Die von etlichen Künstlern erstrebte wissenschaftliche Emanzipation bestand nicht in einem Nebeneinander von mechanischen Erfindungen und künstlerischen Werken, sondern eher in der theoretischen Beschäftigung, der Grundlagenforschung zu beiden Tätigkeitsbereichen.

In den florentinischen Werkstätten der 1470er-Jahre herrschte Aufregung nach dem Erscheinen der ersten Druckerpressen. Unter andrem gründeten die Dominikanermönche von Santa Maria Novella 1476 eine Druckerei – kein zufälliges Ereignis, waren doch in jener Zeit die Konvente die wichtigsten Stätten für die Verbreitung von Kulturgütern in Form aufwändig realisierter Handschriften. Der Buchdruck mit beweglichen Lettern und der Gebrauch von Papier statt Pergament erlaubten eine viel kostengünstigere Herstellung der Bücher. Dies erleichterte den Zugang zur Schriftkultur auch den höheren Schichten des Handwerkerstandes, deren Vertreter meist bestrebt waren, die von ihnen manuell ausgeübte Tätigkeit wissenschaftlich zu begründen. Leonardos Interesse für den Buchdruck ist daher leicht nachvollziehbar. Auch im Buchdruck war Leonardo bestrebt, den Automatisierungsgrad von Arbeitsprozessen zu erhöhen, um so Zeit und Arbeitskräfte zu sparen. Obwohl wir keinen Beleg dafür haben, dass Leonardo einige seiner Blätter selbst gedruckt hat, wirft er später in einem Blatt mit anatomischen Studien, das sich heute auf Schloss Windsor befindet (Nr. 19007v), die Frage auf, wie sich seine Zeichnungen am getreuesten drucken ließen. Dabei zog er den teureren, aber genaueren Kupferstich dem Holzschnitt vor. Die Möglichkeit, dass eine der Studien im Codex Madrid I (Fol. 119r) ein von Leonardo erfundenes System zum gleichzeitigen Drucken von Bildern und Texten darstellt, ist noch nicht endgültig geklärt.

Abb. 1
Die Zeichnungen auf diesem Blatt lassen zwei deutlich unterschiedliche Projekte erkennen. Rechts sehen wir eine mechanische Presse, die mithilfe eines einzigen Hebels betätigt wird. Der linke Entwurf zeigt eine andere Version derselben Vorrichtung, bei der Leonardo den Einsatz einer Welle mit einem kombinierten links- und rechtsgängigen Gewinde vorsah. Interessant ist deren Ähnlichkeit mit den Mechanismen, die Leonardo für seine Flugmaschine entwarf.

Abb. 2
Der Hebelmechanismus, der das Schraubengewinde und die Presse in Gang setzt.

SENKRECHTES STOCKGETRIEBE
SCHNECKENWELLE
ZAHNRAD
GENEIGTES BETT
FESTES BETT
MECHANISCHER HEBEL
SENKRECHTE ROLLE
BEWEGLICHER SCHLIESSRAHMEN
PAPIERBLATT

A

Sobald der Arbeiter den Hebel betätigte, setzten sich die Getriebe in Gang und die Maschine führte verschiedene Bewegungen aus. Mithilfe des Hebels wurde die Presse langsam niederbewegt und bedruckte das unten aufliegende Papier. Ein großes Zahnrad im oberen Teil der Druckerpresse bewegte über ein Stockgetriebe eine auf derselben Welle angebrachte Rolle. Um die Rolle wand sich ein daran fixiertes Seil, das mit dem beweglichen Schließrahmen verbunden war. Wenn sich durch Ziehen des Hebels der Mechanismus in Bewegung setzte, wurde der auf kleinen Rollen bewegliche Schließrahmen mit dem Papierblatt die schiefe Ebene hinauf und unter die Presse gezogen. Sobald der Druckvorgang beendet war, rollte der Schließrahmen zurück und die Presse hob sich.

B

Leonardo zeichnete auf seinem Entwurf eine wahrscheinlich aus Holz angefertigte und zum Hebel führende bogenförmige Leiste, die vermutlich ebenso als Führung wie als Hemmung für die Bewegung des Hebels diente oder aber den Arbeiter, der die Druckerpresse betätigte, schützen sollte. Der Druckvorgang konnte wiederholt und kraftvoll ausgeführt werden, was von der Person, die an der Maschine arbeitete, einen erheblichen Kraftaufwand gefordert hätte. Hintergrund für den Einbau einer solchen Schutzvorrichtung könnte die Überlegung gewesen sein, zwischen dem Körper des Arbeiters und der Druckerpresse einen ausreichend großen Sicherheitsabstand einzuhalten.

C

Ein interessantes Bauteil ist der bewegliche Schließrahmen. Wie in vielen späteren Entwürfen der Druckerpresse wird das Papierblatt nicht von Hand, sondern automatisch unter die Presse gezogen. Ein Schließrahmen auf kleinen Rollen gleitet entlang des Bettes, gezogen von einem Seil, das sich auf eine vom Hebel in Gang gesetzte Rolle, an der es befestigt ist, windet. Sobald sich die Presse in einem Abstand von nur wenigen Zentimetern vom zu bedruckenden Blatt befindet, stoppt der Schließrahmen. Nachdem der Druckvorgang beendet ist, gleitet der Rahmen mit dem bedruckten Blatt zurück in die Ausgangsstellung. All diese Einzelbewegungen werden durch einen einzigen Vorgang – das Betätigen des Hebels – ausgelöst.

Vinci, 1452 | 1460 | 1470 | 1480 | 1490 | 1500 | um 1504 | 1510 | Amboise, 1519

Codex Atlanticus, Fol. 1br

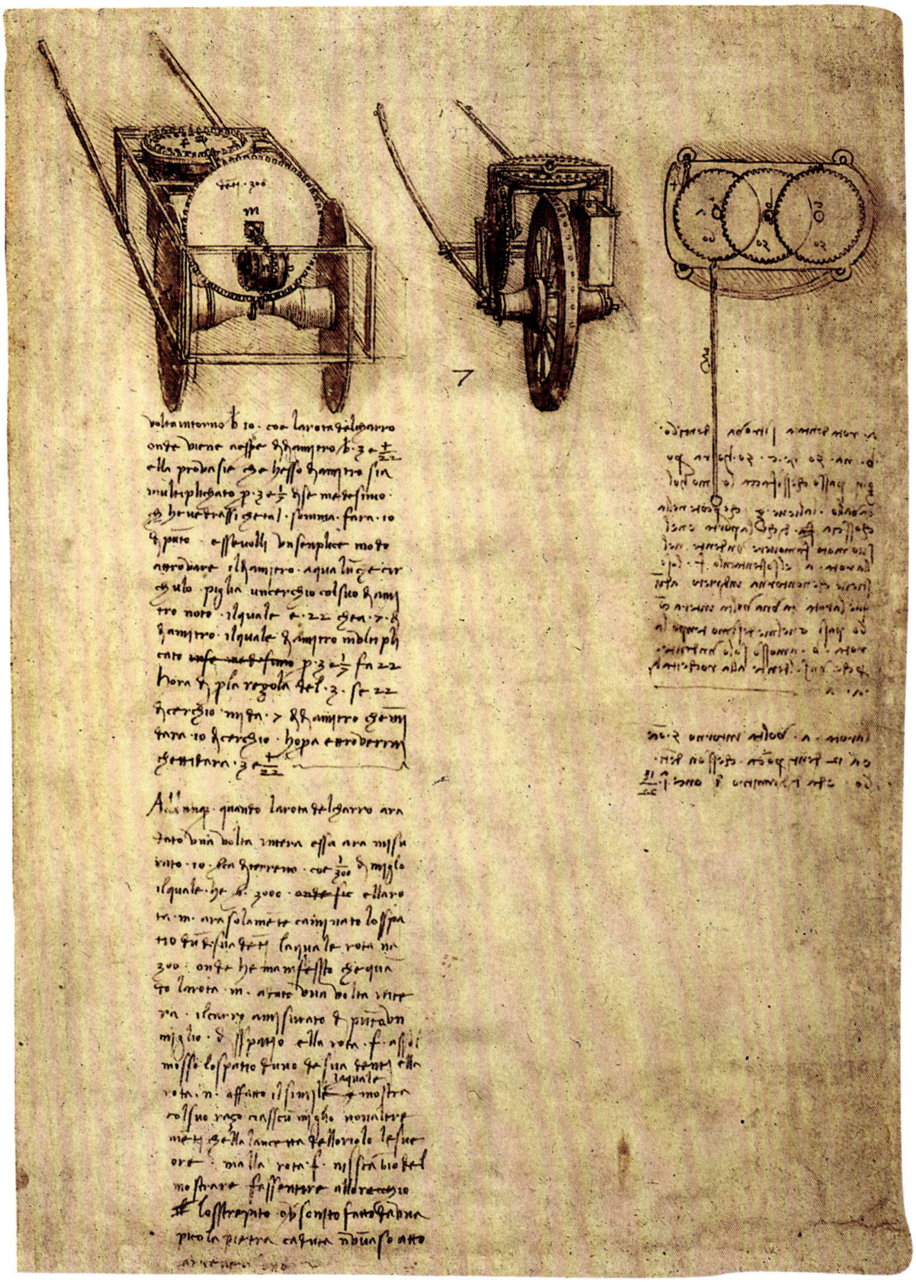

1

Wegmesser

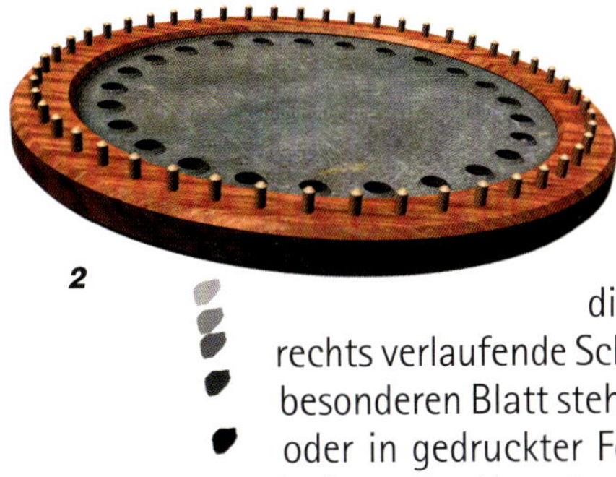

2

Das Blatt enthält eine von Leonardos vollständigsten Präsentationen mechanischer Vorrichtungen. Die überaus klare Zeichnung, der übersichtlich in zwei Spalten gegliederte Text, die (zumindest in der linken Spalte) von links nach rechts verlaufende Schrift – sie alle erklären, weshalb wir hier vor einem besonderen Blatt stehen: einem „druckreifen" Blatt, das als Handschrift oder in gedruckter Form hätte erscheinen können. Ist dies aber eine glaubwürdige Hypothese? Diese Frage tritt auch bei anderen mechanischen Entwürfen des Codex Madrid II auf. Leonardo beschäftigten drucktechnische Aspekte, und in den Randnotizen einer Anatomiestudie aus der Zeit um 1510 erwähnt er ein Druckverfahren, das in der Lage sei, seine komplexen anatomischen Zeichnungen unverfälscht zu reproduzieren. Dennoch gibt es dazu keine eindeutige Antwort. Möglich ist, dass Leonardo diese Zeichnungen so akkurat ausführte, um sie vielleicht einem möglichen Auftraggeber zu präsentieren, der sich für Wegmesser oder Schrittzähler interessierte. Es gibt eine Vorzeichnung, die belegt, dass Leonardo zunächst eine flüchtige Skizze ausführte und diese dann überarbeitete, was damals für Zeichnungen zu Präsentationszwecken nicht ungewöhnlich war. Diese Präsentation von Entwürfen war aber nicht von Dauer. Die Notiz unter dem Schrittzähler, auch Pedometer genannt (auf der rechten Seite des Blattes), ist in Leonardos üblicher Spiegelschrift verfasst, was das Lesen nicht gerade erleichtert. Es ist durchaus möglich, dass Leonardo die rechte Zeichnung und die Anmerkung darunter nachträglich hinzufügte. Der Entwurf des Schrittzählers wirkt nüchterner und schematischer als die beiden anderen Zeichnungen. Es wäre möglich, dass Leonardo nach der Präsentation der beiden Entwürfe (in der Blattmitte und links) sich entschloss, den verbliebenen freien Raum für eine weitere Zeichnung zu nutzen, die eher für ihn persönlich gedacht war.

Die beiden Wegmesser bestechen durch ihre besonders gelungene Ausführung. Bemerkenswert ist die optimale Verwendung der Schraffur, verbunden mit dem Einsatz von Tusche – den zwei Haupttechniken, mit denen Leonardo die Form der Objekte definierte und zugleich den Eindruck von Räumlichkeit schuf. In unserem Fall verband er die zwei Techniken, um jedes Detail möglichst präzise wiederzugeben. Die beiden Zeichnungen eines Wegmessers widmen sich dem mechanischen Teil der an einem Wagen angeschlossenen Vorrichtung. Wie in anderen Fällen auch, betont die Schraffur den analytischen Charakter der Entwürfe und der zerlegten Teile, die darauf warten, zusammengebaut zu werden. Leonardo schuf hier den theoretischen Fundus, eine fundamentale Vorrichtung (in zwei Ausführungen), die jeweils an die konkreten Gegebenheiten angepasst werden konnte und auch bei dem Entwurf eines Wägelchens auf Fol. 855v aus dem Codex Atlanticus zum Einsatz kommt.

Abb. 1
Das Folio zeigt zwei unterschiedliche Entwürfe eines Wegmessers (links und Mitte) sowie die Zeichnung eines Schrittzählers oder Pedometers (rechts).

Abb. 2
Das wichtigste Bauteil dieser Vorrichtung war für Leonardo das große zentrale Rad des Wegmessers. Alle kreisförmig darauf angeordneten Löcher waren durch Kiesel besetzt, sodass bei einer vollen Umdrehung des Rades jedes Mal ein Kiesel in einen darunter befindlichen Kasten fiel.

A

Wegmesser (auch Odometer genannt) dienten der Messung einer zurückgelegten Strecke. Es gab sie in unterschiedlichsten Ausführungen, von ganz kleinen, mit denen man die Entfernungen direkt auf den Landkarten maß, bis zu sehr großen Modellen. Leonardos Entwurf eines Wegmessers erinnert an ein Wägelchen, das eine Person direkt über die zu messende Strecke zog.
Das senkrechte Rad übertrug die Rotationsbewegung der beiden Räder des Wägelchens auf die anderen Mechanismen. Wenn die Hauptachse das große Rad drehte, griff dieses in eine auf der Achse selbst montierte Schneckenwelle. Das Zahnrad setzte ein vorn befindliches waagrechtes Stockgetriebe sowie zwei kleine Zahnräder im rückwärtigen Teil des Wegmessers in Gang. Das Stockgetriebe hatte eindeutig die Aufgabe, in das große zentrale Rad zu greifen und es so zu aktivieren. Die Bewegung des rückwärtigen Mechanismus lässt Raum für Interpretationen. Vermutlich schlugen die Zähne des kleinen Zahnrads gegen kleine, am Gestell befestigte Metallstäbe und erzeugten ein regelmäßiges Klickgeräusch, ein Hinweis auf das korrekte Funktionieren des Wegmessers.

B

Das interessanteste Bauteil des Wegmessers ist das zentrale, aufliegende Rad. Es war mit einer Reihe von kreisförmig angeordneten, lochähnlichen Vertiefungen versehen, die mit Kieseln oder kleinen Holzkugeln aufgefüllt waren. Sooft das Rad eine volle Umdrehung machte, fiel ein Kiesel durch ein dafür vorgesehenes Loch in den darunter befindlichen Kasten. Sobald die zu messende Strecke zurückgelegt war, musste die Person, die den Wegmesser bediente, lediglich die Anzahl der Kiesel zählen. Die zurückgelegte Entfernung ergab sich aus dem Umfang des großen, senkrechten Rades, der für ein bestimmtes Wegmaß stand, multipliziert mit der Zahl der in den Kasten gefallenen Kiesel.

C

Die Vorrichtung besaß ein schlichtes Gestell. Während der Wegmesser in Betrieb war und von einer Person oder einem Tier gezogen wurde, ging eine andere Person neben ihm her und füllte ständig Kiesel (oder Kugeln) in die Aushöhlungen des großen, zentralen Rades nach. Natürlich fand in jeder Vertiefung nur jeweils ein Kiesel Platz.

D

Am Gestell war ein großer Kasten befestigt, in den bei jeder vollen Umdrehung des großen waagrechten Rades ein Kiesel oder eine Kugel hineinfiel.

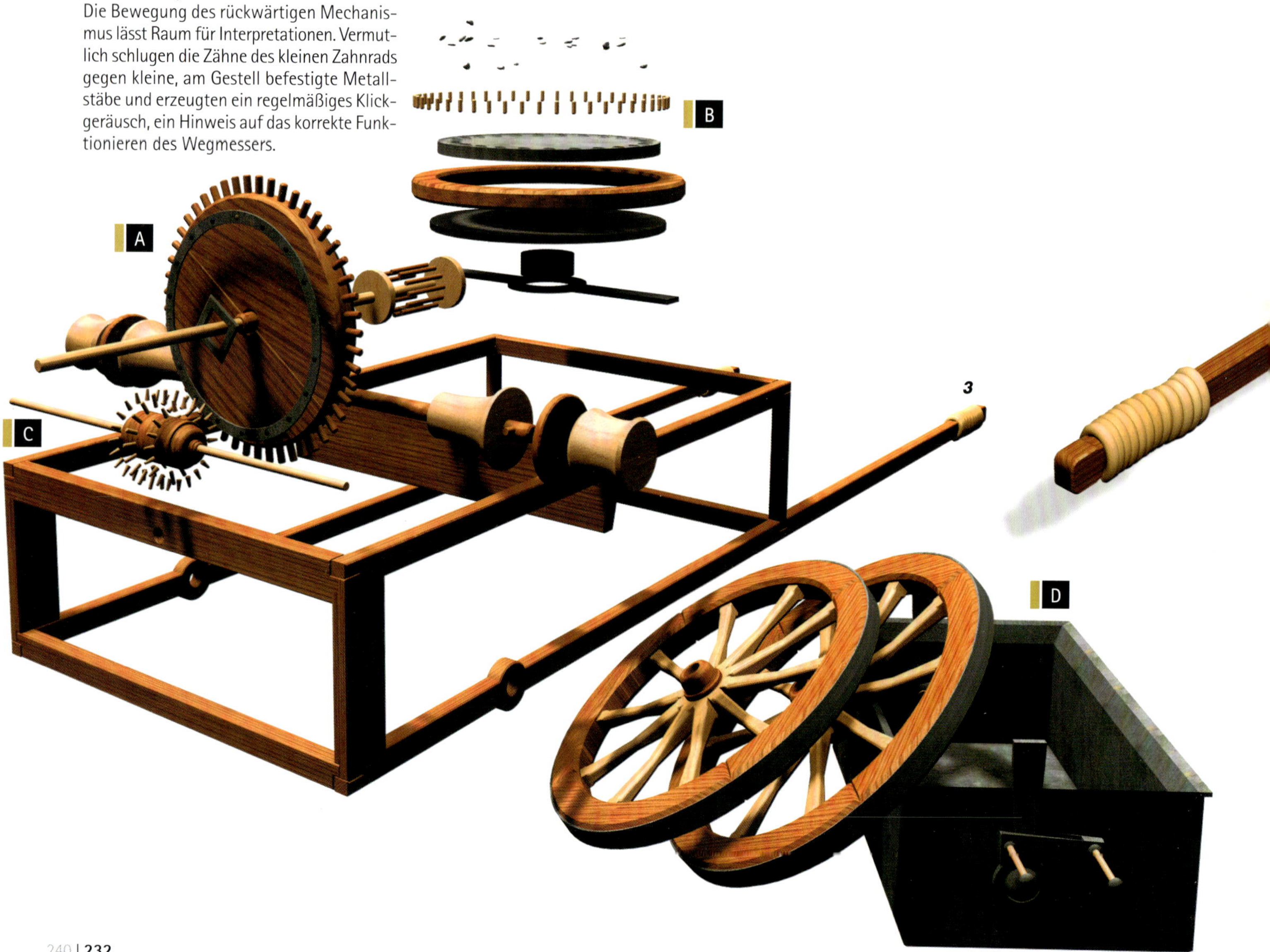

Abb. 3
Ansicht des zerlegten Wegmessers.

Abb. 4
Der Wegmesser in zusammengesetztem Zustand.

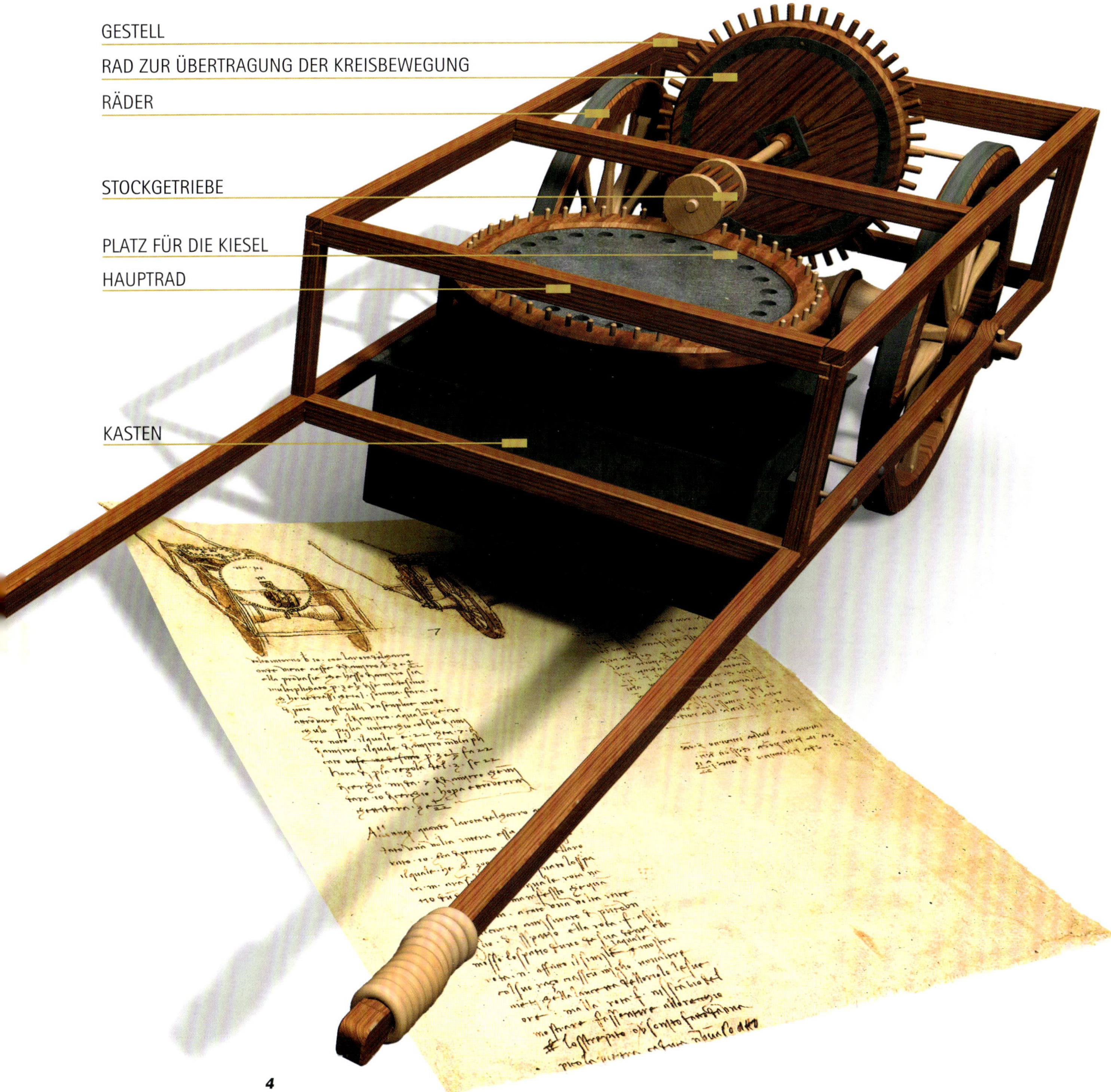

4

Vinci, 1452

1460

1470

1480

1490

1500

1510

1514–1515

Amboise, 1519

Codex Atlanticus, Fol. 696r

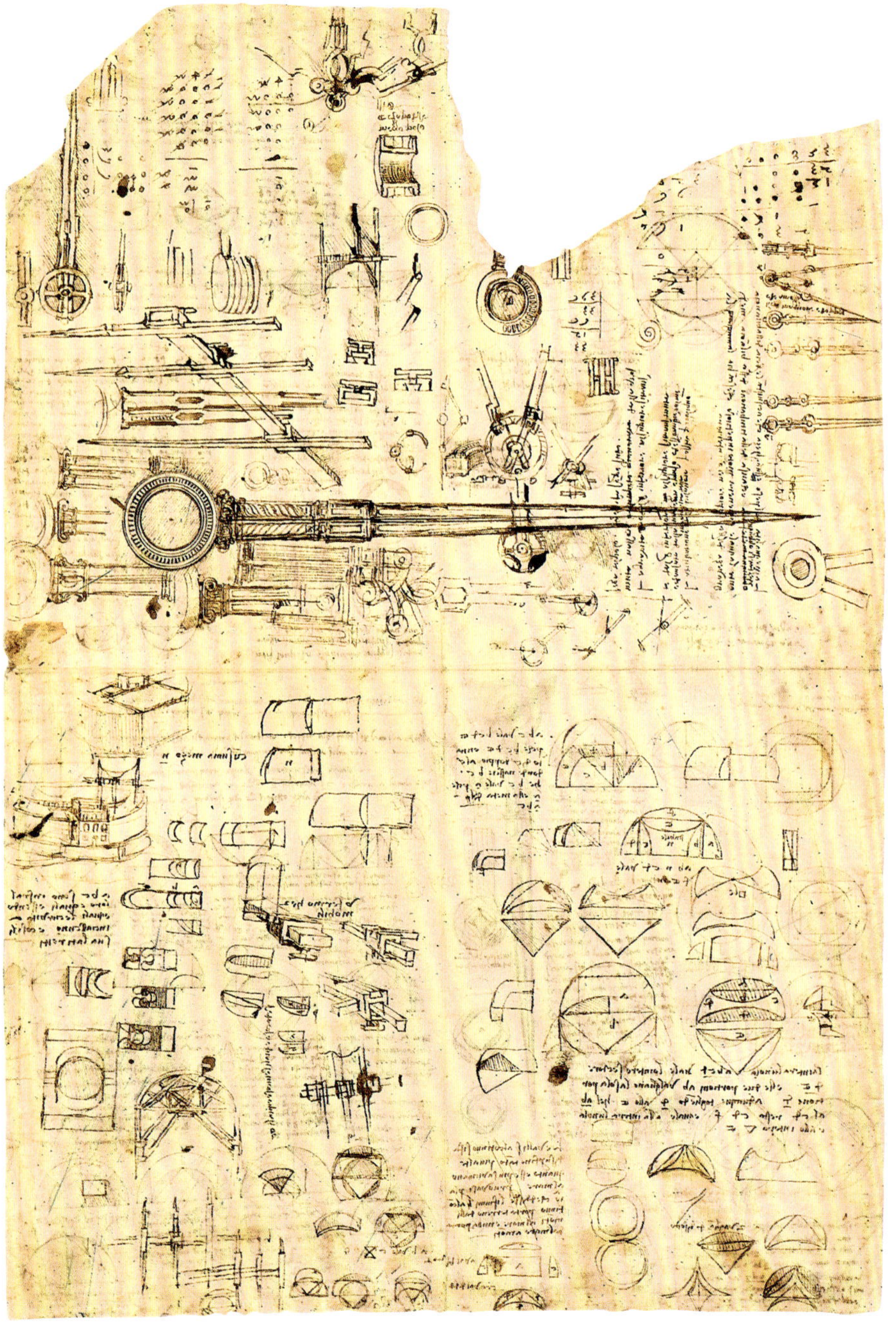

1

Greifzirkel und Stechzirkel

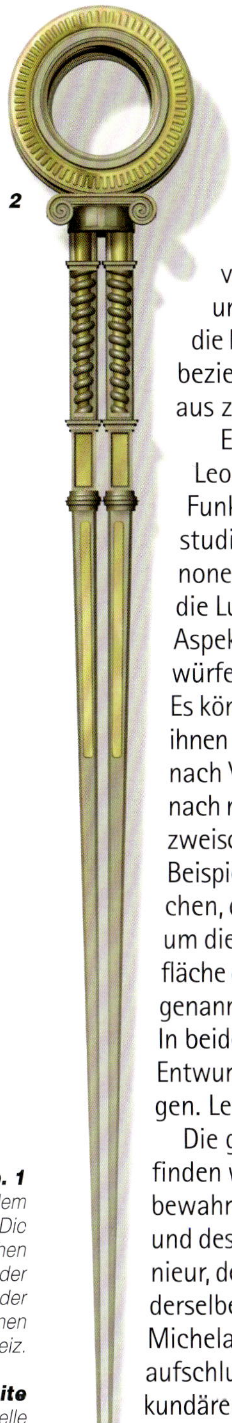

2

Dieses Blatt aus dem Codex Atlanticus enthält unterschiedlichste Notizen und Skizzen aus Leonardos Spätzeit, wobei zwischen Geometrie-Studien Architektur- und mechanische Skizzen eingestreut sind. Unten links etwa findet sich der Entwurf eines Gerüstes für ein Gewölbe, ähnlich jenen, die während seines Rom-Aufenthalts entstanden, als unweit seiner Werkstatt die Bauarbeiten am Petersdom in vollem Gang waren. Oben rechts sind etliche Entwürfe für Greif- und Stechzirkel eingefügt, wobei die große Zirkelzeichnung und die kleineren Skizzen sich auf zweischenklige Stech- oder Greifzirkel beziehen; außerdem entdecken wir einen Stangenzirkel, bestehend aus zwei auf einer horizontalen Leiste gleitenden Reitern.

Einer der faszinierendsten Aspekte in so vielen Erfindungen Leonardos ist die Verschmelzung der ästhetischen Form mit dem Funktionellen, erkennbar vor allem in den Waffen- und Geschützstudien sowie in jenen zu Arbeitsgeräten. Die Entwürfe zu Kanonen etwa weisen eine derartige Formenvielfalt auf, dass mitunter die Lust am Erfinden und das Spiel mit den Formen den praktischen Aspekt in den Hintergrund drängen. Ähnliches gilt auch für die Entwürfe von Geräten wie den hier gezeigten Greif- und Stechzirkeln. Es könnte sein, dass Leonardo einige davon sogar bauen ließ und mit ihnen arbeitete (z. B. beim Ziehen des Kreises für seine Proportionsstudie nach Vitruv; hier sind noch die Spuren des Zirkels erkennbar, die danach mit dem Stift überzeichnet wurden). Die große Darstellung eines zweischenkligen Zirkels auf diesem Blatt zählt dabei zu den schönsten Beispielen. Damit wollte Leonardo das Problem der Stabilität untersuchen, das sich stellte, sobald die Schenkel des Zirkels geöffnet waren; um diese zu vergrößern, dachte er an eine Vergrößerung der Kontaktfläche der Gelenke bzw. an eine erhöhte Anzahl von Gelenken. Die letztgenannte Idee griff er in einigen der kleinen Skizzen dieses Blatts auf. In beiden Fällen aber ist das technische Gerät Ausgangspunkt für den Entwurf von Scharnieren und Gelenken mit den seltsamsten Verzierungen. Leonardo folgt damit dem Geist des modernen Industriedesign.

Die große Zeichnung des zweischenkligen Zirkels auf diesem Blatt finden wir in Kopie in einer in der Biblioteca Marciana in Venedig aufbewahrten Handschrift wieder, die Entwürfe von Lorenzo della Golpaia und dessen Sohn Benvenuto enthält. Lorenzo war ein berühmter Ingenieur, der in Florenz wirkte und Leonardo sicherlich kannte, da sie beide derselben Kommission angehörten, die darüber entscheiden sollte, wo Michelangelos *David* aufzustellen sei. Ungewöhnlich und doch auch aufschlussreich ist dabei die Tatsache, dass dieser vergleichsweise sekundäre Forschungsbereich Leonardos das Interesse eines so namhaften Zeitgenossen, wie es der Ingenieur della Golpaia war, wecken konnte.

Abb. 1
Folio mit mehreren Entwürfen zu Zirkeln, auf dem auch Architekturzeichnungen auftreten. Die Verbindung von theoretischen wissenschaftlichen Erkenntnissen mit ästhetischenen Aspekten in der Entwicklung eines Arbeitsinstruments, wie es der Zirkel ist, verleiht dem vorliegenden Blatt einen besonderen Reiz.

Abb. 2 und die folgende Doppelseite
Verschiedene hypothetische Modelle für Zirkel-Entwürfe von Leonardo.

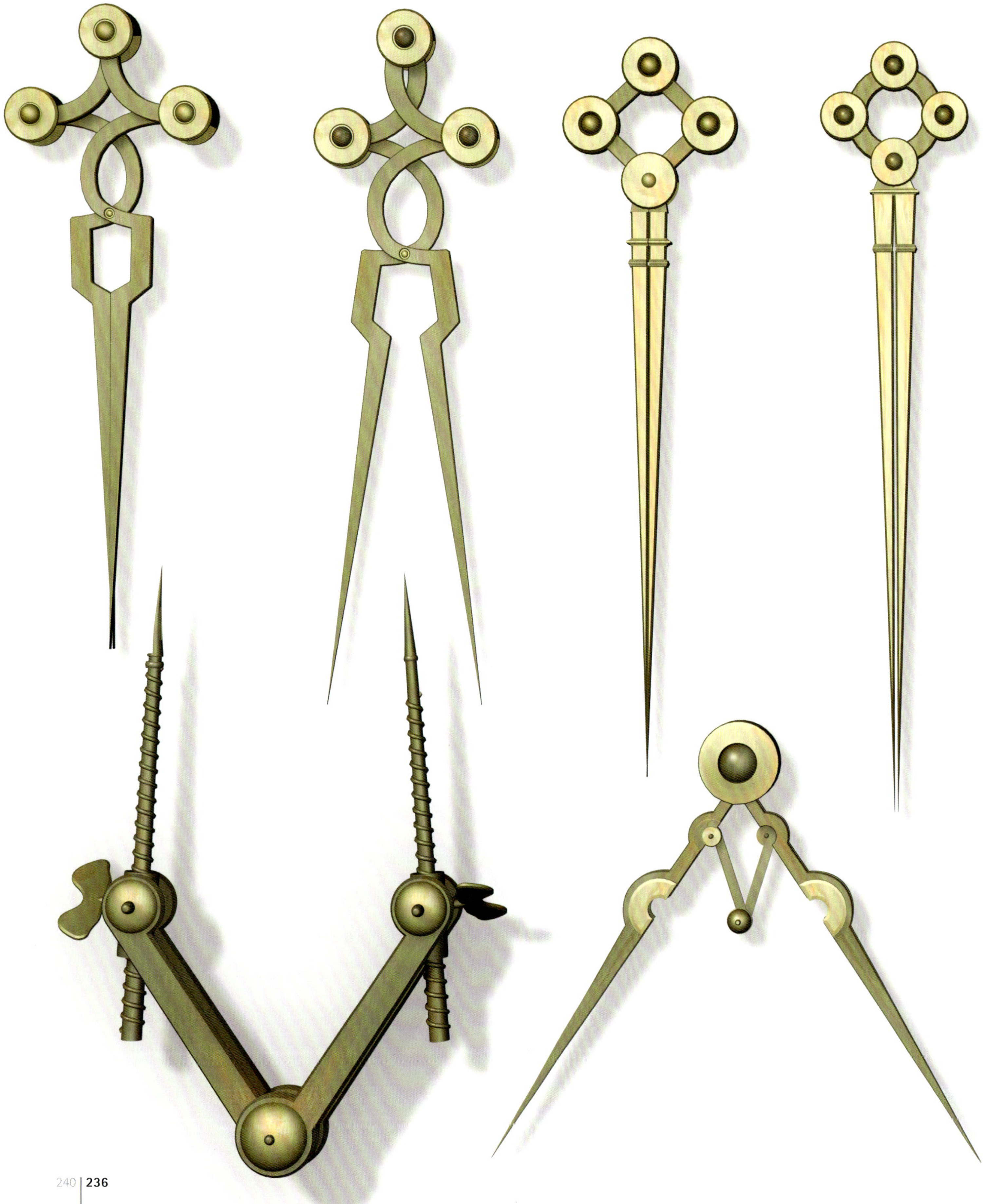

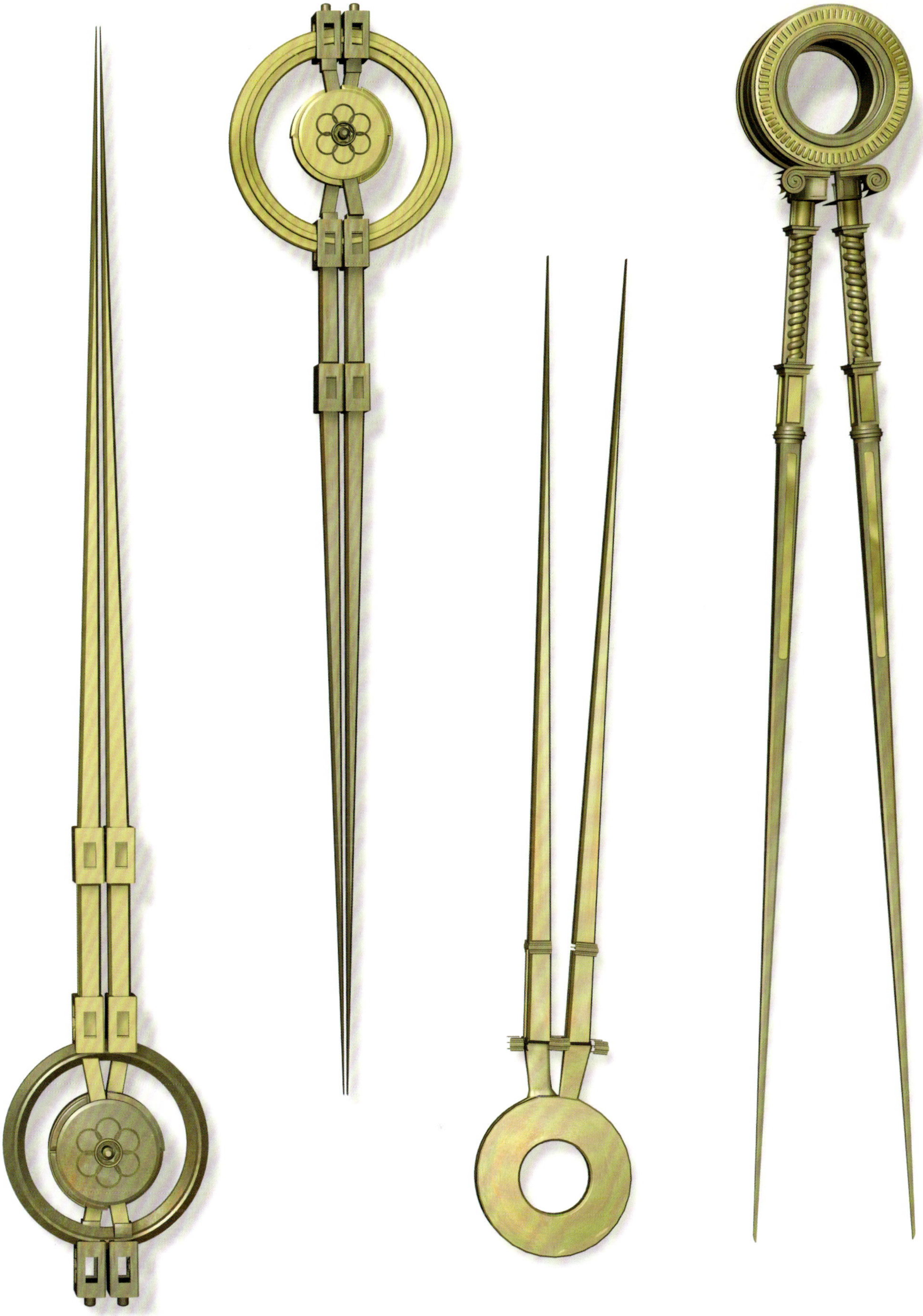

Bibliografie

Beck, T., *Beiträge zur Geschichte des Maschinenbaues,* Berlin, 1900 (1. Aufl. 1899).

Bertrami, L., *Leonardo da Vinci e l'aviazione,* Mailand, 1912.

Felhaus, F. M., *Leonardo, der Techniker und Erfinder,* Jena, 1913.

Hart, I. B., *The Mechanical Investigations of Leonardo da Vinci,* London, 1925 (Nachdr. in ders., *The World of Leonardo da Vinci,* London, 1961).

Giacomelli, R., *Leonardo da Vinci e il volo meccanico,* in „L'Aeronautica", VI. Bd., 1927, S. 486–524.

Marcolongo, R., *Le invenzioni di Leonardo da Vinci. Parte prima. Opere idrauliche, aviazione,* in „Scientia", 41, Bd. 180, 1927, S. 245–254.

Giacomelli, R., *Les machines volantes de Léonard de Vinci et le vol à voile. Extr. du tome 3 des Comptes rendus du 4ème Congrès de navigation aérienne tenu à Rome du 24 au 29 octobre 1927,* Rom, 1928.

Giacomelli, R., *I modelli delle macchine volanti di Leonardo da Vinci,* in „L'Ingegnere", V., 1931, S. 74–83.

Giacomelli, R., *Progetti vinciani di macchine volanti all'Esposizione aeronautica di Milano,* in „L'aeronautica", 14, 1934, Nr. 8/9, S. 1047–1065.

Giacomelli, R., *Gli scritti di Leonardo da Vinci sul volo,* Rom, 1936.

Canestrini, G., *Leonardo costruttore di macchine e di veicoli,* Mailand-Rom, 1939.

Uccelli, A., *Leonardo da Vinci. I libri di meccanica,* Mailand, 1940.

Marcolongo, R., Leonardo *da Vinci artista e scienziato,* Mailand, 1950, S. 205–216.

Zammatio, C., *Gli studi di Leonardo da Vinci sul volo,* in „Pirelli", IV, 1951, S. 16f.

Uccelli, A. (unter Mitarbeit von C. Zammatio), *I libri del volo di Leonardo da Vinci,* Mailand, 1952.

Calvi, I., *L'ingegneria militare di Leonardo,* Mailand, 1952.

Tursini, L., *Le armi di Leonardo da Vinci,* Mailand, 1952.

Dugas, M. R., *Léonard de Vinci dans l'histoire de la mécanique,* in „Léonard de Vinci et l'experience scientifique au XVIème siècle", Kongress-Mitteilungen 1952, Paris, 1953, S. 88–114

Pedretti, C., *Macchine volanti inedite di Leonardo,* in „Ali", 3, 1953, 4, S. 48–50.

Pedretti, C., *Spigolature aeronautiche vinciane,* in „Raccolta Vinciana", XVII, 1954, S. 117–128.

Pedretti, C., *La macchina idraulica costruita da Leonardo per conto Bernardo Rucellai e i primi contatori ad acqua,* in „Raccolta Vinciana", XVII, 1954, S. 177–215.

Pedretti, C., *L'elicottero,* in „Studi Vinciani", Genf, 1957, S. 125–129.

Reti, L., *Helicopters and Whirligigs,* in „Raccolta Vinciana", XX, 1964, S. 331–338.

Hart, I. B., *The World of Leonardo da Vinci man of science, engineer and dreamer of flight,* London, 1961, S. 307–339.

Gille, B., *Les ingénieurs de la Renaissance,* Paris 1964.

Gibbs-Smith, Ch., *Léonard de Vinci et l'aéronautique,* in „Bulletin de l'Association Léonard de Vinci", 9, 1970, S. 1–9.

Leonardo, hg. von L. Reti, Mailand 1974.

Leonardo nella scienza e nella tecnica. Atti del simposio internazionale di storia della scienza (Florence-Vinci 1969), Florenz, 1975, S. 105–110.

Pedretti, C., The *Literary Works of Leonardo da Vinci, edited by J. P. Richter. Kommentar,* 2 Bde, Oxford, 1977.

Gibbs-Smith, Ch., *Die Erfindungen von Leonardo da Vinci,* Stuttgart, 1978.

L. Heydenreich, B. Dibner, L. Reti, *Leonardo, der Erfinder,* Stuttgart, 1981.

Scaglia, G., *Alle origini degli studi tecnologici di Leonardo,* in „Lettura vinciana", XX, 1981.

Zammatio, C., A. Marinoni, A. M. Brizio, *Leonardo, der Forscher,* Stuttgart, 1981.

Leonardo e l'Età della Ragione, hg. von E. Bellone, P. Rossi, Mailand, 1982.

Winternitz, E., *Leonardo as a Musician,* New Haven-London, 1982.

Laboratorio su Leonardo da Vinci, Ausst.-Kat., Mailand, 1983.

Leonardo e gli spettacoli del suo tempo, Ausst.-Kat., hg. v. M. Mazzocchi Doglio, G. Tintori, M. Padovan, M. Tiella, Mailand, 1983.

Tiella, M., *Gli strumenti musicali disegnati da Leonardo,* in „Leonardo e gli spettacoli del suo tempo", Ausst.-Kat., hg. v. M. Mazzocchi Doglio, G. Tintori, M. Padovan, M. Tiella, Mailand, 1983, S. 87–100.

Tiella, M., *Strumenti musicali dell'epoca di Leonardo nell'Italia del Nord,* in „Leonardo e gli spettacoli del suo tempo", Ausst.-Kat., hg. v. M. Mazzocchi Doglio, G. Tintori, M. Padovan, M. Tiella, Mailand, 1983, S. 101–116.

Leonardo e le vie d'acqua, Ausst.-Kat., Mailand, 1984.

Marani, P. C., *L'archittetura fortificata negli studi di Leonardo da Vinci. Con il catalogo complete dei disegni*, Florenz, 1984.

Hart, C., *The Prehistory of Flight*, Berkeley, 1985.

Carpiceci, M., *Leonardo. La misura e il segno*, Rom, 1986.

Galluzzi, P. *La carrière d'un technologue*, in „Léonard de Vinci ingénieur et architecte, Ausst.-Kat., Montreal, 1987, S. 80–83.

Kemp, M., *Les inventions de la nature e la nature de l'invention*, in „Léonard de Vinci ingénieur et architecte, Ausst.-Kat., Montreal, 1987, S. 138–144.

Cianchi, M., *Le macchine di Leonardo da Vinci*, Florenz 1988.

Galdi, G. P., *Leonardo's Helicopter and Archimdedes' Screw: The Principle of Action and Reaction*, in „Achademia Leonardi Vinci", IV, 1991, S. 193–201.

Prima di Leonardo. Cultura delle macchine a Siena del Rinascimento, Ausst.-Kat., hg. v. P. Galluzzi, Siena, 1991.

Pidcock, M., *The Hang Glider*, in „Achademia Leonardi Vinci, VI, Florenz, 1993, S. 222–225.

Galluzzi, P., *Leonardo da Vinci: dalle tecniche alla tecnologia*, in *Gli Ingegneri del Rinascimento da Brunelleschi a Leonardo da Vinci*, Ausst.-Kat., Florenz 1996, S. 69–70.

Laurenza, D., *Gli studi leonardiani sul volo. Spunti per una riconsiderazione*, in *Tutte le opere non son per istancarmi. Raccolta di scritti per i settant'anni di Carlo Pedretti*, Rom 1998, S. 189–202.

Pedretti, C., *Leonardo. Le macchine*, Florenz 1999.

Laurenza, D., *Leonardo: le macchine volante*, in *Le macchine del Rinascimento*, Rom, 2000, S. 145–187.

Sutera, S., *Leonardo. Le fantastiche macchine di Leonardo da Vinci al Museo Nazionale della Scienza e della Tecnologia di Milano. Disegni e modelli*, Mailand, 2001.

Leonardo, l'acqua e il Rinascimento, hg. v. M. Taddei, E. Zanon; Text von A. Bernardoni, Mailand 2004.

Laurenza, D., *Leonardo. Il volo*, Florenz 2004

Laurenza, D., *Leonardo: il disegno tecnologico*, in E. Bellone, D. Laurenza, P. C. Mariani, *Breve viaggio nell'universo di Leonardo*, Genua, 2004, S. 25–50 und 69–91.